U0287461

基于硬组织的近海经济头足类渔业生物学研究

陈新军 金 岳 方 舟 著

科学出版社

北京

内 容 简 介

　　头足类是重要的海洋生物种类。我国近海头足类区系组成复杂，种类繁多，已成为主要开发对象和增养殖对象。了解和掌握近海头足类生活史过程及基础渔业生物学对资源管理具有重要的意义。角质颚和耳石等硬组织已成为头足类渔业生物学及海洋生态学等研究的重要材料之一。本书以我国近海常见头足类的角质颚等硬组织为研究对象，建立基于角质颚的我国近海常见头足类分类体系；基于耳石等硬组织的生态信息，研究近海头足类的渔业生物学特性，丰富和完善我国近海头足类的渔业资源生物学。

　　本书可供海洋生物、水产和渔业研究等专业的科研人员，高等院校师生及从事相关专业生产、管理部门的工作人员使用和阅读。

图书在版编目(CIP)数据

　　基于硬组织的近海经济头足类渔业生物学研究 / 陈新军, 金岳, 方舟著. —北京: 科学出版社, 2022.11
　　ISBN 978-7-03-073647-5

　　Ⅰ.①基… Ⅱ.①陈… ②金… ③方… Ⅲ.①近海–头足纲–海洋生物学–研究 Ⅳ.①Q959.216

　　中国版本图书馆 CIP 数据核字 (2022) 第 214289 号

责任编辑: 韩卫军 / 责任校对: 彭　映
责任印制: 罗　科 / 封面设计: 墨创文化

科 学 出 版 社 出版
北京东黄城根北街16号
邮政编码: 100717
http://www.sciencep.com

四川煤田地质制图印务有限责任公司 印刷
科学出版社发行　各地新华书店经销

＊

2022 年 11 月第 一 版　　开本: 787×1092 1/16
2022 年 11 月第一次印刷　　印张: 15
字数: 360 000
定价: 186.00 元
(如有印装质量问题, 我社负责调换)

前　　言

由于世界传统经济鱼类资源普遍衰退，头足类资源的开发和利用越来越引起世界各国和地区的关注。在我国近海，头足类区系组成复杂，种类繁多，浅海性和大洋性的种类较丰富。我国近海共有头足类 71 种，包括乌贼类 14 种，枪乌贼类 12 种，柔鱼类 31 种，蛸类 14 种。近年来，随着我国近海传统经济种类的衰退，近海头足类也成为主要开发对象和增养殖对象，头足类总产量增加到 100 多万吨。

为了可持续开发和利用近海头足类资源，了解其在我国近海生态系统中的地位和作用，需要对其种类进行科学鉴定，了解其生活史过程及其基础渔业生物学特性。角质颚是头足类的主要摄食器官，与耳石等硬组织一样，具有稳定的形态特征、良好的信息储存以及耐腐蚀等特点，角质颚和耳石等硬组织已成为头足类渔业生物学及海洋生态学等研究的重要材料之一。为此，本书以我国近海常见头足类的角质颚等硬组织为研究对象，建立基于角质颚的我国近海常见头足类分类体系；同时，基于耳石等硬组织的生态信息研究近海头足类的渔业生物学特性，丰富和完善我国近海头足类的渔业资源生物学。

本书共分 12 章。第 1 章为绪论，对中国近海头足类基础生物学研究和枪乌贼生态学研究进行概述。第 2 章为基于角质颚的东黄海常见头足类鉴定与分类。重点对东黄海常见头足类的渔业生物学进行初步研究，基于角质颚外部形态对东黄海常见头足类科类(乌贼科、蛸科、枪乌贼科等)进行判别。第 3 章为基于角质颚的南海常见头足类鉴定与分类。重点对南海常见头足类的渔业生物学进行初步研究，基于角质颚外部形态对南海常见头足类科类(乌贼科、蛸科、枪乌贼科等)进行判别。第 4~11 章为基于硬组织的近海枪乌贼渔业生态学研究，重点基于形态学和分子方法对近海中国枪乌贼及剑尖枪乌贼进行种类鉴定，开展中国枪乌贼和剑尖枪乌贼角质颚的传统形态差异比较，分析南海北部秋季杜氏枪乌贼角质颚形态及生长特征，基于几何形态学方法对近海三种常见枪乌贼的种类进行鉴定，同时基于硬组织微结构对枪乌贼的年龄与生长进行了研究，分析枪乌贼硬组织微化学组成，并对其洄游分布进行推测。第 12 章为结论与展望。重点归纳基于角质颚的东黄海常见头足类鉴定与分类体系，南海常见头足类鉴定与分类体系，以及近海枪乌贼渔业生态学研究结论等，并对今后研究提出了展望。

本书是对近海头足类渔业生物学研究理论和方法的发展，可供从事水产界和海洋生物界等相关领域的科研、教学等科学工作者、研究单位和管理者使用。

本书得到国家自然科学基金面上项目"我国近海常见头足类角质颚分类鉴定"(NSFC41476129)、国家双一流学科(水产学)以及农业科研杰出人才及其创新团队——大洋性鱿鱼资源可持续开发等专项的资助。

由于时间仓促，研究涉及内容广，国内同类参考资料较少，书中难免存在不足之处，望读者提出批评和指正。

目　　录

第1章 绪　论

头足类隶属软体动物门、头足纲，广泛分布在世界各大洋、南极以及各国沿岸等海域，主要包括 11 目、50 科、154 属，超 700 余种(Nesis and Shirshov, 2003)。头足纲主要划分成鞘亚纲与鹦鹉螺亚纲，其中鞘亚纲占绝大多数，为重点捕捞与研究对象(陈新军等，2013)。自 20 世纪 70 年代以来，由于过度捕捞以及环境变化，传统的经济鱼类资源逐渐衰退，头足类成为重要捕捞对象并被世界各国学者所重视(周金官等，2008；陈新军等，2009)。据联合国粮食及农业组织(Food and Agriculture Organization，FAO)统计，自 2000 年以来，世界头足类的年产量已超过 $300 \times 10^4 t$，主要捕捞种类为柔鱼科(Ommastrephidae)、乌贼科(Sepiidae)、枪乌贼科(Loliginidae)和蛸科(Octopodidae)(粮农组织渔业及水产养殖部，2010)。目前在我国近海主要以枪形目、乌贼目和八腕目为主。头足类生命周期短，资源更新速度快，且营养价值丰富，逐渐被人们重视起来，对其开发和利用也越发广泛(周金官等，2008)。头足类不仅是人类优质动物蛋白的重要来源，在海洋生态系统中也具有重要的位置，通常是金枪鱼、鲸鱼等大型海洋鱼类和哺乳动物的重要饵料。

根据 2016 年中国渔业统计年鉴的报道，我国 2015 年近海的捕捞产量比 2014 年增长 2.65%，其中头足类增长 3.42%，超过平均水平，东海和黄海的头足类产量占中国近海全部头足类产量的 67%，是头足类的重要产区(袁晓初和赵文武，2016)。中国近海头足类分为三个区，其中黄渤海为一个区，东海和南海分别为一个区，黄海有 14 种头足类，东海则有 29 种(董正之，1978)，南海北部和中南部(含东沙群岛、西沙群岛、中沙群岛、南沙群岛)海区头足类共计 70 余种(唐启升，2014)。为了有效、科学、可持续地对我国近海头足类资源进行开发和利用，精确高效地对其种类进行分类和鉴定就变得格外重要。

在诸多头足类种类中，枪乌贼是中国近海极为重要的经济种类(陈新军等，2009)，它们广泛分布在中国近海，年产量稳定，是鱿钓作业的主要捕捞对象，也是灯光围网、光诱敷网和拖网作业的兼捕种类。至 2004 年，东海区头足类产量为 $48.58 \times 10^4 t$，剑尖枪乌贼占头足类总量的 64%～75%(宋海棠等，2008)；而根据南海区渔业统计资料计算，20 世纪 80 年代，南海区头足类主要种类中国枪乌贼(*Uroteuthis chinensis*)和剑尖枪乌贼(*U. edulis*)的年产量徘徊在 $2 \times 10^4 t$，但自 90 年代以来，头足类的年产量逐年迅速上升，至 2008 年产量达到 $19 \times 10^4 t$(李建柱等，2010)。

剑尖枪乌贼和中国枪乌贼的形态特征较为相似。同时，杜氏枪乌贼(*U. duvaucelii*)和火枪乌贼(*Loliolus beka*)也是东海和南海重要的常见经济种类，是拖网的兼捕种类。根据目前国内的研究状况，对枪乌贼基础生物学、生活史过程的研究还存在较多的空白，如剑尖枪乌贼和中国枪乌贼具有极为相似的外形特征，使得种类鉴定不健全，种群划分不完善，进而导致错误的资源评估与管理。头足类的耳石、角质颚和内壳等硬组织具有稳定的形态特征、良好的信息储存以及耐腐蚀等特点，现已成为头足类渔业生物学及海洋生态学等研究的重要材料(陈新军等，2013；吕国敏等，2007)。

为此，本书以我国黄海和东海近海海域常见的头足类生物的角质颚为研究对象，结合其渔业生物学特性，比较不同科头足类、同一科不同种头足类角质颚的区别，建立胴长、体重等生物学指标和角质颚主要形态参数的方程，在多种方法中选择最方便准确的，建立基于角质颚的东海、黄海近海常见头足类分类与鉴定的检索表；以我国南海常见头足类的角质颚为研究对象，通过分析比较各个种类角质颚的外部形态特征，尝试寻找不同目、科、属、种间的差异，结合各个种类角质颚的表型特性，筛选出属间、种间的差异性指标，建立基于角质颚形态特征的我国南海常见头足类分类体系与检索表，为科学鉴定近海头足类种类提供新的技术手段；以剑尖枪乌贼和中国枪乌贼为主要研究对象，以硬组织(耳石和角质颚)为研究材料，对枪乌贼的种类鉴定、年龄与生长、洄游路线进行研究，从而为系统掌握中国近海枪乌贼生态学和渔业生物学提供基础。

1.1　中国近海头足类基础生物学研究

1.1.1　种类组成及地理分布

自 19 世纪中叶，国外一些研究者陆续对中国近海的头足类进行了报道。随后，张玺等(1960，1963)、李复雪(1955)和董正之(1962，1978)等也开始报道中国北部海区、东海、台湾海峡和南海的头足类。

20 世纪 50 年代至 90 年代，国内学者根据资料整理，样本及标本收集，对中国近海头足类的组成和分布进行了归纳总结。李复雪(1955)较早对中国近海常见的 5 种乌贼类的分布及其主要的生物学性状进行了整理。根据历年来采集的福建省沿海的生物标本，张玺等(1960)对头足类进行了分类整理，共计 5 科，10 属，19 种。董正之(1978)对中国近海的头足类进行了分类并按照海区进行了归纳总结：①中国近海头足类共 62 种，其中浅海性种类 47 种，大洋性种类 15 种；②对不同海区的种类组成进行了统计，渤海 4 科 7 种，黄海 6 科 14 种，东海 8 科 29 种，南海 15 科 57 种；③根据地理分布全貌和其分布中心，将中国近海头足类分成狭分布种、广分布种、环布种和地方种。随后，董正之(1988)又对中国近海不同海区的头足类进行了补充：中国近海头足类共 79 种，渤海 4 科 7 种，黄海 6 科 14 种，东海 12 科 35 种，南海 23 科 74 种。由此看出，中国近海头足类的种类由北向南递增。郑玉水(1994)认为，中国近海头足类共 102 种，其中鹦鹉螺目 1 种，乌贼目 24 种，枪形目 48 种(闭眼亚目 11 种和开眼亚目 37 种)，八腕目 29 种。随后，学者对中国近海头足类的研究主要以实地调查为主，且研究区域基本为单一海区。另外，Kubodera 和 Lu(2002)对中国-日本亚热带区域头足类的种类进行了归纳总结，而 Norman 和 Lu(2000)则对整个南海区域的头足类进行了整理。

黄海头足类资源的专门研究相对比较少，多与其他海洋生物一起研究。吴强等(2015)依据 2010~2011 年黄海中南部调查的数据进行研究，共捕获 13 种头足类，无论是生物量还是生物多样性均以冬季最高，春季其次，秋季最低。与 1998~2000 年相比，种类增加了 5 种，相对资源密度增长了 12%。杜腾飞等(2016)依据 2006～2013 年黄海秋季资源调查的数据，研究认为共有 14 种头足类，不同区域的资源量呈现由北向南渐增的趋势，调查中捕获了 3 个黄海新记录种，均为暖水性种类，可能和全球变暖、栖息地变化有关。由于调查海域范围，调查季节，使用网具不尽相同，因此种类数量、优势种、资源量等存在不同，但总的来看，东黄海头足类资源总体数量并未随捕捞力度的加强而减少，地理分布上自北向南呈递增趋势。

东海作为我国头足类的主要产区，资源开发早，市场需求大，长期以来积累了许多头足类资源调查的数据。郑玉水(1987)结合调查的数据和文献对东海头足类进行了系统阐述，认为东海有 69 种头足类，其中近海有 46 种，且存在由南向北种类逐步减少的趋势。宋海棠等(1999)依据 1994～1996 年东海北部调查的数据研究，认为该海域共有头足类 33 种，其中剑尖枪乌贼、长蛸(*Octopus variabilis*)、神户乌贼(*Sepia kobiensis*)、太平洋褶柔鱼(*Todarodes pacificus*)、虎斑乌贼(*S. pharaonis*)、短蛸(*O. ocellatus*)和金乌贼(*S. esculenta*)数量较多，是捕捞的主要对象，而曾作为东海头足类优势种的日本无针乌贼则资源衰退。李圣法等(2006)运用聚类方法对 2000 年东海区的头足类进行了研究，调查发现 28 种头足类，以金乌贼、太平洋褶柔鱼和剑尖枪乌贼为主，对环境因子的研究显示影响东海头足类空间分布的主要因子是水温。俞存根等(2009)依据 2006～2007 年浙江南部外海调查的数据研究，认为该海域共有 36 种头足类，常见种有神户乌贼、真蛸、中国枪乌贼、杜氏枪乌贼、剑尖枪乌贼、长蛸、短蛸和太平洋褶柔鱼等，在研究的范围中头足类资源密度在夏季最高。朱文斌等(2014)依据 2008～2009 年东海南部调查的数据研究，认为该海域共有 22 种头足类，其中枪形目 6 种，乌贼目 11 种，八腕目 5 种，优势种主要有神户乌贼、双喙耳乌贼、短蛸和杜氏枪乌贼等。王琳(2013)依据 2011 年东海北部调查的数据研究，认为该海域共有头足类 10 种，乌贼目 4 种，枪形目 4 种，八腕目 2 种。

我国南海头足类区系组成复杂，种类繁多，早在 20 世纪 80 年代就已有研究(董正之，1978；李复雪，1983)。结合多年份的渔业调查资料，学者(郭金富，1995；郭金富和陈丕茂，1997)分析发现已有文献报道的南海头足类共有 89 种，主要沿台湾浅滩海域至北部湾海域的沿岸分布。郭金富和陈丕茂(2000)在对头足类组成的研究中，以密度指数为数量指标，分析发现杜氏枪乌贼和中国枪乌贼在南海头足类组成中占据优势地位。黄梓荣(2008)以渔获率为数量指标对 2006～2007 年南海北部陆架区头足类的种类组成和资源密度进行了分析，发现捕获的 28 种头足类，其优势种类为剑尖枪乌贼、杜氏枪乌贼和中国枪乌贼；渔获率有明显的季节变动，夏、秋季较高，冬、春季较低。南海北部陆架区渔获种类秋季最多，冬季最少；杜氏枪乌贼和中国枪乌贼为优势种类(江艳娥等，2009)。

1.1.2　形态特征

头足类体两侧对称，分为头部、足部和胴部。足特化，环列于头前和口周，形成十只或八只腕，腕上具吸盘，足的一部分特化为漏斗，位于头部和胴部之间的腹面。由于针对鹦鹉螺的研究较少，因此不对其特征进行单独描述。枪形目体狭长，呈枪形，肉鳍通常为端鳍型，腕 10 只，具角质内壳。乌贼目体宽短，呈盾形或袋形，肉鳍多为周鳍型，腕 10 只，具钙质内壳，内壳发达。八腕目腕长，头小，胴部近卵圆形，腕 8 只，内壳仅余痕迹或完全退化(董正之，1988)。

头足类形态性状间的相互关系是其生物学研究的基础。黄建勋和郁尧山(1962)、唐逸民和吴常文(1986)对曼氏无针乌贼(*Sepiella maindroni*)的胴长和体重组成进行了初步描述，但并未建立胴长和体重的关系。随后，学者对剑尖枪乌贼(丁天明和宋海棠，2000；孙典荣等，2011)、短柔鱼(*Todaropsis eblanae*)(陈丕茂和郭金富，2001)和中国枪乌贼(李渊和孙典荣，2011)进行了胴长和体重研究，并进一步建立了胴长和体重的关系。宋坚等(2012)利用 12 项体尺性状和 2 项重量性状对大连湾长蛸进行了相关分析和回归分析，文章只对同一大小的长蛸进行了分析，之后需要对不同体重组的个体进行研究以更加准确地建立体长与体重、体积等的关系；平洪领等(2015)对东海南部的野生曼氏无针乌贼进行了类似的研究。头足类硬组织包括耳石、角质颚和内壳等，具有比软组织更稳定的形态特征，是研究头足类基础生物学的重要材料。江艳娥等(2014，2015)建立了南海鸢乌贼(*Sthenoteuthis oualaniensis*)耳石形态特征值与胴长的关系，发现随着胴长的增加，耳石绝对尺寸逐渐增大，相对尺寸逐渐减小，耳石的形态结构比例基本不变，其中侧区长、翼区长与耳石总长的比值随胴长增大而增加的趋势较为明显。杨林林等(2012a，2012b)分析了东海的太平洋褶柔鱼和火枪乌贼角质颚上颚和下颚的形态特征值变化和差异，建立了角质颚形态特征值与胴长的关系。另外，韦柳枝等(2004)对金乌贼的腕式进行了研究，发现金乌贼不同时期的个体和不同性别的腕式存在差异，并建议在金乌贼的鉴别过程中慎用腕式。王晓华(2012)对角质颚和内壳的形态特征参数进行分析，建立了胴长、角质颚各长度和内壳各长度与体重的关系。

不同种类和同一种类不同群体间的形态特征是头足类分类的重要依据。董正之(1992)首次对中国近海头足类的肉鳍、平衡器、齿舌和漏斗器进行了比较并分类，为科学鉴定中国近海头足类提供了依据。韦柳枝等(2003)对金乌贼、曼氏无针乌贼、日本枪乌贼(*L. japonica*)和短蛸的腕式进行了比较。郑小东等(2002)对曼氏无针乌贼 4 个自然群体的腕式和齿舌研究后发现其腕式和齿舌不完全一致。刘宗祐(2005)利用枪乌贼的 18 项外部形态特征值对剑尖枪乌贼和中国枪乌贼以及同种枪乌贼的不同群体进行了判别分析，研究发现逐步判别分析筛选出的 13 项形态特征变量可有效区分台湾周边 3 个海域的枪乌贼。颜云榕等(2015)利用鸢乌贼的 12 项形态参数对南海 3 个海域的群体进行了主成分分析和判别分析，并将南海鸢乌贼划分为东沙、中西沙和南沙三个地理群体。范江涛等(2015a)对南海的两个鸢乌贼群体进行了主成分分析和判别分析，发现不同群体角质颚的部分形态参数存在显著差异且不同群体的判别正确率在 65%以上。陈道海等(2014)利用扫描电镜对枪乌贼科、乌贼科和蛸科的 7 种头足类的吸盘进行了观察，并对乌贼科的内壳进行扫描电镜观察。Sin 等(2009)对两种形态极为相近的枪乌贼(中国枪乌贼和剑尖枪乌贼)的 25 项形态特征值进行测定，比较发现仅利用外部形态特征难以将其区分。

1.1.3　年龄与生长

了解头足类生物学特性是合理利用其资源的重要途径，这对于自然群体的头足类尤为重要。对于乌贼类和蛸类等可养殖种类而言，了解其生活史及其各阶段的生物学特性较容易；而对于非养殖的鱿鱼类而言，要了解其生物学特性则较难，但对其生物学特性的深入研究有利于科学开发其资源。Wang 等(2008)利用剑尖枪乌贼的生物学数据对其种群动态和性成熟机制进行了分析，认为剑尖枪乌贼有一个由南向北后由北向南的洄游过程，一年有两个产卵季节，台湾北部的近岸水域是其产卵场(25.5°～26.5°N，121.5°～122.5°E)。随后，Wang 等(2010)利用耳石测定了东海剑尖枪乌贼的日龄并结合生物学数据进行分析，发现剑尖枪乌贼的寿命约为 9 个月，雌性性成熟较雄性晚两个月，其主要的产卵季节在春季和秋季。Wang 等(2013)又探索了东海剑尖枪乌贼不同群体对环境变化的反应，发现冬生群有较大的胴长和较快的生长速度，而夏生群胴长生长较慢，并认为这与其生活环境有关：冬生群的发育期在夏秋季，具有适合的摄食和水温环境，这有利于剑尖枪乌贼的快速生长和性腺发育；相反地，夏生群的发育期在冬季和春季，具有不利于发育的摄食和水温环境，生长率较低。Yan 等(2013)对北部湾中国枪乌贼样本的生长进行了分析，认为中国枪乌贼的分布没有明显的季节变化，未成熟个体占大部分，全年中的摄食强度均较低。Choi(2007)则对香港附近水域的杜氏枪乌贼进行了研究，发现杜氏枪乌贼寿命为 7～8 个月。

1.1.4　摄食生态学

头足类属于掠食性动物，在捕食时触腕突然从囊中伸出，触腕穗上的吸盘抓住猎物，然后用各腕包持送入口中。口球中有由上颚、下颚构成的角质颚。角质颚坚韧锋利，能咬碎甲壳类的外壳、鱼类的骨骼以及双壳软体动物的外壳，齿舌具有磨锉食物的功能。头足类对捕食对象几乎没有选择性，食物包括鱼类、甲壳类、软体动物、多毛类等，且具有明显的同类残食、同种残食现象，这是头足类捕食活动的一个突出特点。各种头足类因生活阶段和栖息水层的不同，它们的主要捕食对象也各有差异。同时，头足类又是大型鱼类、海鸟和海洋哺乳动物等的重要食饵。从头足类的捕食者与被捕食者关系看，头足类位居海洋营养级金字塔的中层，具有承上启下的作用(陈新军等，2009)。

中国近海头足类大多为浅海种，对摄食的研究主要集中于枪乌贼、乌贼科和蛸科的重要经济种类中。黄美珍(2004)对台湾海峡和邻近海域的四种头足类进行了食性和营养级的分析，发现中国枪乌贼属游泳生物食性类型，杜氏枪乌贼和拟目乌贼(*Sepia lycidas*)属游泳动物和底栖动物混合食性类型，短蛸属浮游动物和底栖生物食性类型；其营养级均处于第三营养级层，食物重叠明显。杨纪明和谭雪静(2004)利用胃含物分析法对渤海火枪乌贼、曼氏无针乌贼和双喙耳乌贼(*Sepiola birostrata*)的食性作了初步分析。郭新等(1985)对曼氏无针乌贼的食性做了初步研究，发现其主要食物由小型鱼类和甲壳动物的虾、蟹类及少量的软体动物组成，并发现其有同类相残的现象；胃充塞指数达 1700‰以上，说明其摄食量巨大；空胃率较高说明消化能力较强。吴常文等(2006)对舟山渔场针乌贼(*Sepia andreana*)的生物学特性进行了分析，发现针乌贼胃含物主要是甲壳类，其次为稚幼鱼、有机碎屑，也有相互残食现象；雌性针乌贼的摄食强度普遍比雄性的高，雌性针乌贼其摄食强度越高，卵巢发育程度也越高。张宇美(2014)利用稳定同位素和胃含物分析对鸢乌贼的摄食和营养级进行了研究，发现鸢乌贼饵料组成主要为鱼类、头足类及少量的甲壳类；对不同性成熟度个体的食物组成进行了统计；对摄食等级和摄食强度的变化进行了分析；利用碳氮稳定同位素对营养级进行了分析。郝振林等(2013)分析了长蛸对 6 种不同饵料及其不同部位的摄食情况。李正等(2007)利用不同开口饵料和幼体饵料对曼氏无针乌贼的幼体生长、成活率和营养成分的差异进行了比较分析。学者也利用不同饵料对真蛸(*O. vulgaris*)(刘兆胜等，2011)和曼氏无针乌贼(樊晓旭等，2008)的亲体产卵量、卵径、卵子孵化率及其幼体成活率等指标进行了比较。王卫军等(2009)对短蛸幼体进行了同类相残的研究，发现小规格幼体比大规格幼体日相残率高，放养密度、饵料和遮蔽物对日相残率影响显著，温度对短蛸幼体的相残行为有影响，并认为养殖过程中高密度养殖、养殖温度高和个体大小的差异会诱发和促进同类相残的发生。

1.1.5　繁殖

头足类为雌雄异体，在雄体向雌体传递精荚的生殖过程中具有对抗、求偶及交配等行为。乌贼、枪乌贼与蛸的行为有所不同。国内学者对头足类的繁殖习性、雌雄生殖系统的结构和发生、性成熟度、受精、产卵和孵化等方面进行了综述和研究(施惠雄等，2008；郑小东等，2009)。

20 世纪 60 年代，张炯和卢伟成(1965)开始研究头足类的繁殖习性，他们通过实验观察分析了曼氏无针乌贼交配、产卵和受精的详细过程。李星颉等(1985)对曼氏无针乌贼的怀卵量进行了统计，并建立了繁殖力与胴长、体重和缠卵腺重的关系。焦海峰等(2005)对嘉庚蛸(*O. tankahkeei*)的产卵量和交配行为进行了分析，发现其个体产卵量较低，为 60~110 粒/头，平均 85 粒/头，受精卵分批产出，雌蛸具有护卵行为。文菁等(2012)通过重复实验观察，详细描述了拟目乌贼的游泳、捕食、休息、求偶、争斗、交配及产卵等行为；陈道海和郑亚龙(2013)对虎斑乌贼也进行了类似的观察分析。杨林林等(2010a)对黄海南部的太平洋褶柔鱼雌雄个体的初次性成熟胴长及性腺体指数作了比较分析，发现雌性个体的初次性成熟胴长较大，各月雄性性成熟个体均多于雌雄。张建设等(2011a)、吴常文等(2012)利用统计回归分析研究了养殖曼氏无针乌贼卵巢成熟系数的变化规律和个体生殖力与其主要形态指标的关系。

研究头足类生殖器官组织和结构，可以准确掌握头足类的繁殖习性，为近海头足类渔业和养殖提供有力的依据。目前，我国对头足类生殖器官组织结构的研究主要集中在经济种类，尤其是养殖种类。欧瑞木(1983)通过观察比较中国枪乌贼雌雄个体未成熟、成熟到产卵后各阶段出现的生殖器官的变化，将其性成熟度分为Ⅰ～Ⅴ5 个时期，其中Ⅰ期、Ⅱ期为未成熟期，Ⅲ期、Ⅳ期为成熟期，Ⅴ期为产后期。学者对曼氏无针乌贼的生殖器官进行了大量的研究，发现雄性具有以下特征：①生殖系统由精巢和生殖导管组成，生殖导管根据各段的形态、结构、功能分为输精管、贮精囊、前列腺、精荚囊和阴茎；精巢由众多生精小管组成，生精小管内分布着不同发育阶段的生殖细胞，成熟精子悬浮在管腔中央，有规则地朝着一个方向排列，精子形态为稍弯的子弹头形或长柱状纺锤形(叶素兰等，2007)。②精荚器由输精管、黏液腺、放射导管腺、中被膜腺、外被膜腺、硬腺、终腺等腺体组成，依靠结缔组织相连(叶德锋等，2011)。③精细胞的形成过程：形成初期，细胞核圆形，染色质小团块状，线粒体、高尔基体、中心粒等细胞器分散在细胞质中；形成高电子密度的均质结构；形成"9+2"轴丝结构；变成∩形顶体；形成精子尾部中段的线粒体(叶素兰等，2008)。④成熟精子由头部和尾部组成，尾部可明显地分为中段、主段和末段 3 部分(叶素兰等，2009)。雌性具有以下特征：①生殖系统由体腔特化而成，位于外套膜内，由卵巢、输卵管、输卵管腺以及附属腺(缠卵腺和副缠卵腺)组成(蒋霞敏等，2007)。②副缠卵腺由副缠卵腺壁、腺体小管和结缔组织构成(王春琳等，2010)。比较副性腺产卵前后乳酸脱氢酶、碱性磷酸酶、酸性磷酸酶、过氧化氢酶、过氧化物酶和超氧化物歧化酶的活力变化，发现产卵后 6 种酶的活力均下降(李来国等，2010)。学者对长蛸和嘉庚蛸的生殖系统的结构也进行了研究(许星鸿等，2008；李来国，2010)。

1.1.6　遗传多样性与分子系统学

分子系统学通过检测、定量描述和分析生物大分子所包含的遗传信息在物种分类、系统发育和进化上的意义，从而在分子水平上解释生物的遗传多样性和进化规律。分子系统学主要包括种群遗传学和系统发育学两大领域，前者主要探究种内分化，后者主要研究物种遗传多样性及种间系统发育关系(代丽娜，2012)。遗传多样性广义上是指生物所携带全部遗传信息的总和，狭义上是指不同的群体内的遗传多样性或不同个体的遗传多态性水平(高晓蕾，2014)。头足类分子水平的分类鉴定主要包括蛋白质水平、染色体水平、核基因组 DNA 和线粒体基因(表 1-1)。

表 1-1　头足类分子水平分类鉴定研究方法(王万超等，2013)

分析水平	方法	指标
蛋白质	氨基酸序列分析	同工酶、异型酶电泳
染色体	染色体数量、核型分析	精原细胞、初级精母细胞
核基因组 DNA	RFLP、RAPD、SSR 等	扩增目的基因，分析群体间多态性
线粒体基因	$CO\,I$、$CO\,III$、16S rRNA	扩增目的基因，对比种间遗传距离

注：RFLP—限制性片段长度多态性(restriction fragment length polymorphism)；RAPD—随机扩增多态性 DNA(random amplified polymorphic DNA)；SSR—简单重复序列(simple sequence repeat)。

同工酶技术作为种群遗传研究的有效手段，在头足类研究中已得到应用。郑小东(2001)利用淀粉凝胶电泳技术对曼氏无针乌贼 46 种酶以及外套膜肌肉、肝、眼和口球等四种组织进行了同工酶活性位点的筛选，发现 21 种酶能够显示出清晰、稳定的酶带，而且收敛性好，可以用来对其种群的生化遗传学进行深入研究；在所筛选的组织中，外套膜肌肉是最佳的，而肝、眼和口球则可以用来分析核苷磷酸化酶、酯酶、还原型辅酶 I 心肌黄酶等酶位点；同时，采用同工酶水平凝胶电泳技术分析了日本长崎海域、中国东海和南海 5 个曼氏无针乌贼自然群体的遗传多样性，发现曼氏无针乌贼呈现出较低水平的遗传多样性。Wei 等 (2005) 对金乌贼 6 种组织的 12 种同工酶进行了类似的研究，并认为金乌贼同样具有较低水平的遗传多样性。学者也利用淀粉凝胶电泳技术对短蛸 (高强等，2002) 和长蛸 (高强等，2009) 进行了遗传结构和多样性的研究。

微卫星位点具有在基因内分布较广泛、多态性信息含量丰富、检测手段较为简便等优点，从而在头足类群体遗传分析和遗传育种等方面作为优良的遗传标记得到广泛应用。吴璋等 (2011) 利用磁珠富集法筛选曼氏无针乌贼微卫星位点，发现去除重复测序和侧翼链不足的序列，可以设计引物的微卫星序列有 64 条。而张川等 (2014) 采用磁珠富集法构建了曼氏无针乌贼的微卫星富集文库，发现 42 条微卫星序列可以用于设计引物。左仔荣 (2012) 利用磁珠富集法从短蛸、长蛸和莱氏拟乌贼 (Sepioteuthis lessoniana) 的基因组中分离其微卫星位点，共获得微卫星序列 230 条，并对其多态性进行了分析。高晓蕾 (2014) 用长蛸的 8 个微卫星标记对 10 个长蛸群体的遗传结构及多样性进行了研究，认为我国沿海长蛸群体间存在较大的遗传分化现象，并将 10 个长蛸群体分为四组，认为中国沿海长蛸群体间显著的遗传结构是地理屏障、海流特征及物种生活史等因素综合作用的结果。类似地，李朋 (2014) 利用磁珠富集法构建了南海鸢乌贼的微卫星片段富集文库，并获得了扩增稳定性好、特异性强且多态性丰富的 21 个微卫星标记；随后，筛选出遗传属性优秀的 12 个微卫星标记，对南海鸢乌贼 6 个地理群体进行等位基因分型，认为南海海域存在两个鸢乌贼种群，这两个种群分别分布于中沙群岛东部和南沙群岛南部。ISSR (inter simple sequence repeat) 分子标记具有丰富的多态性、稳定的可重复性，在许多水生生物的群体遗传学研究中获得了理想的效果。徐梅英等 (2011a) 利用 ISSR-PCR 技术对曼氏无针乌贼基因组 DNA 进行扩增，筛选分析了 ISSR-PCR 扩增时的主要影响因子，并用 8 条 ISSR 引物对舟山养殖群体进行了遗传多样性分析，研究认为舟山曼氏无针乌贼养殖群体遗传多样性较丰富，因此舟山曼氏无针乌贼养殖群体可能有较高的生存能力。郭宝英等 (2011) 对 7 个长蛸群体的遗传多样性进行了分析，并通过聚类将其分为两个类群，分析认为长蛸具有较高遗传多样性水平，但群体间已经出现了较大程度的遗传分化。扩增片段长度多态性 (amplified fragment length polymorphism，AFLP) 标记具有信息量大、多态性丰富、灵敏度高、快速高效等优点，AFLP 技术广泛应用于群体结构及遗传多样性分析、遗传图谱构建、亲缘关系鉴定和基因表达调控研究等方面。张龙岗等 (2009) 利用 AFLP 技术对 4 个短蛸群体的遗传多样性进行了分析，发现其可以分为两个类群，并认为短蛸的遗传变异主要来自群体内个体间，但群体间已经有了一定程度的遗传分化。宋微微和王春琳 (2009) 利用 RAPD 技术对曼氏无针乌贼的 1 个野生群体和 5 代养殖群体的遗传多样性进行了研究，发现野生群体和 5 代养殖群体出现了中等遗传分化，认为养殖后的曼氏无针乌贼群体相比野生群体多样性指数有所降低，且随着养殖时间的增长养殖群体内部开始出现分化。

线粒体 DNA 的碱基发生替换的可能性大、效率高，具有较短的长度 (在多细胞动物中仅有 4～26kb 的碱基)，作为一种高度敏感的分子标记基因，线粒体基因片段在头足类的遗传多样性中也得到了广泛应用，如细胞色素氧化酶亚基 III(cytochrome oxidase subunitIII，*CO III*)，细胞色素氧化酶亚基 *I*(*CO I*)、12S rRNA 和 16S rRNA 等(王万超等，2013)。孙宝超等(2010)和常抗美等(2010)利用 *CO I* 基因对多个野生长蛸群体进行了遗传距离和分子进化树的研究。吕振明等(2010)利用 *CO I* 基因对多个短蛸群体进行了类似的研究。崔文涛等(2013)利用 *CO II* 基因序列对 12 种中国近海蛸类的系统进化关系进行了分析，认为可将其分为以真蛸为代表的长腕类和以砂蛸(*Octopus aegina*)为代表的短腕类。吕振明等(2011)利用 16S rDNA 序列对 7 个短蛸群体的遗传结构和变异进行了分析，发现 7 个群体分别属于两个类群；而李焕等(2010)利用 16S rRNA 序列对 4 个长蛸群体的遗传结构和变异进行了分析，4 个群体分别属于两个类群。杨秋玲等(2009)利用线粒体 DNA 的 16S rRNA 和 *CO I* 基因序列对 5 个小孔蛸(*Cistopus* sp.)群体进行了遗传多样性研究，发现宁德群体和象山群体与其他三个群体的亲缘关系较远，但存在基因交流，线粒体 16S rRNA 和 *CO I* 基因在群体间无显著多态性分布。徐梅英等(2011b)利用线粒体 DNA 的 12S rRNA 和 *CO III* 基因序列对长蛸不同群体进行了遗传多样性和遗传结构的分析，发现厦门群体与其他群体显著分化，并认为长蛸各群体遗传分化的原因之一可能是洋流格局的形成阻隔了群体间的基因交流。李焕(2010)利用线粒体 DNA 的 16S rRNA 和 *CO I* 基因序列对不同长蛸群体进行了遗传多样性分析，也发现厦门群体与其他群体间出现了遗传分化，并将 AFLP 分析和线粒体分析结果进行了比较。王万超(2014)测定了虎斑乌贼、刺乌贼(*Sepia aculeata*)、拟目乌贼和无针乌贼(*Sepiella inermis*)的线粒体基因组全序列，并对四种乌贼的基因进行了比较，构建了 10 种乌贼的系统树。类似地，代丽娜(2012)利用 *CO I* 基因序列分析了 33 种头足类的遗传变异和系统发生，利用 16S rRNA 分析了 34 种头足类的系统发生，最后结合 *CO I* 和 16S rRNA 基因序列构建系统树。王鹤等(2011)利用 DNA 条形码通用引物扩增了 11 种中国近海习见头足类线粒体的 *CO I* 基因片段，并与 GenBank 收录的 19 种头足类同源序列进行比对，分析认为剑尖枪乌贼(*Loligo edulis*，*Uroteuthis edulis*，*Photololigo edulis*)分类和命名存在分歧，DNA 条形码分类结果显示剑尖枪乌贼与枪乌贼属(*Loligo*)和尾枪乌贼属(*Uroteuthis*)的 *CO I* 基因同源性较低，不支持将其划归到 *Loligo* 或 *Uroteuthis*；*CO I* 基因在种、属水平的分类鉴定及其系统进化关系研究上与传统方法所得结果一致性较高，是形态学分类系统的必要补充和佐证。类似地，赵娜娜等(2013)利用 GenBank 线粒体基因组全序列信息对头足纲 15 个物种基因组结构进行了分析。

1.1.7　组织胚胎及幼体发育

胚胎作为亲体和幼体的中间环节具有举足轻重的位置，胚胎发育是个体发育的主体，一直是个体发育研究的核心(蒋霞敏等，2011)。头足类的胚胎发育是指卵子受精之后在卵膜内发育至仔鱼孵化出膜这一过程。幼体发育是指头足类孵化后至仔鱼期的过程，是决定头足类存活率的重要阶段。

早在 20 世纪 80 年代，欧瑞木(1981)就对中国枪乌贼的胚胎发育和仔稚鱼进行了观察，详细描述了胚胎发育过程的外部形态、内部器官的发生以及孵化后仔稚鱼的具体行为。张建设等(2011b)通过室内恒温培育实验发现曼氏无针乌贼的生物学零度为 6.48±0.44℃，受精卵发育为初孵幼体的有效积温为 396.91±2.81℃·d，胚胎发育最适温度为 18～24℃。董根等(2013)对短蛸进行类似的研究发现，其受精卵发育的生物学零度为 5.15℃，受精卵发育为初孵幼体的有效积温为 589.45℃·d，胚胎发育最适温度为 19～23℃，并发现胚胎发育阶段所处时期(T_s)和生长积温(K)呈线性函数关系：$K=26.72T_s+55.34$($R^2=0.996$)。

国内学者对我国近海重要可养殖经济头足类的胚胎发育进行了研究，发现：①短蛸的受精卵卵裂方式为盘状卵裂，胚胎发育过程划分为 20 期，期间胚胎经历 2 次翻转，孵化期约 41d(王卫军等，2010)；②真蛸受精卵呈米粒状，成串悬挂于蛸巢顶部和侧壁，胚胎发育过程分为 20 期，发育期间胚胎经历 2 次翻转，孵化期 25～35d(郑小东等，2011)；③长蛸胚胎发育过程分为 20 期，胚胎发生 2 次翻转，孵化期 72～89d(钱耀森等，2013)；④虎斑乌贼卵长径(30.7±2.4)mm，短径(13.4±1.3)mm，胚胎发育过程分为 30 期，孵化期 20～24d(陈道海等，2012)；⑤曼氏无针乌贼受精卵呈乳头状，受精卵外被黑色、坚韧而富有弹性的三级卵膜，成串聚集成葡萄状，胚胎发育过程划分为 12 期，孵化期 28～30d(蒋霞敏等，2011)。同时，也对头足类胚胎发育各时期器官的变化情况进行了详细描述。另外，学者对胚胎及幼体在发育过程中对温度和盐度的耐受性进行了分析(蒋霞敏等，2013；雷舒涵，2013)。

血细胞构成了抵御外来病原体的第一道防线，能通过包囊、吞噬、合成与分泌一些免疫因子等方式抵御外来病原体的侵染，在软体动物的非特异性防御中起着决定性作用(翟玉梅等，1998)。张建设等(2007，2011c)利用组织学和免疫学方法对曼氏无针乌贼的血细胞进行形态观察和免疫活性研究，研究发现：血细胞按大小可分为两类，较小的血细胞圆形(透明细胞)，直径 7.65～8.28μm，细胞核卵圆形，核质比约 0.66，约占细胞总数的 45.3%；较大的血细胞圆形(颗粒细胞)，直径 9.58～10.42μm，细胞核肾形，核质比约 0.40，有些细胞具双核，约占细胞总数的 54.7%；较小的血细胞对细菌无吞噬能力，而较大的血细胞具有较强的细菌吞噬能力。类似地，王晶等(2007)利用体内活体染色、细胞化学和电子显微镜技术等对短蛸血细胞的形态结构、类型、细胞化学性质及其弧菌吞噬活性进行了研究，将短蛸血细胞分为大透明细胞、小透明细胞、小颗粒细胞和大颗粒细胞。宋微微等(2013)对长蛸、短蛸、真蛸和曼氏无针乌贼的血细胞进行了观察和比较，将其分为透明细胞、小颗粒细胞和颗粒细胞，并在真蛸血细胞中发现了特有的马蹄形核血细胞。崔龙波和赵华(2000，2001)利用组织学和组织化学方法对唾液腺、消化腺和消化管进行了研究，发现前唾液腺腺细胞含团状糖蛋白性质的分泌颗粒，后唾液腺由 Ⅰ 型腺管(由 Ⅰ 型腺细胞和黏液细胞组成)和 Ⅱ 型腺管(腺细胞内含一桃形丝状物)组成；肝细胞含大量的分泌颗粒，呈现强的蛋白酶及弱的非特异性酯酶和脂酶活性；胰腺细胞呈非特异性酯酶和弱的蛋白酶和脂酶活性；消化管由口、食管、嗉囊、胃、胃盲囊、肠和直肠组成，消化管管壁由黏膜层、黏膜下层和肌层组成。于新秀等(2011)采用解剖学、组织切片以及电子显微镜技术，对成熟曼氏无针乌贼的脑部和视腺形态结构进行观察，发现其脑分为食管上神经团、食管下神经团以及位于脑两侧两个发达的视叶三部分；视腺外缘有结缔组织包裹，位于视神经束区上，嗅叶和背外侧叶之间，视腺内可观察到大量分泌细胞，分泌细胞含有丰富的粗面内质网、高尔基体及很多高电子密度的分泌颗粒。王春琳等(2008a)利用组织学和电子显微镜技术对曼氏无针乌贼的墨囊及墨腺细胞进行了研究，发现墨囊壁和导管壁由外膜、肌肉层和黏膜组成；墨腺体集中在墨囊底部，呈索状，腺体中部含丰富的结缔组织；墨汁颗粒以游离态形式分布于索状腺体的间隙及墨囊腔中。

1.1.8　渔情预报研究

头足类对环境条件及其在一定时空尺度下的变化非常敏感，因此基于环境变量的预测模型在头足类中得到广泛应用，中国近海头足类的研究主要集中在太平洋褶柔鱼、鸢乌贼和枪乌贼等种类上。对东海 4 个季节的太平洋褶柔鱼研究发现(李建生和严利平，2004；杨林林等，2010b)：东海太平洋褶柔鱼分布水深在 40～175m，分布范围较广，主要集中在东海外海受台湾暖流和黑潮控制的水域；春、夏、秋 3 个季节的资源集中在北部外海，而冬季转移到南部外海；存在春、夏、秋、冬 4 个生殖群体，秋季种群的性成熟度指数最高，春季最低，生殖群体的重心由春季的北部外海向冬季的南部外海转移；根据其温度和盐度的适宜范围，认为东海太平洋褶柔鱼属于暖水性外海高温高盐种；综上所述，东海太平洋褶柔鱼生殖群体的时空分布具有广范围、多季度的特点，这种分布特征可有效降低其幼体的种间竞争，为确保其种群繁衍提供保障。张寒野和胡芬(2005)对冬季东海的太平洋褶柔鱼空间异质性进一步研究发现：①在各向同性条件下，东海北部和南部具有相似的空间异质性特征，其变异函数均能用球状模型拟合，呈聚集空间格局，结构性因素占空间异质性的主导地位；②各向异性分析认为，在东海北部 135°和 90°这两个方向上太平洋褶柔鱼分布较均匀，空间依赖性较小，与东南-西北方向的黄海暖流和西-东方向的长江冲淡水一致；在东海南部 45°方向分布上的同质性与西南-东北方向的黑潮主干及台湾暖流相对应，由此认为海流是影响较大尺度生态过程上太平洋褶柔鱼分布的主要环境要素。关于鸢乌贼的研究则是利用最大值法、最小值法、几何平均值法和算术平均值法分别建立基于海面温度、叶绿素 a 浓度、海面盐度和海面高度的综合栖息地指数(habitat suitability index，HSI)模型，并发现算术平均值法拟合效果最好(范江涛等，2015b)。类似地，黄炫璋(2009)利用 HSI 模型对台湾东北部海域的剑尖枪乌贼进行了分析。

1.1.9　渔业资源评估

目前，中国近海主要经济鱼类资源匮乏，开发、利用头足类资源显得尤为重要。20世纪 70 年代以前，日本曼氏无针乌贼生产曾被誉为东海区四大渔业之一，20 世纪 70 年代中期，此种乌贼资源显著衰退至今一蹶不振。与此同时，另一些头足类如太平洋褶柔鱼、剑尖枪乌贼、中国枪乌贼和鸢乌贼等的数量先后增多，取代了曼氏无针乌贼成为头足类中的主要捕捞对象(郑元甲等，1999)。当前，中国近海头足类渔业正在蓬勃发展，产量显著提高。随着夏汛大黄鱼资源的衰退，对曼氏无针乌贼的利用也随之加强，致使20 世纪 80 年代以来曼氏无针乌贼持续低产，为此倪正雅和徐汉祥(1986)分析了浙江北部曼氏无针乌贼的资源状况，并利用模型计算了其最大持续产量和相应的捕捞力量。随后，学者根据调查、生产和文献资料对东海区乌贼类、枪乌贼类、柔鱼类和蛸类的开发状况进行了整理：郑元甲等(1999)认为 20 世纪 80～90 年代东海区头足类产量呈上升趋势；丁天明和宋海棠(2001)利用资源密度法对东海中北部海区的头足类资源量进行了调查，系统地阐明了头足类主要种类资源密度的季节变化和时空分布，提出了可捕量；严利平和李建生(2004)利用扫海面积法估算了东海区经济乌贼类的资源量，并利用经验公式确定了乌贼类的可捕量；曾建豪(2011)利用广义线性模型(generalized linear model，GLM)和广义加性模型(generalized additive model，GAM)，结合时间、空间及海洋环境等因子，阐明剑尖枪乌贼的单位捕捞努力量渔获量(catch per unit effort，CPUE)与各因子的关系，并进一步用标准化的 CPUE 来探究剑尖枪乌贼年间及季节性的空间分布特点。根据头足类单种的产量，关于南海头足类资源量的研究主要集中在枪乌贼和鸢乌贼上。李建柱等(2010)分析了中国南海北部剑尖枪乌贼资源密度指数的区域、昼夜、季节以及水深变化规律，发现海南岛以东近海剑尖枪乌贼的平均密度指数和平均尾数密度指数均明显高于北部湾及海南岛南部近海，夜晚剑尖枪乌贼的平均密度指数和平均尾数密度指数高于白天，剑尖枪乌贼的最高网次密度指数和最高网次尾数密度指数均出现于夏季；杨权等(2013)探究了灯光罩网与声学手段相结合的鸢乌贼资源量评估方法的可行性；随后，张俊等(2014)利用同样的方法预测了南海中部鸢乌贼的资源量，认为南海外海鸢乌贼资源量至少在 2.00×10^6t 以上；冯波等(2014)则创建了光诱资源量评估模型，使用克里金法，绘制出南海鸢乌贼的分布密度图，估计其总资源量和年可捕量，发现在南海 $108°\sim118°$E、$9°\sim20°$N 的 359 个渔区，鸢乌贼资源量为 2.05×10^6t，总可捕量为 0.99×10^6t。

1.1.10　头足类增养殖

我国在头足类人工增养殖方面的研究工作起步较晚，始于 21 世纪初。吕国敏等(2007)概括性地介绍了头足类在我国海洋渔业中的地位、头足类生物学特性、养殖研究现状、养殖开发前景；重点介绍了曼氏无针乌贼、金乌贼、长蛸、真蛸、嘉庚蛸和短蛸等种类的生态特征、繁育和养殖技术。林祥志等(2006)和马之明等(2008)系统地阐述了蛸类渔业概况、蛸类生态习性、繁殖生物学、养殖研究现状以及加工和市场前景，并对发展前景和方向进行了分析。郝振林等(2007)探讨了金乌贼受精卵的人工孵化、幼体发育及产卵基的材质、形状、稳定性和颜色等对金乌贼附卵的影响。房元勇和唐衍力(2008)对利用人工鱼礁增殖金乌贼资源的研究进行了详述。郑小东等(2010)对曼氏无针乌贼进行了室内全人工养殖，完成了从受精卵孵化→幼苗培育→中间培育→养成→性成熟亲体→交配产卵以及亲代死亡的整个生活史过程的记录；刘畅(2013)对长蛸作了类似的研究。

学者在环境因子与头足类生长方面做了大量研究，以此为头足类的养殖提供理论基础。陈仁伟(2008)分析了不同水温对虎斑乌贼受精卵孵化天数和孵化率的影响，探讨了不同底质环境、不同投饵率对虎斑乌贼幼体生长和存活的影响。文菁等(2011)研究了盐度、温度和 pH 的变化对虎斑乌贼幼体存活率及其行为的影响，认为虎斑乌贼幼体对盐度、温度和 pH 具有较强的耐受性。类似地，蒋霞敏等(2010)研究了不同温度、盐度、孵化密度、卵类型对野生和养殖曼氏无针乌贼孵化率和孵化时间的影响，夏灵敏等(2009)分析了曼氏无针乌贼幼体耗氧率和排氨率的昼夜变化规律及其受温度变化的影响。王春琳等(2008b)采用 Winkler 法测定水中溶解氧含量，通过比较对照呼吸室与试验呼吸室水中溶解氧含量之差确定曼氏无针乌贼耗氧率及窒息点，并在不同程度的溶解氧胁迫下测定乌贼体内多种酶的活力变化。唐衍力等(2009)观测了短蛸对同为 PVC 材质的3 种形状的有孔和无孔模型礁以及对同为管状的 3 种不同材料的单体和叠加模型礁的行为反应，并对各组内模型礁的诱集效果进行了比较，发现内部空间最大的正方体模型礁聚集率最大，每种形状的模型礁中有孔模型礁聚集率高于无孔模型礁，3 种不同材料的管状模型礁中陶瓷材质的管状模型礁诱集效果最好。另外，学者以乌贼类为研究对象，利用荧光物质——茜素络合剂(Alizarin Complexone，ALC)浸泡乌贼幼体，对其内壳进行标记，测量并观察乌贼胴背长、体重及存活率，分析认为曼氏无针乌贼的最佳染色剂浓度和染色时间分别为 90mg/L 和 24h(郝振林等，2008；梁君等，2013)。ALC 荧光染色标记法兼具体内标记和外部可见的双重效果，标记曼氏无针乌贼的存活率和标记色保持率均为 100%，此方法简单高效，能批量进行标记处理，是一种理想的乌贼标记方法。

1.1.11　食用药用

头足类蛋白质含量高，并含有丰富的氨基酸，肉美味鲜，可食用部分占总体的比例较其他海洋生物高，因此对头足类营养成分的评价显得极为重要。常抗美等(2008)利用生化测定法对野生及养殖曼氏无针乌贼肌肉的生化特征进行研究，发现其碳水化合物和粗脂肪含量并无显著差异，养殖群体含有较高的蛋白和较低的水分含量，含 18 种主要氨基酸，养殖群体较野生群体少一种脂肪酸，并认为人工驯养并未使曼氏无针乌贼品质下降。类似地，学者也对中国近海的虎斑乌贼(陈道海等，2014)、日本枪乌贼(刘玉锋等，2011)、鸢乌贼(马静蓉等，2015；于刚等，2014)和长蛸(郝振林等，2011)的肌肉营养成分进行了评价。学者也对经济头足类的肌肉、消化腺、生殖腺中的水分、粗灰分、粗蛋白质、粗脂肪含量以及氨基酸、脂肪酸组成与含量进行测定与分析，并对其组成与含量进行了排序(张伟伟和雷晓凌，2006；蒋霞敏等，2012；高晓兰等，2014)。头足类墨汁中含有约 16 种氨基酸，富含 Mg、Ca、K、Na 等常量矿物元素，Fe、Sr、Al、Zn 等微量元素和脂溶性、水溶性维生素(陈小娥，2000；郑小东等，2003；杨贤庆等，2015)。另外，徐玮等(2003)以枪乌贼的骨骼组织内壳为原料分析了碱液浓度、温度和时间对壳聚糖脱乙酰度和黏度的影响，对用枪乌贼内壳制备的壳聚糖的性能进行了初步研究。

常见的头足类有乌贼、蛸和鱿鱼等，在诸多医药著作记载中乌贼的墨、骨、肉、血和皮均可入药，蛸以肉作为药用部分。学者对头足类加工的副产品提取物的功能特性，如抗氧化、免疫功能调节、降血脂血压等做了大量的深入研究(景奕文等，2013)。代琼等(2012)研究表明鱿鱼眼透明质酸及其降解产物具有一定的抗氧化作用，其抗氧化活性随着分子量的降低而增强。甄天元等(2012)对鱿鱼墨黑色素研究发现，鱿鱼墨黑色素具有显著的抗氧化、抗衰老功能。郑玉寅（2012）从乌贼墨中提取肽聚糖，发现其可以抑制前列腺癌的活性。侯雪云和孙克任（2001）研究发现乌贼墨能够影响 H22 癌细胞 TPK、PKC、PKA 的活性，使癌细胞由去分化性增殖转变为分化性增殖，从而产生抗癌促分化作用。雷敏等（2012）研究表明鱿鱼墨黑色素对机体特异性及非特异性免疫机能具有显著调节作用，且随剂量增加效果更加明显。关玲敏等（2010）研究表明乌贼墨可增强固有免疫细胞和特异性免疫细胞的活性，调节细胞因子和效应分子的分泌，刺激免疫功能低下小鼠的免疫功能恢复。乌贼墨多糖是从乌贼墨中分离出的一种主要活性成分，在抗氧化、抗肿瘤、化疗损伤修复、增强免疫等方面均表现出了良好的效果。对乌贼墨中生物活性成分的研究，不仅为乌贼加工废弃物提供了高值化利用途径，也为开发临床医药、保健食品提供了新的资源，对扩大药源及对海洋资源的充分利用都具有深远意义（谷毅鹏等，2015）。

　　长期以来，头足类一直是我国渔民传统的捕捞对象。随着中国近海传统渔业日渐衰退，头足类在渔业中的地位越发明显。而且，随着社会经济的发展及人民生活水平的提高，我国头足类的消费也呈逐年上升的趋势，头足类渔获的价格稳中有升，显示出头足类具有广阔的市场前景。20 世纪 90 年代之前，对中国近海头足类的研究主要为自然群体的种类组成、分布及基础生物学特性。随后，过度捕捞日益加剧，头足类资源量减少，学者将注意力由头足类的自然群体转向养殖群体，研究内容为胚胎发育、受精卵孵化、繁殖生物学、环境因子胁迫等方面。21 世纪初，随着科技的不断发展，利用分子技术探索头足类的遗传多样性及系统发育情况是头足类研究的主要内容之一。20 世纪 80年代至今，对中国近海头足类资源量的估算一直是学者们比较感兴趣的话题。另外，头足类的食用和药用价值也是学者们比较关注的问题，如头足类食用部分的营养价值、乌贼内壳和乌贼墨的药理作用以及头足类废弃物的合理利用等。在诸多头足类中，进行大量研究的种类主要集中在可养殖的乌贼类和蛸类上，对于其他种类的研究则相对较少。枪乌贼作为快速游泳动物，对其进行养殖较为困难，但其又是中国近海头足类渔获的重要组成部分，对其进行系统深入的研究有利于枪乌贼资源的合理开发和利用。

1.2　中国近海枪乌贼生态学研究

1.2.1　枪乌贼种类鉴定

　　剑尖枪乌贼生物学的研究主要集中在种类鉴定和年龄与生长等方面。刘宗祐（2005）利用枪乌贼的 18 项外部形态特征对剑尖枪乌贼和中国枪乌贼以及同种枪乌贼的不同群体进行了判别分析，分析发现利用逐步判别分析筛选出的 13 项形态特征变量可有效区分台湾周边 3 个海域的枪乌贼。Sin 等（2009）对两种形态极为相近的枪乌贼（中国枪乌贼和剑尖枪乌贼）的 25 项形态特征进行测定，比较发现仅利用外部形态特征难以将其区分。王鹤等（2011）利用 DNA 条形码通用引物扩增了 11 种中国近海常见头足类线粒体的 *CO I*基因片段，并与 GenBank 收录的 19 种头足类同源序列进行比对，分析认为剑尖枪乌贼（*Loligo edulis*，*Uroteuthis edulis*，*Photololigo edulis*）的分类和命名存在分歧，DNA 条形码分类结果显示剑尖枪乌贼与枪乌贼属(*Loligo*)、尾枪乌贼属(*Uroteuthis*)的 *CO I* 基因同源性较低,不支持将其划归到枪乌贼属或尾枪乌贼属。

1.2.2　枪乌贼年龄与生长

Wang 等(2010)利用耳石测定了东海剑尖枪乌贼的日龄并结合生物学数据进行分析,发现剑尖枪乌贼的寿命约为 9 个月,雌性性成熟较雄性晚两个月,并认为其主要的产卵季节在春季和秋季。Wang 等(2013)又探索了东海剑尖枪乌贼不同群体对环境变化的反应,发现冬生群有较大的胴长和较快的生长速度,而夏生群胴长较小,生长较慢,并认为这与其生活环境有关:冬生群的发育期在夏季和秋季,具有适合的摄食和水温环境,这有利于剑尖枪乌贼的快速生长和性腺发育;相反地,夏生群的发育期在冬季和春季,具有不利于发育的摄食和水温环境,导致其具有较低的生长率。陈姿莹(2012)则利用剑尖枪乌贼的胴长和耳石轮纹建立了线性、指数和幂函数生长方程,并用赤池信息量准则(Akaike information criterion,AIC)选择最佳模型,发现幂函数为最佳模型。黄培宁(2006)利用中国枪乌贼的耳石轮纹建立了逻辑斯谛生长方程,从而探讨中国枪乌贼的年龄与生长和极限体长等。Yan 等(2013)对北部湾中国枪乌贼样本的生长进行了分析,认为中国枪乌贼的分布没有明显的季节变化,未成熟个体占大部分,全年中的摄食强度均较低。另外,Choi(2007)对香港附近水域杜氏枪乌贼的耳石轮纹进行了研究,发现杜氏枪乌贼寿命为 7~8 个月。

1.2.3　枪乌贼繁殖

欧瑞木(1983)通过观察比较中国枪乌贼雌雄个体未成熟、成熟到产卵后各阶段生殖器官的变化,将其性成熟度分为 I ~ V 5 个时期,其中 I 期、II 期为未成熟期,III 期、IV 期为成熟期,V 期为产后期。Wang 等(2008)利用剑尖枪乌贼的生物学数据对其种群动态和性成熟机制进行了分析,认为剑尖枪乌贼有一个先由南向北,后由北向南的洄游过程,一年中有两个产卵季节,台湾北部的近岸水域(25.5~26.5° N,121.5~122.5° E)是其产卵场。

第2章 基于角质颚的东黄海常见头足类鉴定与分类

本章选择我国黄海和东海近海海域常见头足类的角质颚为研究对象，结合其渔业生物学特性，比较不同科头足类、同一科不同种头足类角质颚的区别，建立胴长、体重等生物学指标和角质颚主要形态参数的方程，为建立基于角质颚的东黄海常见头足类分类与鉴定的检索表寻找依据。

2.1 东黄海常见头足类的渔业生物学初步研究

研究样本分别为 2015 年 11 月于上海浦东新区芦潮港集贸市场采购的 69 尾中国枪乌贼(雄性 29 尾，雌性 40 尾)，98 尾杜氏枪乌贼(雄性 48 尾，雌性 50 尾)，49 尾虎斑乌贼(雄性 19 尾，雌性 30 尾)和 100 尾神户乌贼(雄性 47 尾，雌性 53 尾)，以及 2015 年 11 月于青岛沙子口海鲜市场采购的 150 尾短蛸(雄性 16 尾，雌性 134 尾)和 41 尾长蛸(雄性 24 尾，雌性 17 尾)。

样本在实验室完成解冻后，分别对不同种类头足类进行生物学测定和数据记录，测定其胴长(mantle length，ML)、体重(body weight，BW)，鉴别性别、性成熟度及摄食强度。胴长精确至 1mm，体重精确至 1g。性成熟度划分为 5 期，其中III期、IV期、V期为性成熟时期(Lipinski and Underhill，1995)。摄食强度根据海洋调查规范分为 5 级：0 级，空胃；1 级，胃内仅有少量食物；2 级，胃内食物较多；3 级，胃内食物饱满但胃壁不膨胀；4 级，胃内食物饱满且胃壁膨胀变薄。

(1)胴长和体重的组成。采用频率分布法研究胴长和体重的组成，绘制频率分布图，确定优势胴长组和体重组，计算优势组的比例。

(2)雌雄群体差异比较。对每种头足类不同性别个体的胴长、体重做两样本平均数的假设检验(t 检验)，找出差异性(李春喜等，2008)。

(3)体重和胴长的关系。采用幂函数方程拟合不同种类头足类体重和胴长的关系：

$$BW = bML^a \tag{2-1}$$

式中，BW 为体重(g)；ML 为胴长(mm)；a 和 b 为参数。

2.1.1 胴长组成

分析认为，中国枪乌贼胴长为 120～250mm，平均胴长为 179mm，优势胴长组为 140～200mm，占样本总数的 72.46%[图 2-1(a)]。杜氏枪乌贼胴长为 41～120mm，平均胴长为 89mm，优势胴长组为 70～110mm，占样本总数的 75.51%[图 2-1(b)]。长蛸胴长为 29～102mm，平均胴长为 72mm，优势胴长组为 60～90mm，占样本总数的 75.61%［图 2-1（c）］。短蛸胴长为 36～90mm，平均胴长为 65mm，优势胴长组为 50～80mm，占样本总数的 67.33%［图 2-1（d）］。虎斑乌贼胴长为 98～133mm，平均胴长为 119mm，优势胴长组为 110～130mm，占样本总数的 80%［图 2-1（e）］。神户乌贼胴长为 55～94mm，平均胴长为 74mm，优势胴长组为 60～90mm，占样本总数的 93%［图 2-1（f）］。

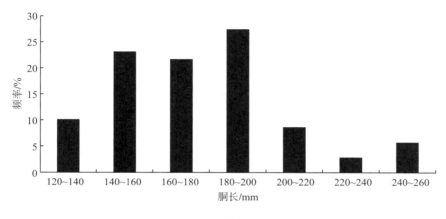

(a) 中国枪乌贼

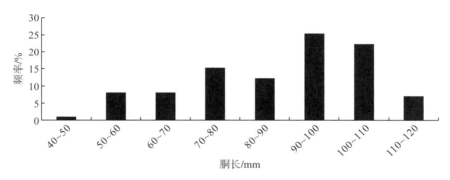

(b) 杜氏枪乌贼

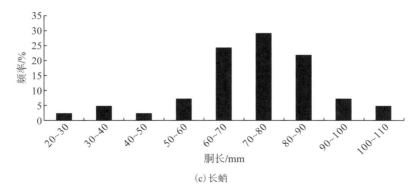

(c) 长蛸

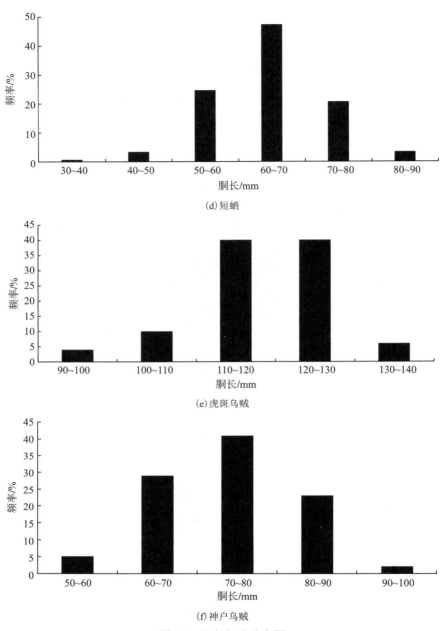

图 2-1　胴长组成分布图

　　研究表明，所选六种头足类的胴长组成不同，中国枪乌贼平均胴长最大，短蛸平均胴长最小。比较同一科不同种类的头足类，在枪乌贼科中，中国枪乌贼的胴长整体上比杜氏枪乌贼大；在蛸科中，长蛸的胴长整体上比短蛸略大；在乌贼科中，虎斑乌贼的胴长比神户乌贼大。李渊和孙典荣（2011）分析了 2006～2007 年在北部湾捕获的中国枪乌贼，同时期的中国枪乌贼平均胴长要小于本研究结果，张壮丽等（2008）分析了 1995 年在闽南—台湾海域捕获的中国枪乌贼，同时期的平均胴长同样小于本结果，但大于李渊和

孙典荣(2011)的结果，这可能与研究区域不同有关，即中国枪乌贼秋季群体的胴长可能
具有从北向南逐渐变小的趋势。黄美珍(2004)分析了 2000～2001 年在台湾海峡捕获的杜
氏枪乌贼，同时期的胴长要比本研究结果小。宋坚等(2013)分析了 2011 年在大连附近海
域捕获的长蛸，样本采集时间比本研究晚一个月，平均胴长略大于本研究所得结果。董
根(2014)分析了 2011～2012 年在青岛附近海域捕获的短蛸，胴长组成情况与本研究结
果相似。黄美珍(2004)分析了 2000～2001 年在台湾海峡捕获的短蛸，同时期的胴长要
比本研究结果小。蒋霞敏等(2014)分析了人工养殖的虎斑乌贼，经过 150d 养殖的虎斑
乌贼的平均胴长与本研究结果相近。

2.1.2　体重组成

　　分析认为，中国枪乌贼体重为 69～529g，平均体重为 185g，优势体重组为 50～
200g，占样本总数的 69.57%[图 2-2(a)]。杜氏枪乌贼体重为 7～58g，平均体重为 30g，
优势体重组为 10～40g，占样本总数的 73.47%[图 2-2(b)]。长蛸体重为 12～209g，平
均体重为 98g，优势体重组为 70～150g，占样本总数的 68.29%[图 2-2(c)]。短蛸体
重为 44～198g，平均体重为 112g，优势体重组为 60～140g，占样本总数的 76.55%
[图 2-2(d)]。虎斑乌贼体重为 90～241g，平均体重为 167g，优势体重组为 150～210g，
占样本总数的 68%[图 2-2(e)]。神户乌贼体重为 23～74g，平均体重为 45g，优势体重组
为 30～60g，占样本总数的 71%[图 2-2(f)]。

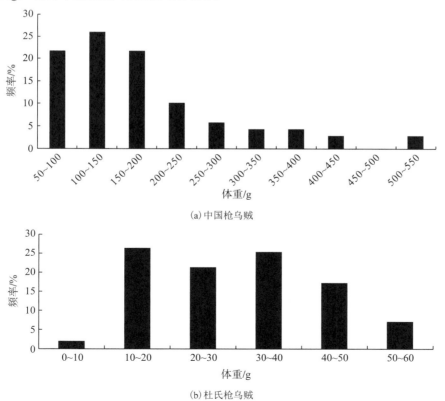

(a)中国枪乌贼

(b)杜氏枪乌贼

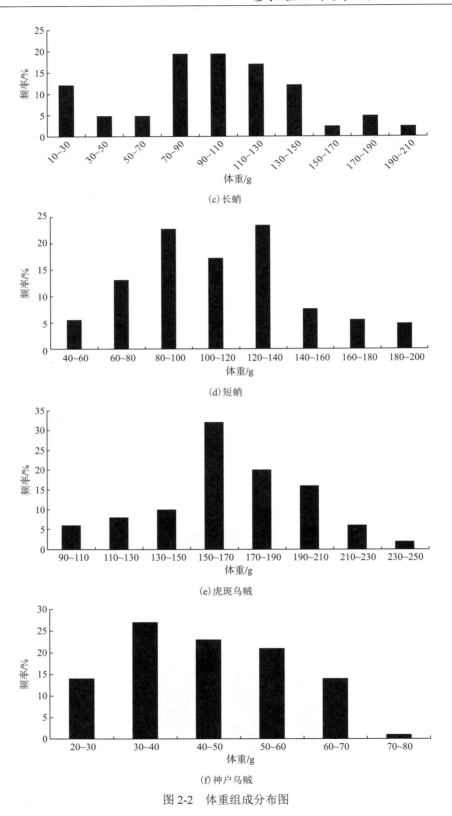

(c) 长蛸

(d) 短蛸

(e) 虎斑乌贼

(f) 神户乌贼

图 2-2　体重组成分布图

　　研究表明，所选六种头足类的体重组成不同，中国枪乌贼平均体重最大，杜氏枪乌贼平均体重最小。比较同一科不同种类的头足类，在枪乌贼科中，中国枪乌贼的体重比杜氏枪乌贼大；在蛸科中，长蛸的平均体重比短蛸小；在乌贼科中，虎斑乌贼的体重比神户乌贼大。李渊和孙典荣(2011)分析了 2006~2007 年在北部湾捕获的中国枪乌贼，同时期的中国枪乌贼平均体重要小于本研究结果，张壮丽等(2008)分析了 1995 年在闽南—台湾海域捕获的中国枪乌贼，同时期的平均体重同样小于本结果，但大于李渊和孙典荣(2011)的结果。黄美珍(2004)分析了 2000~2001 年在台湾海峡捕获的杜氏枪乌贼，同时期的体重与本研究结果相似。宋坚等(2013)分析了 2011 年在大连附近海域捕获的长蛸，平均体重约为本研究结果的两倍。董根(2014)分析了 2011~2012 年在青岛附近海域捕获的短蛸，平均体重比本研究结果要小。黄美珍(2004)分析了 2000~2001 年在台湾海峡捕获的短蛸，同时期的体重要比本研究结果小。蒋霞敏等(2014)分析了人工养殖的虎斑乌贼，经过 150d 养殖的虎斑乌贼的平均体重比本研究结果小。

2.1.3　雌雄个体大小比较

　　由表 2-1 可知，中国枪乌贼雌性的胴长和体重都比雄性大，t 检验结果显示，中国枪乌贼雌雄个体间的胴长不存在显著差异($P>0.05$)，体重存在极显著差异($P<0.01$)；杜氏枪乌贼雌性的胴长和体重都比雄性小，t 检验结果显示，杜氏枪乌贼雌雄个体间的胴长存在极显著差异($P<0.01$)，体重存在极显著差异($P<0.01$)；长蛸雌性的胴长和体重都比雄性小，t 检验结果显示，长蛸雌雄个体间的胴长不存在显著差异($P>0.05$)，体重不存在显著差异($P>0.05$)；短蛸雌性的胴长和体重都比雄性大，t 检验结果显示，短蛸雌雄个体间的胴长存在极显著差异($P<0.01$)，体重存在显著差异($P<0.05$)；虎斑乌贼雌性的胴长比雄性小，体重比雄性大，t 检验结果显示，虎斑乌贼雌雄个体间的胴长不存在显著差异($P>0.05$)，体重不存在显著差异($P>0.05$)；神户乌贼雌性的胴长比雄性小，雌雄个体体重基本相同，t 检验结果显示，神户乌贼雌雄个体间的胴长不存在显著差异($P>0.05$)，体重不存在显著差异($P>0.05$)。

表 2-1　头足类不同性别胴长和体重比较

种类	胴长(或体重)	平均值		P 值
		雌性	雄性	
中国枪乌贼	胴长/mm	184	174	0.166
	体重/g	217	142	<0.01
杜氏枪乌贼	胴长/mm	83	95	<0.01
	体重/g	26	35	<0.01
长蛸	胴长/mm	70	76	0.216
	体重/g	88	113	0.088
短蛸	胴长/mm	67	60	<0.01
	体重/g	116	94	0.044

种类	胴长（或体重）	平均值		P 值
		雌性	雄性	
虎斑乌贼	胴长/mm	119	120	0.723
	体重/g	170	162	0.369
神户乌贼	胴长/mm	74	75	0.628
	体重/g	46	46	0.869

2.1.4　胴长与体重关系

根据线性回归拟合，头足类胴长和体重关系式如下：

中国枪乌贼：

$BW=1.0\times10^{-3}ML^{2.7562}$（$R^2=0.8343$，$P<0.01$）［图 2-3（a）］

杜氏枪乌贼：

雌性：$BW=3.1\times10^{-3}ML^{2.0271}$（$R^2=0.8902$，$P<0.01$）［图 2-3（b）］

雄性：$BW=5.8\times10^{-3}ML^{1.9045}$（$R^2=0.8048$，$P<0.01$）［图 2-3（c）］

长蛸：

$BW=1.4\times10^{-3}ML^{2.571}$（$R^2=0.9094$，$P<0.01$）［图 2-3（d）］

短蛸：

雌性：$BW=1.5\times10^{-3}ML^{2.6728}$（$R^2=0.8623$，$P<0.01$）［图 2-3（e）］

雄性：$BW=7\times10^{-3}ML^{2.8793}$（$R^2=0.9498$，$P<0.01$）［图 2-3（f）］

虎斑乌贼：

$BW=1.2\times10^{-3}ML^{2.4801}$（$R^2=0.7442$，$P<0.01$）［图 2-3（g）］

神户乌贼：

$BW=1.0\times10^{-2}ML^{1.9428}$（$R^2=0.5947$，$P<0.01$）［图 2-3（h）］

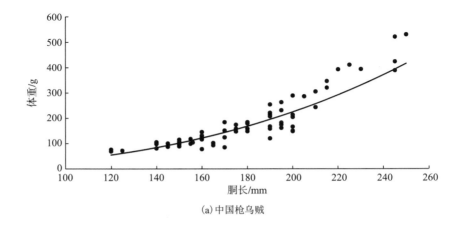

(a) 中国枪乌贼

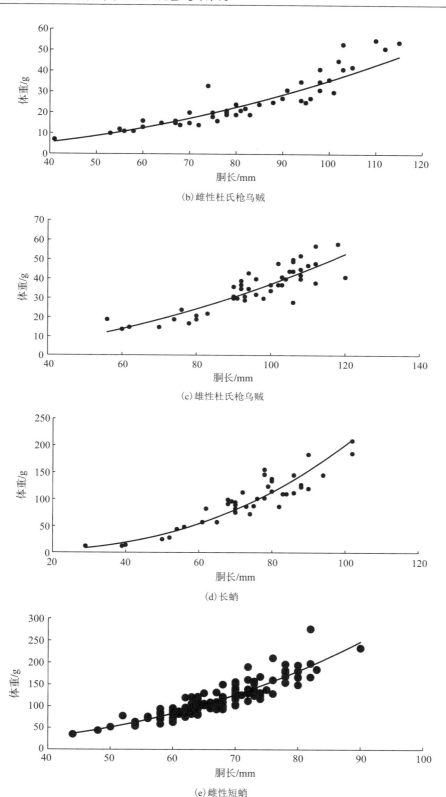

（b）雌性杜氏枪乌贼

（c）雄性杜氏枪乌贼

（d）长蛸

（e）雌性短蛸

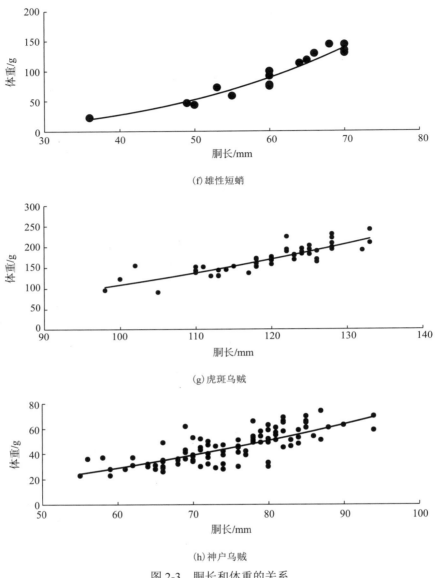

(f) 雄性短蛸

(g) 虎斑乌贼

(h) 神户乌贼

图 2-3　胴长和体重的关系

在雌雄胴长、体重的 t 检验中，只有杜氏枪乌贼和短蛸的雌雄个体存在显著差异，因此在建立胴长和体重的关系时，对杜氏枪乌贼和短蛸分雌雄分别进行构建。Rao（1988）在研究印度门格洛尔近海的杜氏枪乌贼时也发现，雌雄个体的胴长与体重关系有显著差异。本章中六种头足类的胴长与体重均存在幂函数关系，球形深海多足蛸（Quetglas et al.，2001）、剑尖枪乌贼（丁天明和宋海棠，2000）、金乌贼（韦柳枝等，2005）等其他头足类的胴长和体重也存在幂函数关系。宋坚等（2013）在研究长蛸时选用了体长和体重建立关系，而非常用的胴长，得到的结果为体长和体重呈指数函数关系。

2.2 基于角质颚的东黄海常见头足类科类判别

我国近海头足类以枪形目、乌贼目和八腕目为主。在枪形目中以枪乌贼科为主，在乌贼目中以乌贼科为主，在八腕目中以蛸科为主。因此，要想建立基于角质颚的东黄海常见头足类分类与鉴定的检索表，首先要对不同科头足类的角质颚进行判别。

研究样本分别为 2015 年 11 月于上海浦东新区芦潮港集贸市场采购的 66 尾中国枪乌贼(雄性 28 尾，雌性 38 尾)，96 尾杜氏枪乌贼(雄性 44 尾，雌性 51 尾)，47 尾虎斑乌贼(雄性 18 尾，雌性 29 尾)和 77 尾神户乌贼(雄性 47 尾，雌性 30 尾)，以及 2015 年 11 月于青岛沙子口海鲜市场采购的 137 尾短蛸(雄性 12 尾，雌性 125 尾)和 41 尾长蛸(雄性 24 尾，雌性 17 尾)。

2.2.1 角质颚测量

从口球中提取角质颚，放入 75%的酒精中清洗以去除杂质，利用游标卡尺对角质颚的 12 项形态参数进行测量，精确到 0.1mm。角质颚形态参数包括：上头盖长(upper hood length，UHL)、上脊突长(upper crest length，UCL)、上喙长(upper rostrum length，URL)、上喙宽(upper rostrum width，URW)、上侧壁长(upper lateral wall length，ULWL)、上翼长(upper wing length，UWL)、下头盖长(lower hood length，LHL)、下脊突长(lower crest length，LCL)、下喙长(lower rostrum length，LRL)、下喙宽(lower rostrum width，LRW)、下侧壁长(lower lateral wall length，LLWL)和下翼长(lower wing length，LWL)(图 2-4)。

(1)科类判别。将中国枪乌贼和杜氏枪乌贼归为一类，即枪乌贼科，将长蛸和短蛸归为一类，即为蛸科，将虎斑乌贼和神户乌贼归为一类，即为乌贼科。使用逐步判别分析法分析各科头足类角质颚原始形态参数的差异。

(2)标准化处理和科类判别。将原始形态参数除以胴长进行标准化，使用逐步判别分析法对标准化数据进行分析。

所有统计分析均在 SPSS 19.0 软件中处理完成。

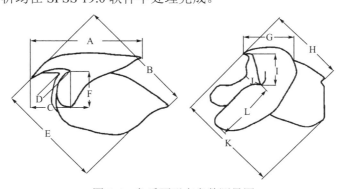

图 2-4　角质颚形态参数测量图

A.上头盖长，B.上脊突长，C.上喙长，D.上喙宽，E.上侧壁长，F.上翼长，G.下头盖长，

H.下脊突长，I.下喙长，J.下喙宽，K.下侧壁长，L.下翼长

2.2.2 未标准化数据结果

根据逐步判别分析结果，在 12 个角质颚形态参数中选出 10 个用于最终的判别分析，分别是 UHL、UCL、URW、ULWL、UWL、LCL、LRL、LRW、LLWL、LWL。根据标准化系数 (表 2-2) 和 Wilks λ (表 2-3) 可以发现，UHL、LCL、LWL "贡献" 了绝大部分差异。蛸科的判别成功率最高，为 100%；乌贼科其次，为 91.0%；枪乌贼科的判别成功率最低，为 86.3%。三个科总的判别成功率为 92.8%(表 2-4，图 2-5)。

表 2-2 各科头足类角质颚长度逐步判别分析标准化系数

角质颚长度	标准化系数 1	标准化系数 2
UHL	2.765	0.246
UCL	−0.589	−1.489
URW	0.052	0.529
ULWL	−0.297	−0.489
UWL	0.220	−0.197
LCL	−0.938	0.026
LRL	0.250	−0.426
LRW	−0.402	−0.094
LLWL	−0.791	0.757
LWL	0.035	1.466

表 2-3 各科头足类角质颚长度逐步判别分析结果

判别步数	变量	Wilks λ	统计 F 量	自由度 1	自由度 2
1	UHL	0.281	602.700	2	470
2	LCL	0.140	391.416	4	938
3	LWL	0.099	340.153	6	936
4	UCL	0.079	298.984	8	934
5	LLWL	0.068	262.970	10	932
6	URW	0.064	228.942	12	930
7	LRL	0.060	204.494	14	928
8	LRW	0.056	185.811	16	926
9	UWL	0.055	168.292	18	924
10	ULWL	0.053	153.916	20	922

表 2-4 基于头足类角质颚原始数据的科间判别成功率

判别正确率	成功判别的样本数			
	枪乌贼科	蛸科	乌贼科	合计
枪乌贼科 86.3%	139	1	21	161
蛸科 100.0%	0	178	0	178
乌贼科 91.0%	11	1	122	134

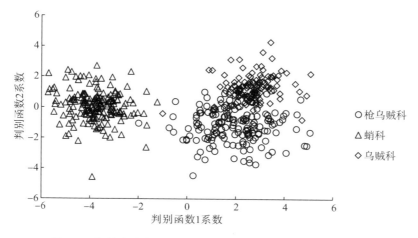

图 2-5 各科头足类角质颚原始数据判别分析函数系数散点图

2.2.3 标准化数据结果

根据逐步判别分析结果，在 12 个角质颚标准化数据中选出 7 个用于最终的判别分析，分别是 UHL/ML、URW/ML、LCL/ML、LRL/ML、LRW/ML、LLWL/ML、LWL/ML。根据标准化系数(表 2-5)和 Wilks λ (表 2-6)可以发现，UHL/ML、LLWL/ML、LWL/ML "贡献"了绝大部分差异。蛸科的判别成功率最高，为 100%；乌贼科其次，为 97.0%；枪乌贼科的判别成功率最低，为 96.9%。三个科总的判别成功率为 98.1%(表 2-7，图 2-6)。

表 2-5 各科头足类角质颚长度逐步判别分析标准化系数

	标准化系数 1	标准化系数 2
UHL/ML	1.376	0.051
LLWL/ML	−0.116	0.144
LWL/ML	−0.436	0.164
LCL/ML	0.125	−0.363
LRL/ML	−0.242	0.015
LRW/ML	−0.599	0.494
URW/ML	−0.022	0.563

表 2-6 各科头足类角质颚长度逐步判别分析结果

判别步数	变量	Wilks λ	统计 F 量	自由度 1	自由度 2
1	UHL/ML	0.138	1464.994	2	470
2	LLWL/ML	0.034	1042.369	4	938
3	LWL/ML	0.028	778.868	6	936
4	LCL/ML	0.025	626.473	8	934
5	LRL/ML	0.023	520.202	10	932
6	LRW/ML	0.022	444.713	12	930
7	URW/ML	0.022	385.484	14	928

表 2-7   基于头足类角质颚标准化数据的科间判别成功率

判别成功率	成功判别的样本数			
	枪乌贼科	蛸科	乌贼科	合计
枪乌贼科 96.9%	156	1	4	161
蛸科 100.0%	0	178	0	178
乌贼科 97.0%	4	0	130	134

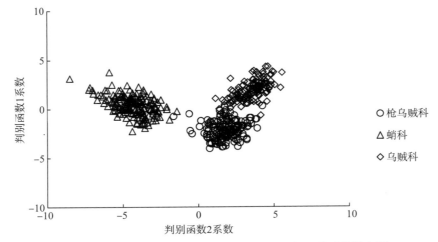

图 2-6   各科头足类角质颚标准化数据判别分析函数系数散点图

头足纲分为鞘亚纲与鹦鹉螺亚纲，其中鞘亚纲占绝大多数，为重点捕捞和研究对象，目前在我国近海主要以枪形目、乌贼目和八腕目为主。在枪形目中以枪乌贼科为主，在乌贼目中以乌贼科为主，在八腕目中以蛸科为主，因此要想系统地区分近海头足类，首先需要从这三个不同科头足类的区别着手。虽然这三科的头足类从外观来区别较容易直观得出正确的结论，但是在研究对象被网具破坏了外形或者需要分析海洋生物的胃含物等情况下，就需要运用基于角质颚的科类判别分析。Markaida 和 Hochberg（2005）对墨西哥下加利福尼亚附近海域捕获的 175 尾剑鱼的胃含物进行分析，利用胃含物中的 1318 个角质颚鉴定出了 25 种头足类，并估算了它们的胴长和体重。三个科头足类的角质颚在外观上存在一定区别，枪乌贼科(中国枪乌贼、杜氏枪乌贼)上颚的头盖部分较为圆滑，下颚的头盖部分以及侧壁部分狭促；蛸科(长蛸、短蛸)的上头盖十分短小，上、下喙长均较短；乌贼科(虎斑乌贼、神户乌贼)的上头盖部分弧度较小，趋于平直(陈新军等，2009)。总体来看，蛸科、乌贼科和枪乌贼科的上颚外部形态区别较大，但下颚外部形态的区别不甚明显。因此，利用角质颚形态参数进行科的判别尤为重要。

在利用角质颚原始数据进行逐步判别分析时，发现上头盖长、下脊突长和下翼长在进行中间判别时具有较大的作用，而利用标准化后的数据判别时，发现上头盖长/胴长、下侧壁长/胴长和下翼长/胴长具有较高贡献，不论使用哪组数据，上头盖长和下翼长都起着重要作用，这也与通过外形直接观察时所关注的位置相契合。利用角质颚原始数据分析时，枪乌贼科和乌贼科的判别正确率较低，这也和两个科外观上较为相像难以区别一致。与枪乌贼科和乌贼科相比，蛸科上颚的头盖部有明显不同，这使得蛸科与枪乌贼科、乌贼科在判别时正确率达到 100%。考虑到不同科类的头足类生长差异，将角质颚参数除以胴长进行标准化处理后再比较，发现准确率大幅提升，蛸科依然保持了 100% 的准确率，而之前未做标准化处理时易混淆的枪乌贼科和乌贼科的判别正确率也分别达到了 96.9% 和 97.0%。因此在具备测量胴长的条件时，应当结合胴长数据对角质颚长度数据进行标准化处理，以获得更准确的判别结果。

刘必林等(2015)在进行标准化处理时选用上头盖长为自变量，将其余的长度参数和上头盖长建立线性关系，然后进行分析，所有种类判别正确率高达 100%。这种标准化的方式可以不结合胴长数据，仅依靠角质颚的长度数据，使用范围更广，所受限制更少，在今后的研究中可以结合使用。

2.3　基于角质颚的东黄海乌贼类的种类判别

以往对乌贼科的分类或根据内壳的形状、比例，或根据漏斗锁的形状，或根据特殊的体色、斑点，或根据吸盘数量，或根据腕长、腕式等(陈新军等，2009)。在保证样本新鲜、完整的情况下，上述方法能够有效地对其进行分类与鉴定，但对于我国近海捕获的乌贼，由于网具等因素，较难做到这一点，另外在分析头足类捕食者的胃含物时也无法满足这些要求。不同种类乌贼的角质颚在外部形态上存在差异，因此利用角质颚对乌贼科种类进行判别与鉴定十分必要。

研究样本分别为 2015 年 11 月于上海浦东新区芦潮港集贸市场采购的 47 尾虎斑乌贼(雄性 18 尾，雌性 29 尾)和 77 尾神户乌贼(雄性 47 尾，雌性 30 尾)。角质颚测量方法与本章 2.2 节相同。所有统计分析均在 SPSS 19.0 软件中处理完成。

(1)不同种类不同性别角质颚的比较。对两种乌贼的 12 项角质颚形态参数进行均数差异性检验；分别对虎斑乌贼、神户乌贼雌雄个体的 12 项角质颚形态参数进行均数差异性检验。

(2)特征参数与胴长、体重的关系。对两种乌贼 12 项角质颚外部形态参数进行主成分分析，找出能够表征角质颚主要特征的形态参数，然后与胴长、体重建立关系。

(3)不同胴长组的比较。划分不同胴长组，对两种乌贼不同胴长组的角质颚形态参数指标进行方差分析。

(4)稳定指标的比较。将虎斑乌贼和神户乌贼角质颚各部分形态参数的比值按照胴长分组后进行组间单因素方差分析(ANOVA)，筛选出不受生长影响的稳定性指标。比较两种乌贼共有的稳定指标，找出差异性显著的比值。

(5)两种乌贼的判别分析。分别利用逐步判别分析和基于主成分分析结果的判别分析对两种乌贼进行分类。

2.3.1 角质颚外部形态差异

由表2-8可以发现，神户乌贼角质颚的各项形态参数的平均值均小于虎斑乌贼，而将角质颚各项形态参数除以胴长进行标准化后，神户乌贼的形态参数比例指标均值整体上略大于虎斑乌贼(表2-9)。

由均数差异假设检验结果可知(表2-10)，在标准化后的12项形态参数中，除LHL/ML外，虎斑乌贼和神户乌贼均存在极显著差异($P<0.01$)。分别对两种乌贼不同性别个体进行标准化后角质颚形态参数的均数差异假设检验，发现虎斑乌贼除LCL/ML和LLWL/ML外，其他角质颚形态参数均不存在显著差异($P>0.05$)；神户乌贼的12项角质颚形态参数均不存在显著差异($P>0.05$)。

表 2-8　神户乌贼和虎斑乌贼角质颚形态参数值

形态参数	虎斑乌贼			神户乌贼		
	最大值/mm	最小值/mm	平均值/mm	最大值/mm	最小值/mm	平均值/mm
UHL	15.10	8.89	12.20	11.15	7.30	9.15
UCL	19.55	13.26	16.16	13.84	9.51	11.62
URL	4.86	2.42	3.72	3.48	1.98	2.65
URW	4.26	2.05	3.07	3.30	1.71	2.72
ULWL	15.77	10.41	13.27	10.97	6.33	9.03
UWL	6.87	3.61	5.30	4.83	2.27	3.93
LHL	6.43	3.47	5.06	4.22	2.36	3.29
LCL	12.26	7.63	9.88	8.32	5.64	6.92
LRL	3.97	1.82	2.96	3.17	1.46	2.24
LRW	5.94	1.77	3.31	3.62	1.41	2.83
LLWL	15.26	10.02	12.36	9.91	6.74	8.52
LWL	11.54	6.35	9.23	8.36	5.54	6.80

表 2-9　虎斑乌贼和神户乌贼角质颚形态参数比例指标均值

形态参数比例指标	虎斑乌贼		神户乌贼	
	雌性	雄性	雌性	雄性
UHL/ML	0.10	0.10	0.12	0.12
UCL/ML	0.14	0.13	0.16	0.15
URL/ML	0.03	0.03	0.04	0.03
URW/ML	0.03	0.03	0.04	0.04
ULWL/ML	0.11	0.11	0.12	0.12
UWL/ML	0.05	0.04	0.05	0.05
LHL/ML	0.04	0.04	0.04	0.04
LCL/ML	0.09	0.08	0.09	0.09
LRL/ML	0.03	0.02	0.03	0.03
LRW/ML	0.03	0.03	0.04	0.04
LLWL/ML	0.11	0.10	0.12	0.11
LWL/ML	0.08	0.08	0.09	0.09

表 2-10　均数差异假设检验结果

形态参数指标比例	P 值		
	不同种比较	同一种不同性别比较	
		虎斑乌贼	神户乌贼
UHL/ML	0.000	0.053	0.067
UCL/ML	0.000	0.171	0.143
URL/ML	0.000	0.465	0.085
URW/ML	0.000	0.755	0.115
ULWL/ML	0.000	0.430	0.266
UWL/ML	0.000	0.250	0.250
LHL/ML	0.065	0.375	0.094
LCL/ML	0.000	0.002	0.451
LRL/ML	0.000	0.768	0.368
LRW/ML	0.000	0.647	0.135
LLWL/ML	0.000	0.037	0.153
LWL/ML	0.000	0.523	0.492

对虎斑乌贼和神户乌贼角质颚形态参数进行比较发现，除以胴长进行标准化后的结果与原始结果相反，因此在处理角质颚形态参数时需要考虑生长差异对研究的影响。两种乌贼间的比较，其他差异极显著，只有 LHL/ML 差异不显著，说明虎斑乌贼和神户乌贼下头盖部分可能具有较高的相似程度，不易被区分开来。对不同性别虎斑乌贼和神户乌贼的角质颚比较发现，两种乌贼雌雄间的差异较小，不需要分开进行后续分析。

2.3.2　主成分分析

对两种乌贼标准化的角质颚形态参数进行主成分分析，取特征值大于 1 为主成分，结合碎石图，分析结果表明：虎斑乌贼为 3 个因子(图 2-7)；神户乌贼为 2 个因子(图 2-8)。

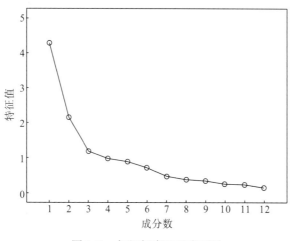

图 2-7　虎斑乌贼因子碎石图

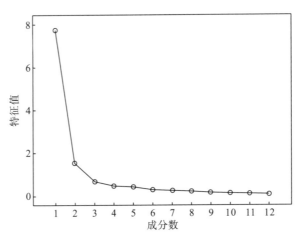

图 2-8　神户乌贼因子碎石图

虎斑乌贼第一主成分因子中载荷系数最大为 LCL，为 0.838；第二主成分因子中载荷系数最大为 UCL，为 0.684；第三主成分因子载荷系数最大为 URL，为 0.752（表 2-11）。神户乌贼第一主成分因子中载荷系数最大为 UCL，为 0.928；第二主成分因子中载荷系数最大为 LRW，为 0.680（表 2-11）。

表 2-11　虎斑乌贼和神户乌贼角质颚主成分分析

	虎斑乌贼主成分			神户乌贼主成分	
	1	2	3	1	2
UHL	0.734	0.231	−0.071	0.921	−0.219
UCL	0.439	0.684	0.166	0.928	−0.209
URL	0.371	−0.275	0.752	0.651	0.041
URW	0.564	−0.457	0.392	0.736	0.512
ULWL	0.362	0.597	−0.038	0.896	−0.118
UWL	0.561	−0.204	−0.246	0.771	0.362
LHL	0.824	−0.090	−0.124	0.798	−0.285
LCL	0.838	0.082	−0.295	0.892	−0.326
LRL	0.465	−0.647	0.060	0.688	0.469
LRW	0.617	−0.502	−0.337	0.601	0.680
LLWL	0.671	0.312	−0.044	0.925	−0.145
LWL	0.486	0.402	0.392	0.750	−0.347
特征值	4.297	2.149	1.188	7.757	1.511
方差贡献率/%	35.812	17.906	9.901	64.644	12.595
累计贡献率/%	35.812	53.718	63.619	64.644	77.239

通过主成分分析，发现虎斑乌贼角质颚的主成分因子分别是脊突部分（LCL、UCL）和喙部（URL），神户乌贼角质颚的主成分因子分别是脊突部分（UCL）和喙部（LRW）。方舟等（2014a）对北太平洋柔鱼的研究认为北太平洋柔鱼角质颚的生长集中体现在脊突部分和侧壁部分，然后才是喙部，与本研究结果有相似之处。

2.3.3　主要形态参数与胴长、体重的关系

虎斑乌贼上脊突长与胴长关系：$ML=5.9677UCL+5.5069$（$R^2=0.532$，$P<0.001$）（图 2-9）。

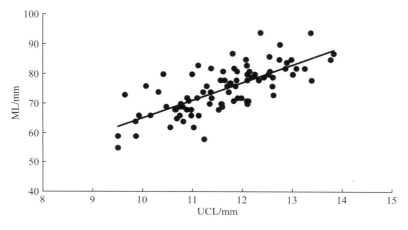

图 2-9　虎斑乌贼上脊突长与胴长的关系

神户乌贼上脊突长与体重关系：$BW=11.488UCL-87.938$（$R^2=0.808$，$P<0.001$）（图 2-10）。

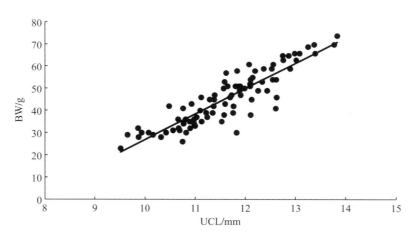

图 2-10　神户乌贼上脊突长与体重的关系

根据主成分分析的结果，选取神户乌贼的 UCL 作为表征角质颚的主要参数，并与胴长、体重建立关系，发现 UCL 和胴长、体重均呈线性关系。郑小东等（2002）对曼氏无针

乌贼角质颚长度和胴长、体重进行了拟合，认为角质颚形态参数与胴长、体重均呈线性关系，与本研究结果一致。王晓华等（2013）对金乌贼角质颚形态参数与胴长、体重进行了拟合，认为角质颚各部分长度与胴长呈线性关系，与体重呈指数关系。

2.3.4　各胴长组角质颚的形态差异

1. 虎斑乌贼

图 2-11 为虎斑乌贼角质颚参数和胴长组的关系。单因素方差分析结果表明，UCL/ML，ULWL/ML 和 LLWL/ML 在各胴长组间存在显著差异($P<0.05$)。LSD 分析结果表明，URW/ML 和 UWL/ML 在胴长组 95～105mm 和 105～115mm 存在显著差异($P<0.05$)；UCL/ML 和 LLWL/ML 在胴长组 105～115mm 和 115～125mm 存在显著差异($P<0.05$)；在胴长组 115～125mm 和 125～135mm，除了 UHL/ML 外差异均不显著($P>0.05$)。

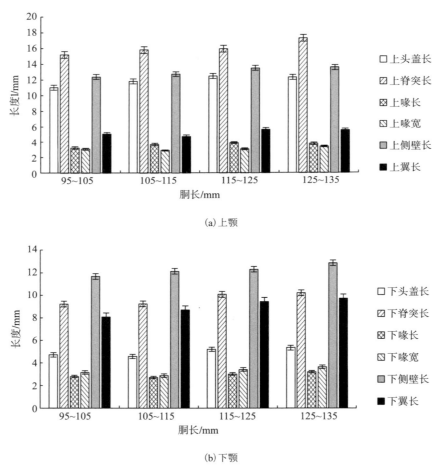

(a) 上颚

(b) 下颚

图 2-11　虎斑乌贼角质颚参数和胴长组的关系

2. 神户乌贼

图 2-12 为神户乌贼角质颚参数和胴长组的关系。单因素方差分析结果表明，角质颚各形态参数在各胴长组间只有 UWL/ML，LHL/ML 和 LRL/ML 不存在显著差异（$P>0.05$）。LSD 分析结果表明，UCL/ML、URW/ML、LRL/ML 和 LRW/ML 在胴长组 50～60mm 和 60～70mm 之间存在显著差异（$P<0.05$）；URW/ML、UWL/ML、LHL/ML、LRL/ML 和 LRW/ML 在胴长组 60～70mm 和 70～80mm 差异不显著（$P>0.05$）；UHL/ML、UCL/ML、URW/ML、LLWL/ML 和 LWL/ML 在胴长组 70～80mm 和 80～90mm 存在显著差异（$P>0.05$）。

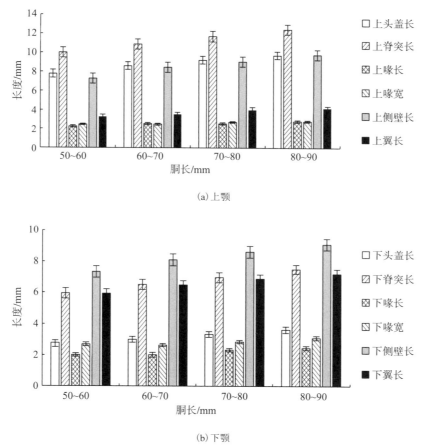

(a) 上颚

(b) 下颚

图 2-12　神户乌贼角质颚参数和胴长组的关系

头足类的角质颚会随头足类的生长而逐渐增大（Jackson and McKinnon，1996；Jackson et al.，1997a；Lefkaditou and Bekas，2004），但角质颚的不同部位在不同生长阶段的增长速度未必相同。对虎斑乌贼的研究发现，UCL/ML、ULWL/ML 和 LLWL/ML 在不同生长阶段存在显著的差异。对神户乌贼的研究发现，UWL/ML、LHL/ML 和 LRL/ML 在生活史中和胴长的生长保持一致。

2.3.5　稳定性指标

对虎斑乌贼和神户乌贼角质颚形态参数比值按胴长分组后进行组间单因素方差分析（ANOVA）。根据 ANOVA 的结果，探究角质颚形态参数比值随个体生长的变化规律，筛选出不受生长影响的稳定性指标。对虎斑乌贼分析发现，上颚参数比值在各胴长间均不存在显著差异（$P>0.05$），可全部视为稳定性指标；下颚参数比值在各胴长间均不存在显著差异（$P>0.05$），也可全部视为稳定性指标。对神户乌贼分析发现，上颚除 URL/URW 和 URL/UWL 外，其他参数比值在各胴长间均不存在显著差异（$P>0.05$），可视为稳定性指标；下颚除 LHL/LLWL 外，其他参数比值在各胴长间均不存在显著差异（$P>0.05$），可视为稳定性指标。

对两种乌贼上颚共有的稳定性指标进行差异性检验，发现 URW/UHL、URW/UCL、UWL/ULWL、UHL/ULWL、UCL/ULWL、URL/URW、URW/ULWL 和 URW/UWL 等 8 个比值存在极显著差异（$P<0.01$）。其中，虎斑乌贼稳定性指标的平均值分别是 URW/UHL（0.2534±0.0445）、URW/UCL（0.1904±0.0320）、UWL/ULWL（0.4019±0.0665）、UHL/ULWL（0.9171±0.1034）、UCL/ULWL（1.2165±0.0971）、URL/URW（1.2276±0.1974）、URW/ULWL（0.2308±0.0382）和 URW/UWL（0.5851±0.1116）；神户乌贼稳定性指标的平均值分别是 URW/UHL（0.2977±0.0303）、URW/UCL（0.2344±0.0241）、UWL/ULWL（0.4381±0.0395）、UHL/ULWL（1.0162±0.0586）、UCL/ULWL（1.2905±0.0679）、URL/URW（0.9772±0.1145）、URW/ULWL（0.3022±0.0320）和 URW/UWL（0.6966±0.0669）。

对两种乌贼下颚共有的稳定性指标进行差异性检验，发现 LRL/LHL、LRW/LHL、LWL/LHL、LRW/LCL、LHL/LCL、LRL/LRW 和 LRW/LLWL 等 7 个比值存在极显著差异（$P<0.01$）。其中，虎斑乌贼稳定性指标的平均值分别是 LRL/LHL（0.5896±0.1218）、LRW/LHL（0.6558±0.2104）、LWL/LHL（1.8632±0.2871）、LRW/LCL（0.3331±0.1069）、LHL/LCL（0.5095±0.0496）、LRL/LRW（0.9567±0.2513）和 LRW/LLWL（0.2694±0.0969）；神户乌贼稳定性指标的平均值分别是 LRL/LHL（0.6876±0.1128）、LRW/LHL（0.8702±0.1541）、LWL/LHL（2.0883±0.2229）、LRW/LCL（0.4095±0.0648）、LHL/LCL（0.4733±0.0331）、LRL/LRW（0.8045±0.1094）和 LRW/LLWL（0.3328±0.0514）。

根据对各胴长组角质颚形态差异的研究可知，角质颚各部分的生长速度并不完全相同，在不同的生活阶段与胴长的增长速度未必同步。因此，寻找在各胴长组保持稳定的角质颚形态参数可以用来表征该种乌贼，再比较两种乌贼共有的稳定性指标，找出差异性显著的参数，便可用来区分两种乌贼。研究发现虎斑乌贼和神户乌贼的 URW/UHL、URW/UCL、UWL/ULWL、UHL/ULWL、UCL/ULWL、URL/URW、URW/ULWL、URW/UWL、LRL/LHL、LRW/LHL、LWL/LHL、LRW/LCL、LHL/LCL、LRL/LRW 和 LRW/LLWL 可以用来区别两种乌贼。

2.3.6　判别分析

1. 种间判别

采用逐步判别分析法对两种乌贼进行分类。依据 Wilks λ 法对 12 项标准化参数进行筛选，最终选择 UHL/ML、URL/ML、URW/ML、LHL/ML、LLWL//ML 和 LWL/ML 对两种乌贼进行种类鉴别，判别方程如下：

虎斑乌贼：Y=105.526UHL/ML+294.853URL/ML－31.916URW/ML+1061.743LHL/ML+623.331LLWL/ML+271.494LWL/ML－75.857

神户乌贼：Y=476.427UHL/ML－51.299URL/ML+686.275URW/ML+708.703LHL/ML+387.663LLWL/ML+382.603LWL/ML－96.872

利用建立的判别方程进行种类判别发现，虎斑乌贼的判别正确率为 95.7%，神户乌贼的判别正确率为94.3%，交叉验证的结果与初始判别相同（表 2-12）。

表 2-12　虎斑乌贼和神户乌贼的判别正确率（逐步判别分析）

逐步判别分析	种类	种类		合计	正确率/%
		虎斑乌贼	神户乌贼		
初始判别	虎斑乌贼	45	2	47	95.7
	神户乌贼	5	82	87	94.3
交叉验证	虎斑乌贼	45	2	47	95.7
	神户乌贼	5	82	87	94.3

根据主成分分析结果，以两种乌贼主成分特征值大于 1 的因子中负载值最高的标准化形态参数 LCL/ML、URL/ML、LRW/ML 和 UCL/ML 建立判别函数，如下：

虎斑乌贼：Y＝688.292UCL/ML+417.508URL/ML+559.483LCL/ML+98.117 LRW/ML－78.644

神户乌贼：Y＝841.342UCL/ML+449.057URL/ML+509.590LCL/ML+256.852LRW/ML－102.879

利用建立的判别方程进行种类判别，初始判别分析认为，虎斑乌贼的判别正确率为83.0%，神户乌贼的判别正确率为 85.1%。交叉判别分析认为，虎斑乌贼的判别正确率为83.0%，神户乌贼的判别正确率为83.9%（表 2-13）。

表 2-13　虎斑乌贼和神户乌贼的判别正确率（主成分分析）

判别分析	种类	种类		合计	正确率/%
		虎斑乌贼	神户乌贼		
初始判别	虎斑乌贼	39	8	47	83.0
	神户乌贼	13	74	87	85.1
交叉验证	虎斑乌贼	39	8	47	83.0
	神户乌贼	14	73	87	83.9

2. 同一性别两种乌贼的判别

根据逐步判别分析中的 Wilks λ 法对 12 项标准化参数进行筛选，最终选择 URW/ML 和 LWL/ML 对两种雌性乌贼进行种类鉴别，所建立的判别方程如下：

虎斑乌贼：$Y = 1535.119URW/ML + 1065.732LWL/ML - 61.630$

神户乌贼：$Y = 2236.231URW/ML + 1237.320LWL/ML - 98.172$

利用建立的判别方程进行种类判别，初始判别分析认为，雌性虎斑乌贼的判别正确率为 100%，雌性神户乌贼的判别正确率为 93.3%，交叉验证的结果与初始判别相同；雌性虎斑乌贼的判别正确率为 100%，雌性神户乌贼的判别正确率为 93.3%(表 2-14)。

表 2-14　雌性虎斑乌贼和雌性神户乌贼的判别正确率(逐步判别分析)

判别分析	种类	种类		合计	正确率/%
		虎斑乌贼	神户乌贼		
初始判别	虎斑乌贼	29	0	29	100
	神户乌贼	2	28	30	93.3
交叉验证	虎斑乌贼	29	0	29	100
	神户乌贼	2	28	30	93.3

根据主成分分析，选择 UHL/ML、URL/ML、URW/ML 和 LHL/ML 对两种雄性乌贼进行种类鉴别，所建立的判别方程如下：

虎斑乌贼：$Y = 479.609UHL/ML + 591.918URL/ML - 24.069URW/ML + 1400.576LHL/ML - 62.412$

神户乌贼：$Y = 783.494UHL/ML + 261.397URL/ML + 558.771URW/ML + 920.089LHL/ML - 82.488$

利用建立的判别方程进行种类判别，初始判别分析认为，雄性虎斑乌贼的判别正确率为 100%，雄性神户乌贼的判别正确率为 93.6%。交叉验证的结果与初始判别相似，雄性虎斑乌贼的判别正确率为 100%，雄性神户乌贼的判别正确率为 91.5%(表 2-15)。

表 2-15　雄性虎斑乌贼和雄性神户乌贼的判别正确率(主成分分析)

判别分析	种类	种类		合计	正确率/%
		虎斑乌贼	神户乌贼		
初始判别	虎斑乌贼	18	0	18	100
	神户乌贼	3	44	47	93.6
交叉验证	虎斑乌贼	18	0	18	100
	神户乌贼	4	43	47	91.5

分别使用逐步判别分析和利用主成分分析得到的主成分因子建立的判别分析来区分两种乌贼。其中，纳入逐步判别分析方程的有 UHL/ML、URL/ML、URW/ML、LHL/ML、LLWL//ML 和 LWL/ML 六个变量，纳入主成结果判别分析方程的有 LCL/ML、URL/ML、

LRW/ML 和 UCL/ML 四个变量。前者的判别正确率更高，虎斑乌贼判别正确率达到 95.7%，神户乌贼判别正确率达到 94.3%，总判别正确率为 94.8%。陈芃等(2015)对北太平洋柔鱼的研究结果与本研究相似，即使用逐步判别分析所得的结果要好于基于主成分因子的判别分析。

2.4　基于角质颚的东黄海蛸类种类判别

以往对蛸科的头足类的分类或根据有无墨囊，或根据漏斗器的形状，或根据特殊的体色、斑点，或根据吸盘数量，或根据腕长、腕式等(陈新军等，2009)。在保证样本新鲜、完整的情况下，上述方法能够有效地对其进行分类与鉴定。但对于我国近海捕获的蛸科头足类，由于网具等因素，较难做到这一点，另外在分析头足类捕食者的胃含物时也无法满足这些要求。不同种类蛸的角质颚在外部形态上存在差异，因此利用角质颚对蛸科种类进行判别与鉴定十分必要。

研究样本分别为 2015 年 11 月于青岛沙子口海鲜市场的 137 尾短蛸(雄性 12 尾，雌性 125 尾)和 41 尾长蛸(雄性 24 尾，雌性 17 尾)。角质颚测量方法与本章 2.2 节相同。

(1)不同种类雌雄个体角质颚的比较。对两种蛸的 12 项角质颚形态参数进行均数差异性检验；分别对长蛸和短蛸雌雄个体的 12 项角质颚形态参数进行均数差异性检验。

(2)特征参数与胴长、体重的关系。对两种蛸 12 项角质颚形态参数进行主成分分析，找出能够表征角质颚主要特征的形态参数，并建立与胴长、体重的关系。

(3)各胴长组的比较。划分不同胴长组，对两种蛸各胴长组的角质颚形态参数进行方差分析。

(4)稳定性指标的比较。将长蛸和短蛸角质颚各部分形态参数的比值按照胴长分组后进行组间单因素方差分析(ANOVA)，筛选出不受生长影响的稳定性指标。比较两种蛸共有的稳定指标，找出差异性显著的比值。

(5)两种蛸的判别分析。分别利用逐步判别分析和基于主成分分析结果的判别分析对两种蛸进行分类。

所有统计分析均在 SPSS 19.0 软件中处理完成。

2.4.1　角质颚外部形态差异

由表 2-16 可知，除上喙长外，短蛸角质颚的各项形态参数的平均值均大于长蛸，而将角质颚各项形态参数除以胴长进行标准化后，短蛸角质颚的形态参数均值整体上仍略大于长蛸(表 2-17)。

由均数差异假设检验结果可以看出(表 2-18)，在长蛸和短蛸角质颚 12 项形态参数中，除 UCL/ML 和 URL/ML，其他参数均存在极显著差异($P<0.01$)。分别对两种蛸雌雄个体角质颚形态参数的均数进行差异假设检验，可以看出，长蛸 12 项角质颚形态参数均不存在显著差异；短蛸的 UCL/ML 和 LLWL/ML 存在着显著差异($P<0.05$)。

表 2-16　长蛸和短蛸角质颚形态参数值

形态参数	长蛸			短蛸		
	最大值/mm	最小值/mm	平均值/mm	最大值/mm	最小值/mm	平均值/mm
UHL	3.55	1.52	2.53	4.66	1.48	3.01
UCL	10.79	5.24	8.10	11.02	5.13	8.19
URL	2.86	0.75	1.60	2.80	0.57	1.54
URW	3.15	0.68	2.00	4.11	0.56	2.11
ULWL	8.16	3.80	6.60	8.96	4.62	6.90
UWL	4.76	0.71	2.08	6.34	0.98	2.45
LHL	3.18	1.15	2.09	3.74	1.42	2.47
LCL	8.08	2.74	4.84	8.23	2.65	5.50
LRL	2.49	0.64	1.40	2.94	0.52	1.60
LRW	2.97	1.11	1.96	3.92	0.93	2.43
LLWL	9.21	3.95	6.88	9.25	4.66	6.91
LWL	5.32	1.89	4.00	7.84	2.33	4.51

表 2-17　长蛸和短蛸角质颚形态参数比例指标均值

形态参数	长蛸		短蛸	
	雌性	雄性	雌性	雄性
UHL/ML	0.04	0.03	0.05	0.04
UCL/ML	0.12	0.11	0.12	0.13
URL/ML	0.02	0.02	0.02	0.03
URW/ML	0.03	0.03	0.03	0.04
ULWL/ML	0.09	0.09	0.10	0.11
UWL/ML	0.03	0.03	0.04	0.04
LHL/ML	0.03	0.02	0.04	0.04
LCL/ML	0.07	0.07	0.08	0.09
LRL/ML	0.02	0.02	0.02	0.03
LRW/ML	0.03	0.03	0.04	0.04
LLWL/ML	0.10	0.09	0.10	0.11
LWL/ML	0.06	0.05	0.07	0.07

表 2-18　均数差异假设检验结果

形态参数	P 值		
	不同种比较	同一种不同性别比较	
		长蛸	短蛸
UHL/ML	0.000	0.389	0.718
UCL/ML	0.240	0.553	0.034
URL/ML	0.306	0.727	0.414
URW/ML	0.009	0.940	0.277
ULWL/ML	0.000	0.797	0.326

形态参数	P 值		
	不同种比较	同一种不同性别比较	
		长蛸	短蛸
UWL/ML	0.000	0.793	0.380
LHL/ML	0.000	0.722	0.231
LCL/ML	0.000	0.839	0.448
LRL/ML	0.001	0.750	0.130
LRW/ML	0.000	0.690	0.585
LLWL/ML	0.000	0.225	0.035
LWL/ML	0.000	0.135	0.222

对长蛸和短蛸角质颚形态参数进行比较发现，除以胴长进行标准化后的结果与原始结果相同，均为短蛸大于长蛸。两种蛸间的比较，其他差异极显著，只有 UCL/ML 和 URL/ML 差异不显著，说明长蛸和短蛸上脊突部分和上喙部分可能具有较高的相似程度，不易被区分开来。对不同性别长蛸和短蛸的角质颚比较发现，两种蛸雌雄间的差异较小，不需要分开进行后续分析。

2.4.2　主成分分析

对两种蛸标准化角质颚形态参数进行主成分分析，取特征值大于 1 为主成分，结合碎石图，分析结果表明：长蛸为 4 个因子(图 2-13)；短蛸也为 4 个因子(图 2-14)。

长蛸第一主成分因子中载荷系数最大为 LLWL，为 0.868；第二主成分因子中载荷系数最大为 LRW，为 0.616；第三主成分因子载荷系数最大为 LWL，为 0.485；第四主成分因子载荷系数最大为 LWL，为 0.582(表2-19)。短蛸第一主成分因子中载荷系数最大为 ULWL，为 0.775；第二主成分因子中载荷系数最大为 URW，为 0.832；第三主成分因子载荷系数最大为 LRW，为 0.705；第四主成分因子载荷系数最大为 UWL，为 0.661(表2-19)。

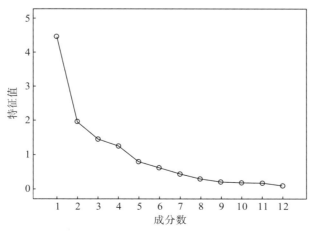

图 2-13　长蛸因子碎石图

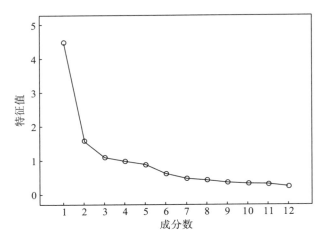

图 2-14　短蛸因子碎石图

表 2-19　长蛸角质颚主成分分析

	长蛸主成分				短蛸主成分			
	1	2	3	4	1	2	3	4
UHL	0.765	0.301	-0.295	-0.221	0.672	-0.337	-0.186	-0.024
UCL	0.457	0.034	-0.689	0.310	0.771	0.154	-0.204	-0.185
URL	0.600	-0.468	0.217	-0.192	0.316	0.381	0.195	-0.591
URW	0.554	-0.687	0.071	-0.082	0.221	0.832	-0.109	-0.127
ULWL	0.789	-0.216	-0.339	0.207	0.775	0.231	-0.101	-0.053
UWL	0.647	-0.386	0.348	0.012	0.294	0.395	-0.081	0.661
LHL	0.516	0.274	0.376	-0.190	0.751	-0.303	-0.028	0.000
LCL	0.622	0.401	-0.149	-0.544	0.730	-0.314	-0.156	-0.073
LRL	0.522	0.596	0.403	-0.157	0.455	-0.335	0.643	-0.107
LRW	0.233	0.616	0.106	0.563	0.364	0.234	0.705	0.287
LLWL	0.868	0.016	-0.181	0.142	0.769	-0.125	-0.164	0.244
LWL	0.482	-0.046	0.485	0.582	0.771	0.167	0.076	0.038
特征值	4.467	1.951	1.456	1.264	4.503	1.584	1.112	1.001
方差贡献率/%	37.228	16.262	12.129	10.534	37.527	13.201	9.268	8.344
累计贡献率/%	37.228	53.490	65.620	76.153	37.527	50.728	59.996	68.340

通过主成分分析，发现长蛸角质颚的主成分因子分别是侧壁部分(LLWL)、喙部(LRW)和翼部(LWL)，短蛸角质颚的主成分因子也分别是侧壁部分(ULWL)、喙部(URW、LRW)和翼部(UWL)。

2.4.3　主要形态参数与胴长、体重的关系

长蛸下侧壁长与胴长关系：$ML=10.764\,LLWL-1.135$($R^2=0.613$，$P<0.001$)；下侧壁长与体重关系：$BW=32.316\,LLWL-124.06$($R^2=0.647$，$P<0.001$)(图 2-15)。

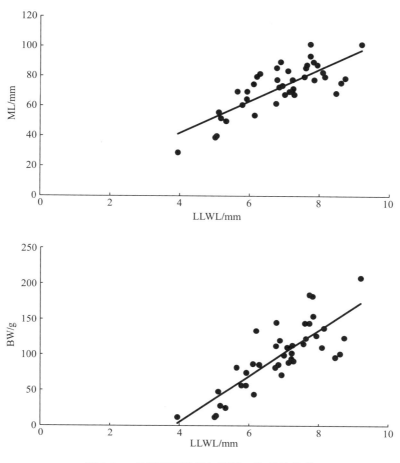

图 2-15　长蛸下侧壁长与胴长、体重的关系

短蛸上侧壁长与胴长关系：$ML=7.651ULWL+13.176$（$R^2=0.549$，$P<0.001$）；短蛸上侧壁长与体重关系：$BW=36.352\ ULWL-137.34$（$R^2=0.556$，$P<0.001$）（图 2-16）。

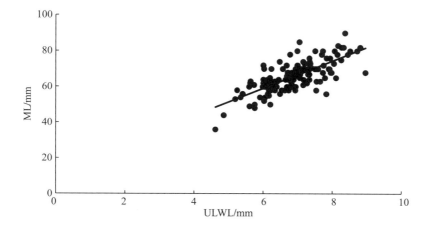

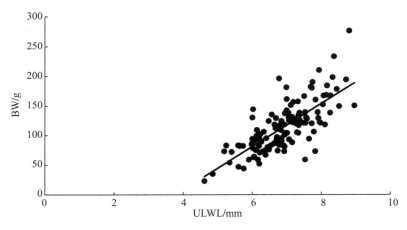

图 2-16　短蛸上侧壁长和胴长、体重的关系

根据主成分分析的结果，选取长蛸的下侧壁长作为表征角质颚的主要参数，并与胴长、体重建立关系，发现下侧壁长和胴长、体重均呈线性关系。选取短蛸的上侧壁长作为表征角质颚的主要参数，并与胴长、体重建立关系，发现上侧壁长和胴长、体重均呈线性关系。Lalas(2009)对新西兰附近海域的毛里蛸进行了分析，发现角质颚各参数和胴长、体重呈幂函数关系，其中下脊突长和胴长建立的关系最好，上脊突长和体重建立的关系最好。Ikica 等(2014)对尖盘爱尔斗蛸进行了研究，发现角质颚各参数和胴长、体重呈幂函数关系，其中上脊突长和胴长、体重建立的关系最好。

2.4.4　各胴长组角质颚的形态差异

1. 长蛸

图 2-17 为长蛸角质颚参数和胴长组的关系。单因素方差分析结果显示，除 UWL/ML 外，角质颚各形态参数在各胴长组间均存在显著差异($P<0.05$)。LSD 分析表明，所有角质颚形态参数在胴长组 40～60mm 和 60～80mm 间差异不显著($P>0.05$)；除 URL/ML 外，其他角质颚形态参数在胴长组 80～100mm 和 100～120mm 间不存在显著差异($P>0.05$)；除 URL/ML、URW/ML、UWL/ML 和 LLWL/ML 外，角质颚形态参数在胴长组 20～40mm 和 40～60mm 间均存在显著差异($P>0.05$)；除 UCL/ML、LRL/ML 和 LWL/ML 外，角质颚形态参数在胴长组 60～80mm 和 80～100mm 间存在显著差异($P<0.05$)。

2. 短蛸

图 2-18 为短蛸角质颚参数和胴长的关系。单因素方差分析结果显示，角质颚各形态参数在各胴长组间，UCL/ML、URL/ML、ULWL/ML、LHL/ML、LRW/ML 和 LLWL/ML 的差异性显著($P<0.05$)。LSD 分析表明，在胴长组 40～50mm 和 50～60mm，只有 LLWL/ML 存在显著差异($P<0.05$)；在胴长组 50～60mm 和 60～70mm，UCL/ML、ULWL/ML、LHL/ML、LCL/ML、LRL/ML、LLWL/ML 和 LWL/ML 存在显著差异($P<0.05$)；在胴长组

60～70mm 和 70～80mm，只有 UCL/ML 和 ULWL/ML 存在显著差异（$P<0.05$）；在胴长组 70～80mm 和 80～90mm，所有角质颚形态参数差异性不显著（$P>0.05$）。

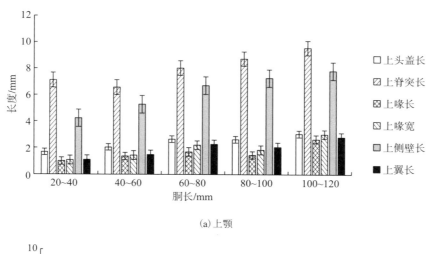

(a) 上颚

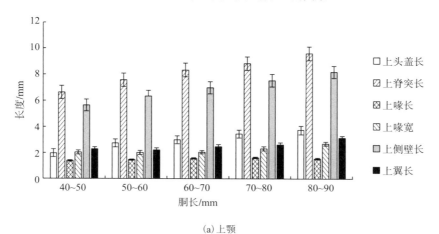

(b) 下颚

图 2-17　长蛸角质颚参数和胴长组的关系

(a) 上颚

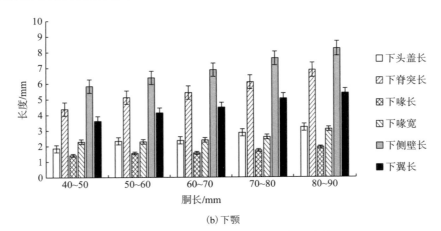

（b）下颚

图 2-18　短蛸角质颚参数和胴长组的关系

对长蛸的研究发现，UWL/ML 在生活史过程中与胴长的生长保持一致。对短蛸的研究发现，UCL/ML、URL/ML、ULWL/ML、LHL/ML、LRW/ML 和 LLWL/ML 在生活史过程中和胴长的生长速度不一致。

2.4.5　稳定性指标

对长蛸和短蛸角质颚的形态参数比值按照胴长分组后进行组间单因素方差分析（ANOVA）。根据单因素方差分析的结果，探究角质颚形态参数比值随个体生长的变化规律，筛选出不受生长影响的稳定性指标。长蛸上颚所有比值在各胴长间均不存在显著差异（$P>0.05$），可全部视为稳定性指标；下颚所有比值在各胴长间均不存在显著差异（$P>0.05$），也可全部视为稳定性指标。短蛸上颚所有比值在各胴长间均不存在显著差异（$P>0.05$），可全部视为稳定性指标；下颚除 LWL/LHL 外，其他比值在各胴长间均不存在显著差异（$P>0.05$），可视为稳定性指标。

对两种蛸上颚共有的稳定性指标进行差异性检验，发现 UHL/UCL 和 UHL/ULWL 这两个比值在两种蛸间存在极显著差异（$P<0.01$）。其中，长蛸稳定性指标的平均值分别是 UHL/UCL（0.3682±0.0750），UHL/ULWL（0.4396±0.0952）；短蛸稳定性指标的平均值分别是 UHL/UCL（0.3158±0.0509），UHL/ULWL（0.3812±0.0639）。

对两种蛸下颚共有的稳定性指标进行差异性检验，发现 LWL/LLWL、LCL/LLWL 和 LRW/LLWL 这三个比值在两种蛸间存在极显著差异（$P<0.01$）。其中，长蛸稳定性指标的平均值分别是 LWL/LLWL（0.6578±0.0978），LCL/LLWL（0.8075±0.1250），LRW/LLWL（0.3564±0.0899）；短蛸稳定性指标的平均值分别是 LWL/LLWL（0.5834±0.1091），LCL/LLWL（0.7033±0.1313），LRW/LLWL（0.2801±0.0674）。

寻找在不同胴长组保持稳定的角质颚各部分的比值可以用来表征该种蛸，再比较两种蛸共有的稳定比值，找出差异性显著的部分，便可用来区分两种蛸。研究发现，长蛸和短蛸的 UHL/UCL、UHL/ULWL、LWL/LLWL、LCL/LLWL 和 LRW/LLWL 可以用来区别两种蛸。

2.4.6 判别分析

1. 种间判别

采用逐步判别分析法对两种蛸进行分类。依据 Wilks λ 法对 12 项标准化参数进行筛选，最终选择 UHL/ML、UCL/ML、URL/ML、URW/ML、ULWL/ML、LHL/ML、LRW/ML 和 LWL/ML 对两种蛸进行种类鉴别，判别方程如下：

长蛸：Y = 426.027UHL/ML−36.561UCL/ML+11.060URL/ML+190.142URW/ML+736.275ULWL/ML+130.685LHL/ML−72.205LRW/ML+135.920LWL/ML−47.802

短蛸：Y = 577.150UHL/ML−91.089UCL/ML−85.961URL/ML+273.410URW/ML+840.591ULWL/ML+223.501LHL/ML−15.733LRW/ML+186.036LWL/ML−66.072

利用建立的判别方程进行种类判别发现，长蛸的判别正确率为 82.9%，短蛸的判别正确率为 84.7%。交叉验证的结果与初始判别相似，长蛸的判别正确率为 80.5%，短蛸的判别正确率为 83.9%（表 2-20）。

表 2-20 长蛸和短蛸的判别正确率（逐步判别分析法）

逐步判别分析	种类	种类		合计	正确率/%
		长蛸	短蛸		
初始判别	长蛸	34	7	41	82.9
	短蛸	21	116	137	84.7
交叉验证	长蛸	33	8	41	80.5
	短蛸	22	115	137	83.9

根据主成分分析结果，以两种蛸主成分特征值大于 1 的因子中负载值最高的标准化形态参数 UWL/ML、URW/ML、ULWL/ML、LRW/ML、LWL/ML、LLWL/ML 建立判别函数，如下：

长蛸：Y = 141.211URW/ML+589.081ULWL/ML+67.373UWL/ML−75.509LRW/ML+309.530LLWL/ML+73.897LWL/ML−46.904

短蛸：Y = 145.098URW/ML+673.633ULWL/ML+108.013UWL/ML−39.497LRW/ML+289.510LLWL/ML+132.419LWL/ML−59.560

利用建立的判别方程进行种类判别，初始判别分析认为，长蛸的判别正确率为 78.0%，短蛸的判别正确率为 81.8%。交叉判别分析认为，长蛸的判别正确率为 73.2%，短蛸的判别正确率为 78.8%（表 2-21）。

表 2-21 长蛸和短蛸的判别正确率（主成分分析法）

判别分析	种类	种类		总计	正确率/%
		长蛸	短蛸		
初始判别	长蛸	32	9	41	78.0
	短蛸	25	112	137	81.8
交叉验证	长蛸	30	11	41	73.2
	短蛸	29	108	137	78.8

2.同一性别两种蛸的判别

根据逐步判别分析中的 Wilks λ 法对 12 项标准化参数进行筛选，最终选择 UHL/ML、UCL/ML、ULWL/ML 和 LRW/ML 对两种雌性蛸进行种类鉴别，所建立的判别方程如下：

长 蛸： $Y = 390.564UHL/ML-23.179UCL/ML+862.956ULWL/ML-31.917LRW/ML-46.110$

短 蛸： $Y = 526.061UHL/ML-73.469UCL/ML+998.386ULWL/ML+37.474LRW/ML-61.236$

利用建立的判别方程进行种类判别，初始判别分析认为，雌性长蛸的判别正确率为 75.0%，雌性短蛸的判别正确率为 80.0%。交叉验证的结果与初始判别相似，雌性长蛸的判别正确率为 70.8%，雌性短蛸的判别正确率为 79.2%（表 2-22）。

表 2-22　雌性长蛸和雌性短蛸的判别正确率（逐步判别分析）

判别分析	种类	种类		合计	正确率/%
		长蛸	短蛸		
初始判别	长蛸	18	6	24	75.0
	短蛸	25	100	125	80.0
交叉验证	长蛸	17	7	24	70.8
	短蛸	26	99	125	79.2

根据主成分分析，选择 UCL/ML 和 LWL/ML 对两种雄性蛸进行种类鉴别，所建立的判别方程如下：

长 蛸： $Y=525.629UCL/ML+312.491LWL/ML-38.411$

短 蛸： $Y=619.352UCL/ML+434.572LWL/ML-57.526$

利用建立的判别方程进行种类判别，初始判别分析认为，雄性长蛸的判别正确率为 82.4%，雄性短蛸的判别正确率为 83.3%。交叉验证的结果与初始判别相同（表 2-23）。

表 2-23　雄性长蛸和雄性短蛸的判别正确率（主成分分析）

判别分析	种类	种类		合计	正确率/%
		长蛸	短蛸		
初始判别	长蛸	14	3	17	82.4
	短蛸	2	10	12	83.3
交叉验证	长蛸	14	3	17	82.4
	短蛸	2	10	12	83.3

分别使用逐步判别分析和主成分分析得到的主成分因子建立的判别分析来区分两种蛸。其中，纳入逐步判别分析方程的有 UHL/ML、UCL/ML、URL/ML、URW/ML、

ULWL/ML、LHL/ML、LRW/ML 和 LWL/ML，纳入主成分结果判别分析方程的有 UWL/ML、URW/ML、ULWL/ML、LRW/ML、LWL/ML 和 LLWL/ML。前者的判别正确率更高，长蛸的判别正确率达到 80.5%，短蛸的判别正确率达到 83.9%。

2.5　基于传统测量法和几何形态测量法的东海蛸类种类鉴别

角质颚是比较海洋生态系统中生态位信息的良好工具(Cherel and Hobson，2005)，同时也常常被应用于种类和种群层面的分辨和判别分析中(Martínez et al.，2002；Chen et al.，2012)。Clarke(1962)定义了角质颚的形态术语，包括基于上颚和下颚的形态特征的描述。下颚以其独有的特征被应用于种类鉴别的描述中(Clarke，1986)。几何形态测量(geometric morphometrics，GM)法弥补了传统测量方法的不足之处，同时可以通过重新构建和分析统计差异，有效地展示物体的几何形态(Adams et al.，2013)。地标点分析(landmark analysis)属于几何形态测量方法中的一种，它基于普氏分析的理论，已广泛应用于基于鱼类硬组织的种类鉴别分析(Cadrin et al.，2013；Ponton，2006；Ibañez et al.，2007)。本节利用传统测量法和几何形态测量法评估四种东海蛸种类(短蛸 *Amphioctopus fangsiao*、卵蛸 *Amphioctopus ovulum*、长蛸 *Octopus minor* 和亚洲真蛸 *Octopus sinensis*)的分类效果，研究有助于梳理我国近海主要蛸种类的角质颚形态变化情况，也为摄食生态学家提供了角质颚的分类新方法，角质颚衍生的形态参数和后续的分类方法也可以应用于其他头足类种类研究中。

400 尾蛸样本由我国商业拖网船"浙岭渔 23860"于 2015 年从东海(125°～127°E 和 29°～32°N)获取(表 2-24)。所有的样本在捕捞后即刻放入-19℃冷库进行冷冻保存。

表 2-24　各种蛸的基本采样信息与标准化角质颚形态参数

种类	样本总数	雌性数量	雄性数量	胴长/cm
短蛸	119	62	57	41.28±6.53 (29.00～67.00)
卵蛸	102	48	54	47.91±5.79 (34.00～65.00)
长蛸	92	46	46	60.97±16.93 (29.00～102.00)
亚洲真蛸	104	50	54	63.20±11.50 (41.00～128.00)

种类	标准化上颚形态参数			
	UHLs	URLs	ULWLs	UWLs
短蛸	2.46±0.27 (1.90～3.49)	1.33±0.25 (0.60～1.90)	5.13±0.53 (4.12～7.40)	2.08±0.64 (1.13～4.18)
卵蛸	2.28±0.22 (1.72～2.92)	1.17±0.20 (0.81～1.83)	4.80±0.36 (3.11～5.82)	2.58±0.93 (1.21～4.24)

续表

种类			
长蛸	2.57±0.37	1.46±0.38	6.11±0.55	2.72±0.37
	(1.34~3.24)	(0.63~2.74)	(4.91~8.14)	(1.58~5.70)
亚洲真蛸	2.77±0.35	1.31±0.37	7.10±0.68	2.82±1.35
	(2.04~4.78)	(0.68~2.71)	(4.05~9.72)	(1.26~6.04)

种类	标准化下颚形态参数			
	LHLs	LRLs	LLWLs	LWLs
短蛸	1.84±0.27	1.22±0.28	4.94±0.50	3.37±0.48
	(1.31~2.58)	(0.50~1.93)	(3.46~6.35)	(2.40~4.40)
卵蛸	1.79±0.25	1.18±0.26	4.74±0.41	3.00±0.38
	(1.09~2.47)	(0.69~1.94)	(3.52~5.72)	(2.14~4.14)
长蛸	2.03±0.30	1.39±0.27	6.49±0.88	3.53±0.75
	(1.11~2.81)	(0.67~2.14)	(4.56~8.61)	(1.77~5.33)
亚洲真蛸	2.07±0.27	1.12±0.32	6.87±0.51	4.32±0.73
	(1.47~3.05)	(0.54~1.91)	(5.77~8.26)	(1.77~5.90)

    根据 Jereb 等 (2010) 对蛸的形态描述，本节共鉴定出 4 种蛸种类，包括 102 尾短蛸、102 尾卵蛸、92 尾长蛸和 104 尾亚洲真蛸。为了验证上述结果，从每个初步判断的种类中再选取 2 尾，进行基于细胞色素 C 氧化酶亚基-I(COI) 的分析，结果也支持上述形态判定的种类鉴别结果。

    在样本解冻后，测量胴长 (ML)，精确到 1mm。随后对蛸样本进行解剖，确定性别和性成熟度。选择性成熟个体 (性成熟度为 Ⅲ～Ⅴ) 以避免个体大小造成的影响。然后将角质颚 (上颚和下颚) 从口球中取出，保存于 75% 的乙醇溶液中。

    利用游标卡尺测量角质颚的 10 项形态参数值：上头盖长 (upper hood length，UHL)、上脊突长 (upper crest length，UCL)、上喙长 (upper rostrum length，URL)、上侧壁长 (upper lateral wall length，ULWL)、上翼长 (upper wing length，UWL)、下头盖长 (lower hood length，LHL)、下脊突长 (lower crest length，LCL)、下喙长 (lower rostrum length，LRL)、下侧壁长 (lower lateral wall length，LLWL)、下翼长 (lower wing length，LWL)。所有的形态参数值测量精确到 0.01mm。为了避免异速生长造成的影响，首先对角质颚测量值进行标准化处理 (Hu et al.，2018)。标准化方法如下：

$$Y_i^* = Y_i \left[\frac{CL_0}{CL_i} \right]^b$$

式中，Y 表示角质颚测量值，Y_i^* 是第 i 个体的标准化测量值；Y_i 和 CL_i 分别为 Y 的实际值和第 i 个体的脊突长；CL_0 是脊突长的算术平均值。b 值的预测如下：

$$\ln Y = \ln a + b \ln CL + \varepsilon, \quad \varepsilon \sim N(0, \sigma^2)$$

式中，a 和 b 为预测参数，σ^2 为误差值 ε 的方差 (Lleonart et al.，2000)。上、下角质颚分别依据上脊突长 (UCL) 和下脊突长 (LCL) 进行标准化。标准化后的测量值均加下标 "s" 来代示 (如 UHLs、URLs、ULWLs、UWLs、LHLs、LRLs、LLWLs 和 LWLs)。利

用 t 检验来比较性别间角质颚形态值的差异，结果发现差异并不存在($P>0.05$)。同时也利用方差分析(ANOVA)来比较 4 种蛸的角质颚形态值差异。

　　利用尼康 D7000 相机，配合定焦镜头，对 400 对角质颚进行拍照，获取图像。拍摄过程中确保角质颚样本的边缘清晰可分辨。接下来如先前研究所描述的(Fang et al.，2017)，上下颚各利用 20 个地标点标定来描述角质颚的几何形态(图 2-19)。所有的地标点均标定两次，以减小测量误差(Viscosi and Cardini，2011)。如果两次测量误差小于5%，则选择第一次测量结果。利用广义普氏分析(Generalized Procrustes analysis，GPA)将标定数据创建坐标点数据。然后计算中心大小来标准化形态(Fang et al.，2017)。利用主成分分析法去除普氏形态坐标点多余的形态信息(Dryden and Mardia，1998)，用薄板条样变形网格来表示 4 种蛸的角质颚形态，同时更为直观地观察种类之间的差异。

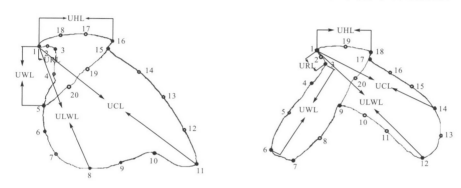

图 2-19　蛸类上下角质颚形态测量值、数字化地标点(空心圆)及半地标点(实心圆)

　　线性判别分析(linear discriminant analysis，LDA)、分类树(classification tree，CT)、朴素贝叶斯(naive bayes，NB)、随机森林(random forest，RF)和支持向量机(support vector machine，SVM)这五种方法均被用于本研究中验证分类效果。第一种方法即为传统的分类方法，常常用在各类判别分析中(Martínez et al.，2002；Chen et al.，2012；Liu et al.，2015a)。后四种方法属于监管式学习，已经在多个领域应用并且取得了较好的分类效果(Breiman et al.，1984；Cutler et al.，2007；Hu et al.，2012；Fernandes et al.，2014)，包括种群划分在内(Mercier et al.，2011)。本研究将 10 个角质颚形态测量值直接用于种类划分分析。同时，选取普氏形态坐标中的 23 个主成分(PCs)，可以解释 80%的形态变化，来辨别蛸种类。

　　相关的几何形态统计分析可利用 R 语言程序(版本 3.1.3)中的"geomorph"包进行(Adams and Otárola-Castillo，2013)。同时使用"MASS"加载包进行线性判别分析，"C50"加载包进行分类树分析，"e1071"加载包进行朴素贝叶斯分析和支持向量机分析，"randomForest"加载包进行随机森林分析。不同方法分类结果利用 K 折交叉验证法进行比较，此方法在比较不同方法效率的研究中应用非常广泛，其中 10 次交叉验证的过程被认为是模型选择的最优次数(Kohavi，1995；Arlot and Celisse，2010)。相关的测试值(如敏感值、特征值和卡帕值)也将一一列出来评估不同方法的分类效果(Kuhn，2008)。

2.5.1 标准化的角质颚参数

在测量过程中发现 4 种蛸类角质颚形态存在差异。长蛸和亚洲真蛸有着类似的胴长，而它们的个体大小比短蛸和卵蛸要大，后两者个体较小（表 2-24）。研究标准化后的角质颚测量值发现，上颚、下颚的生长规律存在差异。亚洲真蛸所有的上颚测量值均大于其他任何一个种类（表 2-24）。相似的是，除了下翼长外，亚洲真蛸所有的下颚测量值均大于其他任何一个种类。方差分析结果认为，除 LRW_s 外，所有角质颚测量值在 4 个种类中均存在差异（表 2-25）。

表 2-25   4 种蛸类角质颚形态参数的方差分析结果

角质颚形态参数	上颚					
	df	F	P	df	F	
头盖长 HL_s	399	42.45	**	399	25.39	**
喙长 RL_s	399	13.17	**	399	15.72	**
侧壁长 LWL_s	399	364.43	**	399	325.80	**
翼长 WL_s	399	25.57	**	399	86.69	**

注：**，显著水平为 $\alpha = 0.05$

研究者往往采用蛸的形态特征来辨别其种类，但是这种方法无法适用于留存在捕食者胃内的角质颚（Xavier et al.，2011）。大量头足类的角质颚留存于海洋鱼类、类和鸟类的胃含物，这也引起了研究者的兴趣，因为从角质颚中可以发掘很多内含态信息（Xavier et al.，2011）。角质颚的测量值已经被证实可以区分科（Chen et 2012）、属（Martínez et al.，2002）和种（Pineda et al.，2002）一级的头足类种类。同质颚测量值的标准化也可以有效地提升判别结果（Chen et al.，2012；Liu et 2015a）。Hu 等（2018）比较了不同的标准化方法，认为角质颚测量值与脊突长的比用于茎柔鱼的种群判别中。本节中 4 种蛸的判别正确率为 64.27%～71.54%，这也表上述标准化方法也可以用于相似的蛸种类中。相比其他研究，本节得出的判别结果较低（Chen et al.，2012；Liu et al.，2015a）。蛸的角质颚普遍较小，在测量过程中较容易产生误差，而种间的差异较容易发现，本节中 4 种蛸均为亲缘关系较近的（Lü et al.，2013），所以根据角质颚的形态也不难对其进行区分。因此，基于误差的角质颚测量值进行的判别分析，其结果可能会受影响。同样也有报道称下颚因更为突出的特征而更适宜用于判别（Ogden et al.，1998；Smale et al.，1993）。根据研究的结果（表 2-25），我们认为上颚和下颚在角质颚形态变化中有着同等重要的意都应该被用于判别分析中。

2.5.2　几何⋯态测量

所有样本地⋯点和各种类的平均形态如图 2-20 所示，其中灰色的点代表所有的测量地标点，黑色的⋯代表样本平均形态的地标点，并用实线连接。蛸属的角质颚有着共同的特征，即短小的⋯盖、上颚宽大的侧壁和下颚较长的翼部及窄长的侧壁。从图 2-20 可以看出，从角质颚⋯外形几乎无法辨别种类，短蛸和卵蛸仅在下颚侧壁与其他两个种类有略微的差异。⋯t多元方差分析结果发现，上颚和下颚的形态在不同种类中存在显著差异（表 2-26）。⋯论上颚、下颚，个体大小在不同种类间没有交互作用（表 2-26）。

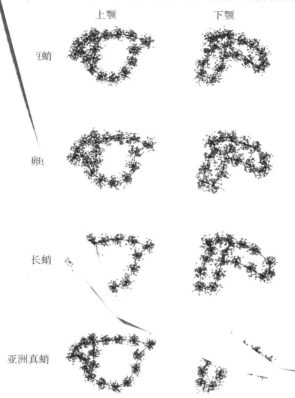

图 2-20　四种蛸类上颚和下颚的数字化地标点（小灰点）及平均形状（大黑点）

表 2-26　四种蛸类角质颚形态多元分析结果（Z 为效果大小）

				上颚			
	df	SS	MS	Rsq	F	Z	P
大小	1	0.2430	0.2430	0.0225	9.5035	7.7487	0.002[*]
种类	3	0.4234	0.1411	0.0393	5.5195	10.1198	0.002[*]
大小 × 种类	3	0.0843	0.0281	0.0078	1.0994	1.1735	0.124[ns]
残差	392	10.0242	0.0256				
合计	399	10.7750					

续表

				下颚			
	df	SS	MS	Rsq	F	Z	P
大小	1	0.2047	0.2047	0.0149	6.2626	6.2316	0.002[*]
种类	3	0.6177	0.2059	0.0449	6.2984	10.2063	0.002[*]
大小×种类	3	0.1041	0.0347	0.0076	1.0614	0.8870	0.188[ns]
残差	392	12.8142	0.0327				
合计	399	13.7407					

注：**，显著水平为 $\alpha = 0.05$；ns，不显著

　　根据分析结果，46 个坐标主成分值(PC_S)可以完全解释角质颚的形态变化。前 22 个主成分值能够解释 80%的形态变化，也被用于后续的分类分析中。虽然 4 种蛸类上颚有着相似的变化趋势(图 2-21)，但多元统计分析认为中心大小与上颚形态在不同种类间存在显著差异(MANCOVA，$F = 5.51$，$Z = 10.12$，$P < 0.01$)[图 2-21(a)]。下颚的形态在 4 个种类间也存在显著差异(MANCOVA，$F = 6.29$，$Z = 10.20$，$P < 0.01$)[图 2-21(b)]。

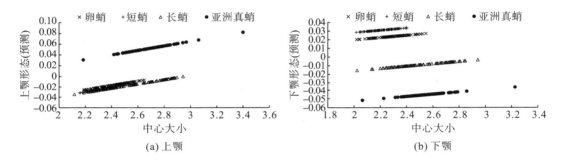

图 2-21　上颚和下颚形态与中心大小的比较

　　几何形态测量法被应用于形态识别已经有很多年的历史(Adams et al.，2013)。该方法主要关注形状变化分析，这也可以解释物体形态的变化，而这种形状的变化是线性测量所无法探知的(Fang et al.，2017)。基于几何形态测量的方差分析结果认为，本节中 4 个种类上下角质颚的形态均存在差异，而这种差异和角质颚的大小没有关联(表 2-26)。正如头足类的另一种硬组织耳石一样(Arkhipkin，2004)，蛸类的角质颚主要受其在不同水层中生活而造成的摄食差异的影响，因此具有良好的分类特征(Ogden et al.，1998)，因此蛸角质颚的形态在种间存在差异。Ogden 等(1998)采用 7 个角质颚测量值对 9 种蛸科种类进行线性判别分析，结果认为总误判率为 36%，而本章基于传统线性测量的角质颚形态值的判别结果也基本相似(表 2-27)。由表 2-27 和表 2-28 可以发现，几何形态测量的判别正确率(超过 70%)明显高于传统形态测量。

2.5.3　不同分类方法比较

　　标准化的角质颚测量值可以用于蛸种类鉴别(表 2-27)。在这四个种类中，亚洲真蛸

的判别正确率明显高于其他种类。在这五种判别方法中，短蛸的判别正确率为 62.07%～83.33%。卵蛸的判别正确率为 50.00%～60.47%，长蛸的判别正确率为 31.40%～66.67%（表 2-27）。除亚洲真蛸外，朴素贝叶斯、支持向量机和随机森林方法均能有效地提升三个种类的判别正确率（表 2-27）。

表 2-27　基于角质颚形态测量的不同方法判别蛸种类的判别正确率

方法	原始	预测/%				合计/%	敏感值	特征值	K
		A.fa	A.ov	O.mi	O.si				
LDA	A.fa	77.17	16.30	1.87	4.66		0.763	0.935	
	A.ov	10.92	57.14	27.73	4.20	64.27	0.486	0.816	0.521
	O.mi	6.86	53.92	31.40	7.84		0.464	0.799	
	O.si	1.92	1.92	2.88	93.28		0.843	0.977	
CT	A.fa	62.07	13.79	17.24	6.90		0.667	0.885	
	A.ov	11.11	50.00	38.89	0.00	60.16	0.514	0.795	0.467
	O.mi	8.70	52.17	39.13	0.00		0.300	0.849	
	O.si	8.57	2.86	5.71	82.86		0.935	0.935	
NB	A.fa	83.33	4.17	8.33	4.17		0.741	0.958	
	A.ov	10.87	54.35	32.61	2.17	69.11	0.714	0.761	0.584
	O.mi	0.00	38.10	57.14	4.76		0.400	0.903	
	O.si	6.25	3.12	3.12	87.50		0.903	0.956	
SVM	A.fa	80.77	7.69	7.69	3.85		0.778	0.948	
	A.ov	9.30	60.47	27.91	2.33	73.17	0.743	0.807	0.640
	O.mi	4.76	28.57	66.67	0.00		0.467	0.925	
	O.si	3.03	3.03	6.06	87.88		0.935	0.956	
RF	A.fa	79.31	13.79	6.90	0.00		0.852	0.937	
	A.ov	8.70	54.35	36.96	0.00	71.54	0.714	0.761	0.618
	O.mi	0.00	35.71	64.29	0.00		0.300	0.946	
	O.si	0.00	2.94	5.88	91.18		1.000	0.967	

注：LDA.线性判别分析；NB.朴素贝叶斯；CT.分类树；SVM.支持向量机；RF.随机森林；*A.fa*.短蛸；*A.ov*.卵蛸；*O.mi*.长蛸；*O.si*.亚洲真蛸

基于坐标主成分的分析结果也可以表明种类判别的有效性。同样地，亚洲真蛸仍然有超过 80%的判别正确率（表 2-28）。短蛸的判别正确率为 65.22%～86.96%。卵蛸的判别正确率为 63.64%～72.97%，长蛸的判别正确率为 61.76%～79.17%（表 2-28）。结果可以发现判别正确率明显高于标准化后角质颚形态值。

表 2-28　基于普氏形态坐标主成分的不同方法判别蛸种类的判别正确率

方法	原始	预测/%				合计/%	敏感值	特征值	K
		A.fa	A.ov	O.mi	O.si				
LDA	A.fa	65.22	11.95	0.00	22.83		0.690	0.898	
	A.ov	5.04	72.27	22.69	0.00	70.26	0.596	0.873	0.593
	O.mi	0.00	38.24	61.76	0.00		0.697	0.890	
	O.si	19.23	0.00	0.00	80.77		0.800	0.932	
CT	A.fa	76.92	7.69	3.85	11.54		0.741	0.937	
	A.ov	9.09	63.64	27.27	0.00	75.61	0.800	0.818	0.673
	O.mi	4.55	18.18	77.27	0.00		0.567	0.946	
	O.si	6.45	3.23	0.00	90.32		0.903	0.967	
NB	A.fa	79.31	6.90	0.00	13.79		0.852	0.937	
	A.ov	2.94	70.59	26.47	0.00	77.23	0.687	0.886	0.696
	O.mi	3.33	26.67	70.00	0.00		0.700	0.903	
	O.si	6.67	3.33	0.00	90.00		0.871	0.967	
SVM	A.fa	82.76	0.00	0.00	17.24		0.889	0.948	
	A.ov	2.70	72.97	24.32	0.00	79.67	0.771	0.886	0.729
	O.mi	3.33	26.67	70.00	0.00		0.700	0.903	
	O.si	3.70	0.00	0.00	96.30		0.839	0.989	
RF	A.fa	86.96	4.35	0.00	8.70		0.741	0.969	
	A.ov	8.89	66.67	24.44	0.00	79.67	0.857	0.829	0.727
	O.mi	4.17	16.67	79.17	0.00		0.633	0.946	
	O.si	6.45	0.00	0.00	93.55		0.935	0.978	

注：LDA.线性判别分析；NB.朴素贝叶斯；CT.分类树；SVM.支持向量机；RF.随机森林；A.fa.短蛸；A.ov.卵蛸；O.mi.长蛸；O.si.亚洲真蛸

　　比较传统方法(线性判别分析)和机器学习方法(分类树、朴素贝叶斯、支持向量机和随机森林)的结果，机器学习方法的判别正确率更高，尤其是支持向量机和随机森林(表 2-27 和表 2-28)。所有的机器学习方法的判别正确率均高于 60%，而在四种机器学习方法中，支持向量机的判别效果总体高于随机森林的判别效果(表 2-28)。

　　传统的统计分析方法需要严格地遵循数据的正态性和方差同质性问题(Zuur et al.，2010)。这些规则在某种程度上限制了数据的可利用性。机器学习方法创立了一种数据和创建模型决定的算法，可以处理所有类型的数据，无须考虑数据的类型(Lantz，2013)。监管式机器学习方法以其无需人为帮助、自动建模来进行数据预测的优点，已被广泛应用于渔业科学中(Fernandes et al.，2014；Crespi-Abril et al.，2015)，同时该方法也被证实是处理分类问题的有效方法(Vyver et al.，2016)。这点也在本节中得到证实，传统分类方法所得到的结果相对逊色(表 2-27 和表 2-28)。综合考虑敏感值、特征值和 K，支持向量机和随机森林方法更适用于本研究中对蛸种类的分类(表 2-27 和表 2-28)，这也在其他的研究中有所印证(Li et al.，2015)。今后的研究中应该更加注意对研究方法的选取，综合考虑结果。

　　综上所述，我们利用传统形态测量法和几何形态测量法对中国近海不同种类角质颚形态进行了分类比较。基于统计分析和机器学习的分类方法也在本研究中进行了说明。亚洲真蛸的角质颚明显大于其他三个种类。方差分析结果认为除了 LRW$_s$ 外，其他标准化后的角质颚形态值均在种间存在差异。几何形态测量法用于实现角质颚重构，多元方差分析认为种间的上下颚均存在显著差异。10 项角质颚测量值和 23 项主成分值被分别用于进行判别分析。基于几何形态测量的判别分析结果要优于传统测量的结果。统计分析结果认为，基于机器学习的判别方法，其判别正确率要明显高于线性判别分析。本研究证实了几何形态测量法在对头足类角质颚重构和区分种类时是有效的。机器学习方法以其可靠性和准确性，也被认为是一种有效的种类鉴别方法。

2.6　基于角质颚的东黄海枪乌贼类种类判别

以往对枪乌贼科头足类的分类或根据鳍是周生还是端生，或根据胴长、胴宽的比例，或根据鳍末端是否相接，或根据茎化腕是否具腹膜突，或根据内脏有无发光器等(陈新军等，2009)。在保证样本新鲜、完整的情况下，上述方法能够有效地对其进行分类与鉴定。但对于我国近海捕获的枪乌贼科头足类，由于网具等因素，较难做到这一点，另外在分析头足类捕食者的胃含物时也无法满足这些要求。不同种类枪乌贼的角质颚在外部形态上存在差异，因此利用角质颚对枪乌贼科种类进行判别与鉴定十分必要。

研究样本分别为 2015 年 11 月于上海浦东新区芦潮港集贸市场采购的 66 尾中国枪乌贼(雄性 28 尾，雌性 38 尾)和 95 尾杜氏枪乌贼(雄性 44 尾，雌性 51 尾)。角质颚测量方法与本章 2.2 节相同。所有统计分析均在 SPSS 19.0 软件中处理完成。

(1)不同种类雌雄个体角质颚的比较。对两种枪乌贼的 12 项角质颚形态参数进行均数差异性检验；分别对中国枪乌贼、杜氏枪乌贼雌雄个体的 12 项角质颚参数进行均数差异性检验。

(2)特征参数与胴长、体重的关系。对两种枪乌贼 12 项角质颚形态参数进行主成分分析，找出能够表征角质颚主要特征的形态参数，并与胴长、体重建立关系。

(3)不同胴长组的比较。划分不同胴长组，对两种枪乌贼不同胴长组的角质颚形态参数指标进行方差分析。

(4)稳定指标的比较。将中国枪乌贼和杜氏枪乌贼角质颚各部分形态参数的比值按照胴长分组后进行组间单因素方差分析(ANOVA)，筛选出不受生长影响的稳定性指标。比较两种枪乌贼共有的稳定指标，找出差异性显著的比值。

(5)两种枪乌贼的判别分析。分别利用逐步判别分析和基于主成分分析结果的判别分析对两种枪乌贼进行分类。

2.6.1　角质颚外部形态差异

由表 2-29 可知，中国枪乌贼角质颚各项形态参数的平均值均大于杜氏枪乌贼，而将角质颚各项形态参数除以胴长进行标准化后，杜氏枪乌贼的形态参数均值整体上略大于中国枪乌贼(表 2-30)。

由均数差异假设检验结果可以看出(表 2-31),在角质颚的 12 项形态参数中,中国枪乌贼和杜氏枪乌贼都存在极显著差异($P<0.01$)。分别对两种枪乌贼不同性别个体进行角质颚形态参数的均数差异假设检验,可以看出,中国枪乌贼 12 项标准化角质颚形态参数都不存在显著差异;杜氏枪乌贼的 UHL/ML、UCL/ML、URL/ML、ULWL/ML、LHL/ML、LCL/ML、LRL/ML、LRW/ML 和 LLWL/ML 均存在着显著差异($P<0.05$)。杜氏枪乌贼的角质颚在不同性别之间的差异比中国枪乌贼的要大。

表 2-29 中国枪乌贼和杜氏枪乌贼角质颚形态参数值

形态参数	中国枪乌贼			杜氏枪乌贼		
	最大值/mm	最小值/mm	平均值/mm	最大值/mm	最小值/mm	平均值/mm
UHL	17.02	8.94	11.70	11.30	3.98	6.77
UCL	23.62	12.11	15.87	15.67	6.58	9.99
URL	5.18	2.03	3.13	3.42	1.36	2.38
URW	4.22	2.02	2.82	2.98	1.01	1.87
ULWL	18.89	8.27	12.39	13.89	5.32	7.61
UWL	7.24	2.58	4.84	6.86	1.68	3.33
LHL	7.62	2.92	4.56	4.30	0.83	2.81
LCL	13.31	6.94	9.45	7.94	2.52	5.47
LRL	4.73	2.17	3.12	2.98	0.98	2.08
LRW	5.53	2.42	3.79	3.59	0.78	2.11
LLWL	15.88	7.40	10.61	10.72	3.45	6.89
LWL	11.89	4.41	7.46	7.05	2.01	4.44

表 2-30 中国枪乌贼和杜氏枪乌贼角质颚形态参数比例指标均值

形态参数	中国枪乌贼		杜氏枪乌贼	
	雌性	雄性	雌性	雄性
UHL/ML	0.07	0.06	0.08	0.07
UCL/ML	0.09	0.09	0.12	0.11
URL/ML	0.02	0.02	0.03	0.03
URW/ML	0.02	0.02	0.02	0.02
ULWL/ML	0.07	0.07	0.09	0.08
UWL/ML	0.03	0.03	0.04	0.04
LHL/ML	0.03	0.02	0.04	0.03
LCL/ML	0.05	0.05	0.07	0.06
LRL/ML	0.02	0.02	0.03	0.02
LRW/ML	0.02	0.02	0.03	0.02
LLWL/ML	0.06	0.06	0.08	0.07
LWL/ML	0.04	0.04	0.05	0.05

表 2-31　均数差异假设检验结果

形态参数	P 值		
	不同种比较	同一种不同性别比较	
		中国枪乌贼	杜氏枪乌贼
UHL/ML	0.000	0.115	0.011
UCL/ML	0.000	0.260	0.001
URL/ML	0.000	0.811	0.043
URW/ML	0.000	0.300	0.291
ULWL/ML	0.000	0.222	0.023
UWL/ML	0.000	0.881	0.091
LHL/ML	0.000	0.261	0.003
LCL/ML	0.000	0.203	0.001
LRL/ML	0.000	0.518	0.002
LRW/ML	0.003	0.700	0.003
LLWL/ML	0.000	0.911	0.000
LWL/ML	0.000	0.598	0.056

对中国枪乌贼和杜氏枪乌贼角质颚形态参数进行比较发现，除以胴长进行标准化后的结果与原始结果相反，因此应当考虑胴长在枪乌贼角质颚比较中的影响。两种枪乌贼间角质颚的比较，差异极显著。对不同性别中国枪乌贼和杜氏枪乌贼角质颚的比较发现，杜氏枪乌贼雌雄间多项形态参数存在显著差异，需要分雌雄进行后续分析。

2.6.2　主成分分析

对两种枪乌贼标准化角质颚形态参数进行主成分分析，其中杜氏枪乌贼的雌性和雄性分开计算。不同种类和性别的标准化形态参数中，取特征值大于 1 为主成分，结合碎石图，分析结果表明：中国枪乌贼为 2 个因子(图 2-22)；杜氏枪乌贼雄性群体为 4 个因子(图 2-23)，雌性群体为 3 个因子(图 2-24)。

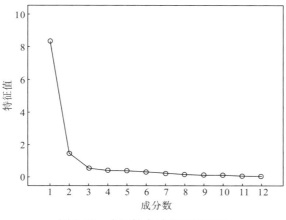

图 2-22　中国枪乌贼因子碎石图

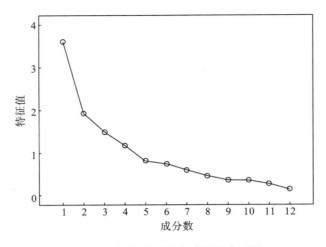

图 2-23 雄性杜氏枪乌贼因子碎石图

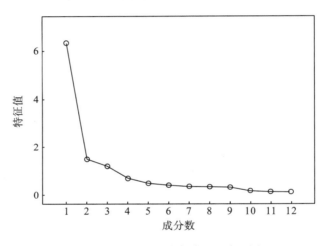

图 2-24 雌性杜氏枪乌贼因子碎石图

中国枪乌贼第一主成分因子中载荷系数最大为 UHL，为 0.956；第二主成分因子中载荷系数最大为 LRW，为 0.566。雄性杜氏枪乌贼第一主成分因子中载荷系数最大为 UCL，为 0.874；第二主成分因子中载荷系数最大为 URL，为 0.815；第三主成分因子载荷系数最大为 LRW，为 0.834；第四主成分因子载荷系数最大为 LWL，为 0.823。雌性杜氏枪乌贼第一主成分因子中载荷系数最大为 LLWL，为 0.902；第二主成分因子中载荷系数最大为 LRW，为 0.628；第三主成分因子载荷系数最大为 LRL，为 0.506（表 2-32）。

表 2-32 中国枪乌贼角质颚主成分分析

参数	中国枪乌贼主成分		雄性杜氏枪乌贼主成分				雌性杜氏枪乌贼主成分		
	1	2	1	2	3	4	1	2	3
UHL	0.956	-0.179	0.788	-0.287	-0.103	-0.090	0.830	0.120	-0.252
UCL	0.928	-0.310	0.874	0.105	-0.035	-0.098	0.850	-0.026	-0.201

续表

参数	中国枪乌贼主成分		雄性杜氏枪乌贼主成分				雌性杜氏枪乌贼主成分		
	1	2	1	2	3	4	1	2	3
URL	0.734	0.415	0.235	0.815	-0.253	0.139	0.657	-0.541	0.235
URW	0.679	0.398	-0.109	0.799	0.165	0.023	0.586	-0.545	0.395
ULWL	0.868	-0.383	0.618	0.154	-0.297	-0.417	0.746	-0.104	-0.316
UWL	0.852	-0.057	0.374	0.462	0.477	0.187	0.630	-0.431	0.326
LHL	0.845	0.270	0.735	-0.003	0.164	-0.294	0.854	0.173	-0.015
LCL	0.950	-0.180	0.676	0.024	0.165	-0.043	0.810	0.248	-0.041
LRL	0.741	0.288	0.436	-0.053	0.501	0.066	0.526	0.414	0.506
LRW	0.687	0.566	-0.155	-0.273	0.834	-0.141	0.372	0.628	0.505
LLWL	0.933	0.031	0.551	-0.467	-0.269	0.377	0.902	0.106	-0.111
LWL	0.753	-0.563	0.365	-0.035	0.057	0.823	0.746	0.069	-0.380
特征值	8.331	1.436	3.625	1.930	1.495	1.179	6.311	1.475	1.191
方差贡献率/%	69.425	11.966	30.207	16.087	12.459	9.822	52.588	12.290	9.923
累计贡献率/%	69.425	81.391	30.207	46.293	58.752	68.575	52.588	64.879	74.801

通过主成分分析，发现中国枪乌贼角质颚的主成分因子分别是头盖部分(UHL)和喙部(LRW)；雄性杜氏枪乌贼角质颚的主成分因子分别是脊突部分(UCL)、喙部(URL、LRW)和翼部(LWL)；雌性杜氏枪乌贼角质颚的主成分因子分别是侧壁部分(LLWL)和喙部(LRW、LRL)。

2.6.3　主要形态参数与胴长、体重的关系

中国枪乌贼上头盖长与胴长关系：$ML = 10.017UHL + 62.918$ $(R^2 = 0.513，P < 0.001)$；中国枪乌贼上头盖长与体重关系：$BW = 43.503UHL - 321.920$ $(R^2 = 0.770，P < 0.001)$（图 2-25）。

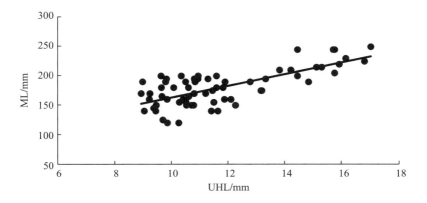

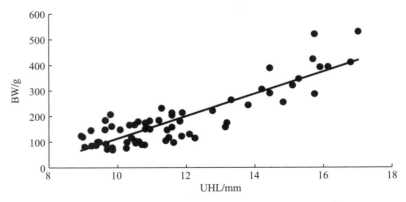

图 2-25　中国枪乌贼上头盖长与胴长、体重的关系

雌性杜氏枪乌贼下侧壁长与胴长关系：$ML = 11.856LLWL + 3.448$（$R^2 = 0.656$，$P<0.001$）；雌性杜氏枪乌贼下侧壁长与体重关系：$BW = 11.442LLWL - 50.200$（$R^2 = 0.670$，$P<0.001$）（图 2-26）。

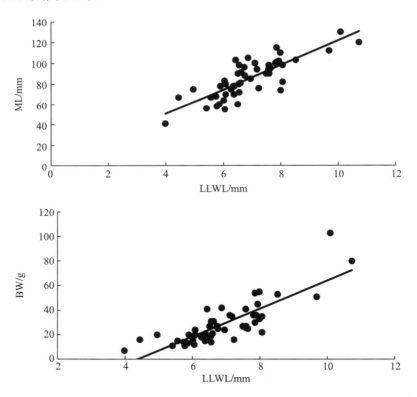

图 2-26　雌性杜氏枪乌贼下侧壁长与胴长、体重的关系

雄性杜氏枪乌贼上脊突长 UCL 和胴长关系：$ML = 9.151UCL + 2.707$（$R^2 = 0.519$，$P<0.001$）；雄性杜氏枪乌贼上脊突长 UCL 和体重关系：$BW = 6.825UCL - 33.568$（$R^2 = 0.494$，$P<0.001$）（图 2-27）。

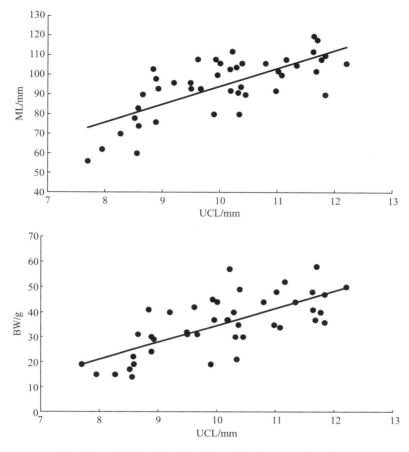

图 2-27　雄性杜氏枪乌贼上脊突长与胴长、体重的关系

　　根据主成分分析的结果，选取中国枪乌贼的 UHL 作为表征角质颚的主要参数，并与胴长、体重建立关系，发现 UHL 和胴长、体重均呈线性关系。选取雌性杜氏枪乌贼的 LLWL 作为表征角质颚的主要参数，和胴长、体重建立关系，发现 LLWL 和胴长、体重均呈线性关系。选取雄性杜氏枪乌贼的 UCL 作为表征角质颚的主要参数，和胴长、体重建立关系，发现 UCL 和胴长、体重均呈线性关系。徐杰等(2016)对东海剑尖枪乌贼进行了分析，发现角质颚各形态参数和胴长呈线性关系，和体重呈幂函数关系。刘必林和陈新军(2010)对印度洋鸢乌贼进行了分析，发现 UHL、UCL、URL、ULWL、LLWL 和 LWL 与胴长呈线性关系，与体重呈指数关系。

2.6.4　各胴长组角质颚的形态差异

1. 中国枪乌贼

　　图 2-28 为中国枪乌贼角质颚参数和胴长组的关系。单因素方差分析结果显示，除 LHL/ML 和 LRL/ML 外，角质颚各形态参数在各胴长组间均存在显著差异($P<0.05$)。LSD 分析表明，所有角质颚形态参数在胴长组 210～240mm 和 240～270mm 间差异性不显著

（$P>0.05$）；除 LRW/ML 外，其他角质颚形态参数在胴长组 150～180mm 和 180～210mm
间不存在显著差异（$P>0.05$）；除 ULWL/ML 外，各角质颚形态参数在胴长组 120～150mm
和 150～180mm 间差异性不显著（$P>0.05$）；URL/ML、URW/ML、LHL/ML、LRL/ML 和
LRW/ML 在胴长组 180～210mm 和 210～240mm 间不存在显著差异。

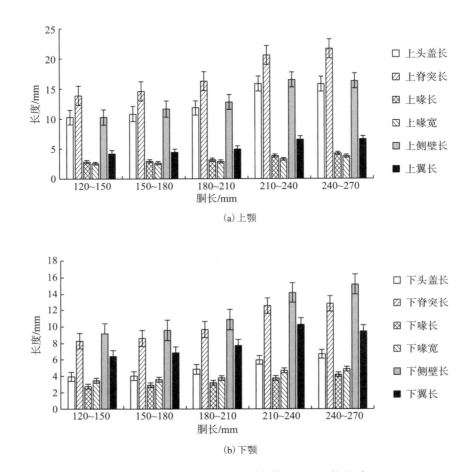

(a) 上颚

(b) 下颚

图 2-28　中国枪乌贼角质颚参数和胴长组的关系

2. 杜氏枪乌贼

图 2-29 为雌性杜氏枪乌贼角质颚参数和胴长组的关系。单因素方差分析结果显示，
除 UWL/ML 和 LRW/ML 外，其他角质颚形态参数在各胴长组间均存在显著差异
（$P<0.05$）。LSD 分析表明，所有角质颚形态参数在胴长组 80～100mm 和 100～120mm 间
的差异性不显著（$P>0.05$）；在胴长组 40～60mm 和 60～80mm 间，URW/ML、LHL/ML 和
LWL/ML 不存在显著差异（$P>0.05$）；在胴长组 60～80mm 和 80～100mm 间，LCL/ML、
LRL/ML 和 LLWL/ML 不存在显著差异（$P>0.05$）。

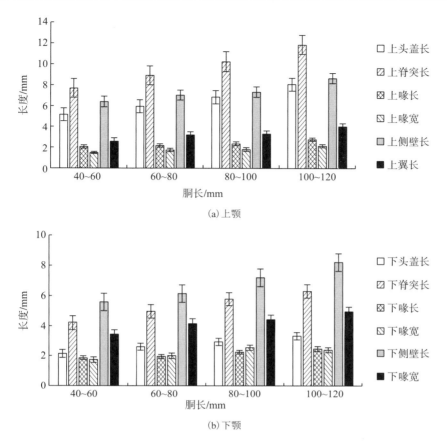

图 2-29　雌性杜氏枪乌贼角质颚参数和胴长组的关系

　　图 2-30 为雄性杜氏枪乌贼角质颚参数和胴长组的关系。单因素方差分析结果显示，除 UWL/ML 和 LHL/ML 外，其他角质颚形态参数在各胴长组间均存在显著差异($P<0.05$)。LSD 分析表明，UHL/ML、UCL/ML 和 LLWL/ML 在胴长组 40~60mm 和 60~80mm 间存在显著差异($P<0.05$)；UHL/ML、URL/ML、ULWL/ML、LRW/ML 和 LLWL/ML 在胴长组 60~80mm 和 80~100mm 间不存在显著差异($P>0.05$)；URL/ML、URW/ML 和 LRW/ML 在胴长组 80~100mm 和 100~120mm 间存在显著差异($P<0.05$)。

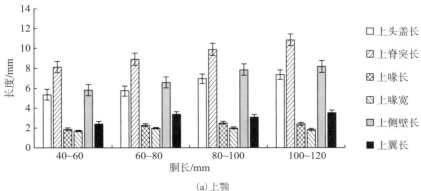

(a) 上颚

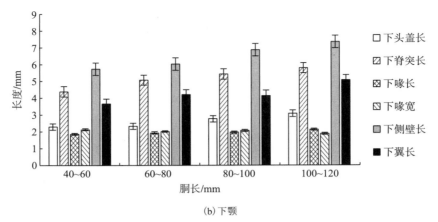

(b) 下颚

图 2-30   雄性杜氏枪乌贼角质颚参数和胴长组的关系

对中国枪乌贼的研究发现，LHL/ML 和 LRL/ML 在生长过程中和胴长的生长保持一致。对雌性杜氏枪乌贼的研究发现，UWL/ML 和 LRW/ML 在生长过程中和胴长的生长保持一致。对雄性杜氏枪乌贼的研究发现，UWL/ML 和 LHL/ML 在生长过程中和胴长的生长保持一致。

2.6.5   稳定性指标

对中国枪乌贼和杜氏枪乌贼角质颚的形态参数比值按照胴长分组后进行组间单因素方差分析（ANOVA）。根据单因素方差分析的结果，探究角质颚各部分形态参数比值随胴长、体重增长的变化规律。中国枪乌贼上颚所有比值在各胴长组间均不存在显著差异（$P>0.05$），可全部视为稳定性指标；下颚除 LRW/LHL 外，其他比值在各胴长组间均不存在显著差异（$P>0.05$），可视为稳定性指标。雌性杜氏枪乌贼上颚所有比值在各胴长组间均不存在显著差异（$P>0.05$），可全部视为稳定性指标；下颚所有比值在各胴长组间均不存在显著差异（$P>0.05$），也可全部视为稳定性指标。雄性杜氏枪乌贼上颚除 URW/UCL 外，其他比值在各胴长组间均不存在显著差异（$P>0.05$），可视为稳定性指标；下颚除 LRW/LHL 和 LRW/LWL 外，其他比值在各胴长组间均不存在显著差异（$P>0.05$），可视为稳定性指标。

对两种枪乌贼上颚共有的稳定性指标进行差异性检验，发现 URL/UHL、URW/UHL、UWL/UHL、URL/UCL、UHL/UCL、URL/URW 和 URL/ULWL 在两种枪乌贼间存在极显著差异（$P<0.01$）。其中，中国枪乌贼稳定性指标的平均值分别是 URL/UHL（0.2703±0.0444）、URW/UHL（0.2440±0.0446）、UWL/UHL（0.4153±0.0532）、URL/UCL（0.1996±0.0374）、UHL/UCL（0.7369±0.0417）、URL/URW（1.1267±0.1898）、URL/ULWL（0.2566±0.0495）；杜氏枪乌贼稳定性指标的平均值分别是 URL/UHL（0.3639±0.0746）、URW/UHL（0.2833±0.0756）、UWL/UHL（0.5155±0.1744）、URL/UCL（0.2418±0.0428）、UHL/UCL（0.6717±0.0767）、URL/URW（1.3165±0.2286）、URL/ULWL（0.3225±0.0651）。

对两种枪乌贼下颚共有的稳定性指标进行差异性检验，发现 LRL/LCL、LCL/LLWL、

LRL/LRW 和 LRW/LLWL 这四个比值在两种枪乌贼间存在极显著差异($P<0.01$)。其中，中国枪乌贼稳定性指标的平均值分别是 LRL/LCL(0.3321 ± 0.0577)、LCL/LLWL(0.8984 ± 0.0988)、LRL/LRW(0.8287 ± 0.1435)、LRW/LLWL(0.3626 ± 0.0551)；杜氏枪乌贼稳定性指标的平均值分别是 LRL/LCL(0.3988 ± 0.1176)、LCL/LLWL(0.8026 ± 0.1249)、LRL/LRW(1.0119 ± 0.2782)、LRW/LLWL(0.3277 ± 0.0938)。

在不同胴长组保持稳定的角质颚各部分的比值可以用来表征该种枪乌贼，比较两种枪乌贼共有的稳定比值，找出差异性显著的部分，便可用来区分两种枪乌贼。研究发现中国枪乌贼和杜氏枪乌贼的 URL/UHL、URW/UHL、UWL/UHL、URL/UCL、UHL/UCL、URL/URW、URL/ULWL、LRL/LCL、LCL/LLWL、LRL/LRW 和 LRW/LWL 这 11 个指标可以用来区分两种枪乌贼。

2.6.6 判别分析

1. 种间判别

采用逐步判别分析法对两种枪乌贼进行分类。依据 Wilks λ 法对 12 项标准化参数进行筛选，最终选择 URL/ML 和 LLWL/ML 两项变量因子对两种枪乌贼进行种类鉴别，判别方程如下：

中国枪乌贼：$Y=296.968\text{URL/ML}+446.726\text{LLWL/ML}-16.528$

杜氏枪乌贼：$Y=561.601\text{URL/ML}+560.299\text{LLWL/ML}-30.266$

利用建立的判别方程进行种类判别发现，中国枪乌贼的判别正确率为 93.9%，杜氏枪乌贼的判别正确率为 86.3%。交叉验证的结果与初始判别相似，中国枪乌贼的判别正确率为 92.4%，杜氏枪乌贼的判别正确率为 85.3%（表 2-33）。

表 2-33 中国枪乌贼和杜氏枪乌贼的判别正确率（逐步判别分析）

逐步判别分析	种类	种类		合计	正确率/%
		中国枪乌贼	杜氏枪乌贼		
初始判别	中国枪乌贼	62	4	66	93.9
	杜氏枪乌贼	13	82	95	86.3
交叉验证	中国枪乌贼	61	5	66	92.4
	杜氏枪乌贼	14	81	95	85.3

根据主成分分析结果，以两种枪乌贼主成分特征值大于 1 的因子中负载值最高的标准化形态参数 UHL/ML、URL/ML、UCL/ML、LRW/ML、LWL/ML、LLWL/ML 和 LRL/ML 建立判别函数，如下：

中国枪乌贼：$Y = 184.581\text{UHL/ML}+151.933\text{LRW/ML}+235.104\text{UCL/ML}+19.091\text{URL/ML}+117.905\text{LWL/ML}+104.747\text{LLWL/ML}-40.403\text{LRL/ML}-24.169$

杜氏枪乌贼：$Y = 80.192\text{UHL/ML}+64.534\text{LRW/ML}+319.288\text{UCL/ML}+241.998\text{URL/ML}+91.164\text{LWL/ML}+237.152\text{LLWL/ML}+60.364\text{LRL/ML}-38.218$

利用建立的判别方程进行种类判别，初始判别分析认为，中国枪乌贼的正确判别率为98.5%，杜氏枪乌贼的正确率为 88.4%。交叉判别分析认为，中国枪乌贼的正确判别率为98.5%，杜氏枪乌贼的正确率为 84.2%(表 2-34)。

表 2-34　中国枪乌贼和杜氏枪乌贼的判别正确率(主成分分析)

判别分析	种类	种类		合计	正确率/%
		中国枪乌贼	杜氏枪乌贼		
初始判别	中国枪乌贼	65	1	66	98.5
	杜氏枪乌贼	11	84	95	88.4
交叉验证	中国枪乌贼	65	1	66	98.5
	杜氏枪乌贼	15	80	95	84.2

2. 同一性别两种枪乌贼的判别

采用逐步判别分析法对同一性别两种枪乌贼进行分类。依据 Wilks λ 法对 12 项标准化参数进行筛选，最终选择 UHL/ML、UCL/ML、URL/ML、URW/ML 和 LLWL/ML 对两种雌性枪乌贼进行种类鉴别，建立的判别方程如下：

中国枪乌贼： Y = 239.037UHL/ML+215.491UCL/ML−112.500URL/ML+233.431URW/ML+170.168LLWL/ML−24.360

杜氏枪乌贼： Y = 49.504UHL/ML+314.158UCL/ML+336.360URL/ML−74.703URW/ML+400.552LLWL/ML−41.829

利用建立的判别方程进行种类判别，初始判别分析认为，雌性中国枪乌贼的判别正确率为 100.0%，雌性杜氏枪乌贼判别率为 98.0%。交叉验证的结果与初始判别相似，雌性中国枪乌贼的判别正确率为 100.0%，雌性杜氏枪乌贼的判别正确率为 96.1%(表 2-35)。

表 2-35　雌性中国枪乌贼和雌性杜氏枪乌贼的判别正确率(逐步判别分析)

判别分析	种类	种类		合计	正确率/%
		中国枪乌贼	杜氏枪乌贼		
初始判别	中国枪乌贼	38	0	38	100.0
	杜氏枪乌贼	1	50	51	98.0
交叉验证	中国枪乌贼	38	0	38	100.0
	杜氏枪乌贼	2	49	51	96.1

根据主成分分析，选择 UCL/ML、URL/ML、LCL/ML 和 LLWL/ML 对两种雄性枪乌贼进行种类鉴别，建立的判别方程如下：

中国枪乌贼：Y = 338.937UCL/ML−47.248URL/ML+213.671LCL/ML+268.705LLWL/ML−28.464

杜氏枪乌贼：Y = 467.081UCL/ML+197.103URL/ML+54.889LCL/ML+349.762LLWL/ML−42.847

　　利用建立的判别方程进行种类判别，初始判别分析认为，雄性中国枪乌贼的判别正确率为 92.9%，雄性杜氏枪乌贼的判别正确率为 88.6%。交叉验证的结果与初始判别相似，雄性中国枪乌贼的判别正确率为 89.3%，雄性杜氏枪乌贼的判别正确率为 79.5%（表 2-36）。

表 2-36　雄性中国枪乌贼和雄性杜氏枪乌贼的判别正确率（主成分分析）

判别分析	种类	种类		合计	正确率/%
		中国枪乌贼	杜氏枪乌贼		
初始判别	中国枪乌贼	26	2	28	92.9
	杜氏枪乌贼	5	39	44	88.6
交叉验证	中国枪乌贼	25	3	28	89.3
	杜氏枪乌贼	9	35	44	79.5

第3章 基于角质颚的南海常见头足类鉴定与分类

本章以我国南海常见头足类的角质颚为研究对象，通过分析比较各种类角质颚的外部形态特征，寻找不同目、科、属、种间的差异；结合各种类角质颚的形态特性，筛选出属间、种间的差异性指标，为科学鉴定近海头足类提供新的技术手段，丰富和完善我国近海海洋生物学。

3.1 南海常见头足类渔业生物学研究

为了深入分析南海常见头足类的角质颚生长特性，掌握其变化规律，探讨其与个体生长、性成熟度等的关系，需要充分了解常见头足类的渔业基础生物学。为此，本节根据 2015 年 8～10 月、2016 年 3 月分别在南海北部陆架区、南沙群岛 776 渔区渔业生产期间拖网采集的 6 种常见头足类样本，对其渔业生物学特性进行初步研究，以期为后续角质颚的研究提供基础资料。

南海北部陆架区的渔业生产共采集头足类样本 5 种，分别为中国枪乌贼、杜氏枪乌贼、苏门答腊小枪乌贼(*Loliolus sumatrensis*)、短蛸和膜蛸(*Octopus membranaceus*)。采样时间为 2015 年 8～10 月，采样海域包括台湾浅滩海域(332、333 渔区)、汕尾海域(310、326 渔区)、珠江口海域(370、371 渔区)、茂名海域(393 渔区)和北部湾海域(390、416 渔区)。鸢乌贼样本采样时间为 2016 年 3 月，采样海域为南沙群岛 776 渔区(表 3-1)。

表 3-1　南海头足类样本统计表

种类	采样时间	采样海域(数量)	分类
中国枪乌贼	2015 年 8～10 月	台湾浅滩(40)、汕尾(93)、珠江口(38)	枪形目 枪乌贼科 尾枪乌贼属
杜氏枪乌贼	2015 年 8～10 月	汕尾(245)、茂名(100)、北部湾(110)	枪形目 枪乌贼科 尾枪乌贼属
苏门答腊小枪乌贼	2015 年 8～9 月	汕尾(198)	枪形目 枪乌贼科 小枪乌贼属
鸢乌贼	2016 年 3 月	南沙群岛 776 渔区(178)	枪形目 柔鱼科
短蛸	2015 年 8～10 月	台湾浅滩(69)、汕尾(39)、北部湾(230)	八腕目 蛸科 蛸属
膜蛸	2015 年 8～9 月	汕尾(335)、珠江口(155)	八腕目 蛸科 蛸属

　　将采集到的样本解冻后，对每尾样本测定其胴长、体重，并对性别、性成熟度进行目测。胴长测量使用皮尺测定，精确至 1mm；体重用电子天平测定，精确至 1g。性成熟度根据性腺发育的变化特点，枪形目(中国枪乌贼、杜氏枪乌贼、苏门答腊小枪乌贼、鸢乌贼)划分参照头足类的性成熟度分期标准(Lipinski and Underhill，1995)，八腕目(短蛸、膜蛸)划分参照蛸类的性成熟度分期标准(董根，2014)。胃饱满度等级采用 5 级标准(Chen et al.，2007)。

　　(1)胴长及体重组成。采用频度分析法分析样本的胴长及体重组成。

　　(2)性成熟度和胃饱满度组成。采用频度分析法分析样本的性成熟度和胃饱满度等级组成。

　　(3)胴长与体重关系。采用线性函数生长模型、指数函数生长模型、对数函数生长模型、幂函数生长模型分别拟合 ML 与 BW 的生长方程(刘必林和陈新军，2010；Jackson and Mckinnon，1996)。

$$线性方程：\qquad BW = a + bML \qquad\qquad (3\text{-}1)$$

$$指数方程：\qquad BW = ae^{bML} \qquad\qquad (3\text{-}2)$$

$$对数方程：\qquad BW = a\ln ML + b \qquad\qquad (3\text{-}3)$$

$$幂函数方程：\qquad BW = aML^{b} \qquad\qquad (3\text{-}4)$$

式中，BW 为样本的体重，单位为 g；ML 为样本的胴长，单位为 mm。

　　利用赤池信息量准则(Akaike information criterion，AIC)进行判断最佳模型，AIC 值由下式计算(郑晓琼等，2010；Reid，2002)：

$$AIC = N\ln R_{SS} + 2(P+1) - N\ln N \qquad\qquad (3\text{-}5)$$

式中，N 为样本量，R_{SS} 为残差平方和，P 为模型中参数的个数。4 个生长模型中，AIC 值最小的模型拟合程度最好，该模型为最优模型。

　　统计分析使用 Microsoft Excel 和 R 软件完成。

3.1.1　胴长、体重组成

　　统计表明：中国枪乌贼样本的胴长为 70~395mm，平均胴长为 179mm，优势胴长组为 85~155mm，占样本总数的 44.9%；其次为 190~260mm，占总数的 35.3%[图 3-1(a)，表 3-2]；中国枪乌贼样本的体重为 22~637g，平均体重为 140g，优势体重组为 45~90g，占样本总数的 38.3%；其次为 180~270g，占总数的 29.3%[图 3-1(b)，表 3-2]。

　　杜氏枪乌贼样本的胴长为 5~164mm，平均胴长为 70mm，优势胴长组为 34~85mm，占样本总数的 77.7%[图 3-1(c)，表 3-2]；杜氏枪乌贼样本的体重为 3~104g，平均体重为 20g，优势体重组为 5~22g，占样本总数的 71.2%[图 3-1(d)，表 3-2]。

　　苏门答腊小枪乌贼样本的胴长为 42~122mm，平均胴长为 79mm，优势胴长组为 58~94mm，占样本总数的 84.1%[图 3-1(e)，表 3-2]；苏门答腊小枪乌贼样本的体重为 7~81g，平均体重为 25g，优势体重组为 7~37g，占样本总数的 85.6%[图 3-1(f)，表 3-2]。

　　鸢乌贼样本的胴长为 95～170mm，平均胴长为 134mm，优势胴长组为 122～154mm，占样本总数的 81.5%[图 3-1(g)，表 3-2]；鸢乌贼样本的体重为 32～228g，平均体重为 96g，优势体重组为 50～130g，占样本总数的 77.0%[图 3-1(h)，表 3-2]。

　　短蛸样本的胴长为 28～67mm，平均胴长为 44mm，优势胴长组为 33～53mm，占样本总数的 84.5%[图 3-1(i)，表 3-2]；短蛸样本的体重为 9～124g，平均体重为 40g，优势体重组为 17～53g，占样本总数的 74.4%[图 3-1(j)，表 3-2]。

　　膜蛸样本的胴长为 2～75mm，平均胴长为 48mm，优势胴长组为 40～56mm，占样本总数的 77.1%[图 3-1(k)，表 3-2]；膜蛸样本的体重为 11～85g，平均体重为 30g，优势体重组为 18～42g，占样本总数的 77.9%[图 3-1(l)，表 3-2]。

表 3-2　不同种类的胴长和体重分布

		中国枪乌贼	杜氏枪乌贼	苏门答腊小枪乌贼	鸢乌贼	短蛸	膜蛸
胴长	范围/mm	70～395	5～164	42～122	95～170	28～67	2～75
	均值±标准差/mm	179±60	70±23	79±13	134±13	44±7	48±7
	优势胴长组/mm	85～155，190～260	34～85	58～94	122～154	33～53	40～56
	比例/%	44.9，35.3	77.7	84.1	81.5	84.5	77.1
体重	范围/g	22～637	3～104	7～81	32～228	9～124	11～85
	均值±标准差/g	140±96	20±15	25±12	96±36	40±19	30±11
	优势体重组/g	45～90，180～270	5～22	7～37	50～130	17～53	18～42
	比例/%	38.3，29.3	71.2	85.6	77.0	74.4	77.9

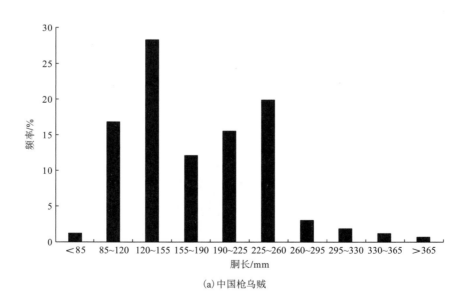

(a) 中国枪乌贼

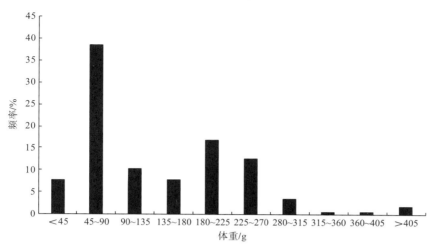

(b) 中国枪乌贼

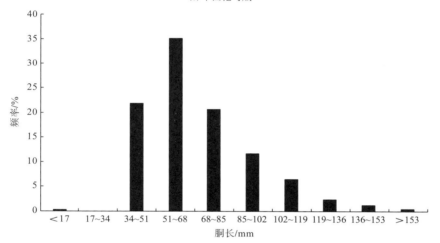

(c) 杜氏枪乌贼

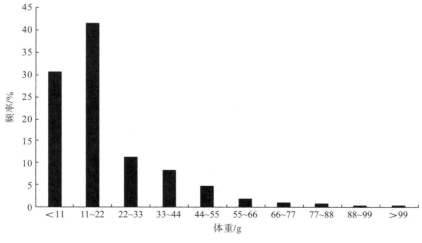

(d) 杜氏枪乌贼

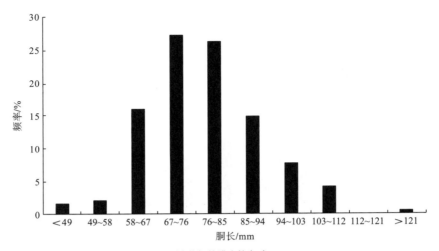

(e) 苏门答腊小枪乌贼

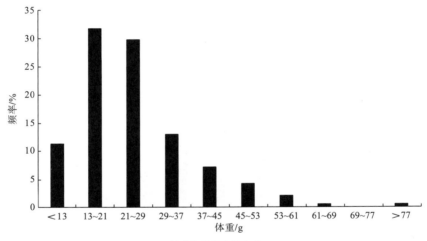

(f) 苏门答腊小枪乌贼

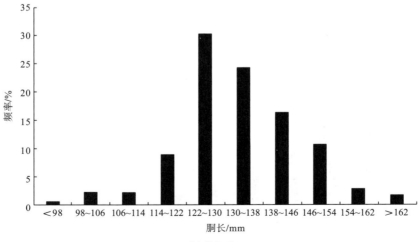

(g) 鸢乌贼

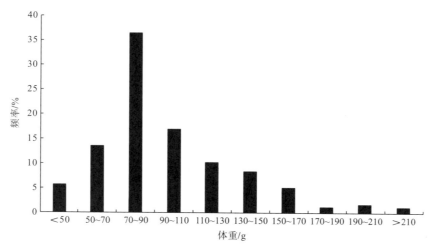

(h) 鸢乌贼

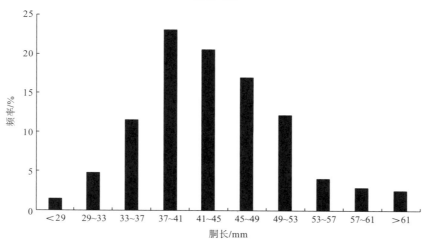

(i) 短蛸

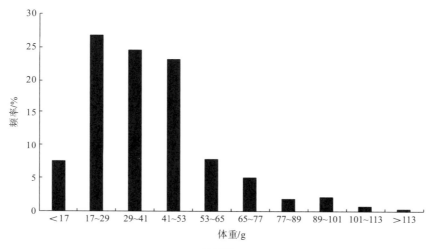

(j) 短蛸

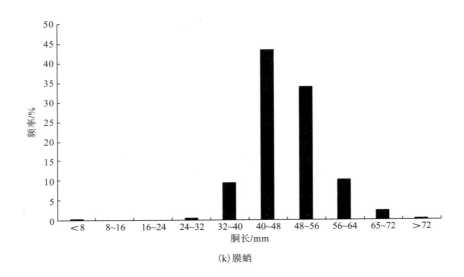

(k)膜蛸

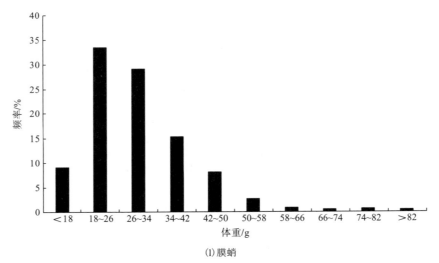

(l)膜蛸

图 3-1　不同种类胴长与体重组成分布图

　　从胴长与体重的统计结果来看，中国枪乌贼及鸢乌贼个体明显大于其他种类个体，优势胴长组、优势体重组也更大。

　　方差分析表明，中国枪乌贼与鸢乌贼、杜氏枪乌贼、苏门答腊小枪乌贼、短蛸、膜蛸样本的胴长及体重之间存在显著差异（$P<0.05$）。李渊和孙典荣（2011）根据 2006～2007 年北部湾底拖网调查资料，分析了中国枪乌贼的生物学特征。对比发现，个体胴长及体重均小于本研究，这可能是采样海域不同引起的。研究表明，闽南-台湾浅滩渔场中国枪乌贼产卵时间在 4～9 月，秋季群体个体大小范围较大，混杂着索饵群体和秋季产卵群体，优势胴长组出现两个"波峰"（张壮丽等，2008；陈奋捷，2016）。鸢乌贼广泛分布于太平洋及印度洋的热带亚热带海域，我国南海的鸢乌贼资源量丰富，资源开发潜力较

大，目前已有很多学者针对鸢乌贼的生物学特性进行了研究(Roper et al.，1984；杨权等，2013；Chen et al.，2007)。颜云榕等(2012)在南沙北部海域的调查表明，自动鱿钓捕获的鸢乌贼个体的胴长要大于灯光罩网。本研究采集的鸢乌贼样本来自南沙群岛 776 渔区的底拖网生产活动，胴长为 95～170mm。捕捞方式不同引起渔获个体胴长不同。台湾海峡及邻近海域短蛸的胴长为 24～50mm，体重为 15～76g(黄美珍，2004)，同本研究的结果近似。在对 2011～2012 年山东近岸短蛸的研究中，Wang 等(2015)发现，短蛸样本的最小体重为 9 月的 30.4g，最大体重为 3 月的 120g，优势体重组为 90～120g；最小胴长为 38mm，最大胴长为 63mm，出现月份与体重相同，优势胴长组为 38～63mm。比较发现，山东沿岸的短蛸个体较大。有研究表明，7～11 月为短蛸的生长期，2～4 月为其成熟期，捕捞月份不同是造成胴长及体重分布不同的主要原因之一(董根，2014)。掌握研究群体的渔业生物学特性是合理开发和可持续利用南海海域头足类资源的基础。在今后的研究中，应加大样本的采集力度，结合多个月份、多个地点、多个种类的捕捞数据进行深入比较，完善我国南海海域的头足类研究。

3.1.2　胴长与体重关系

胴长与体重的拟合结果表明(表 3-3)，中国枪乌贼胴长与体重的生长最适合用幂函数来表示[图 3-2(a)]，其关系式为：$BW=3.8\times10^{-3}ML^{2.00}$($R^2=0.90$，$N=167$，$P<0.001$)。杜氏枪乌贼胴长与体重的生长最适合用指数函数来表示[图 3-2(b)]，其关系式为：$BW=2.81e^{0.03ML}$($R^2=0.74$，$N=502$，$P<0.001$)；苏门答腊小枪乌贼胴长与体重的生长最适合用幂函数来表示[图 3-2(c)]，其关系式为：$BW=0.5\times10^{-3}ML^{2.48}$($R^2=0.89$，$N=195$，$P<0.001$)；鸢乌贼胴长与体重的生长最适合用幂函数来表示[图 3-2(d)]，其关系式为：$BW=1.0\times10^{-6}ML^{3.67}$[$R^2=0.93$，$N=178$，$P<0.001$]；短蛸胴长与体重的生长最适合用幂函数来表示[图 3-2(e)]，其关系式为：$BW=5.4\times10^{-3}ML^{2.34}$($R^2=0.67$，$N=277$，$P<0.001$)；膜蛸胴长与体重的生长最适合用指数函数来表示[图 3-2(f)]，其关系式为：$BW=4.49e^{0.04ML}$($R^2=0.65$，$N=484$，$P<0.001$)。

表 3-3　不同种类胴长与体重生长模型的生长参数及 AIC 值比较

种类	生长模型	a	b	R^2	P	AIC
中国枪乌贼	线性函数	1.45	−119.08	0.81	<0.001	1726.66
	指数函数	16.06	0.01	0.84	<0.001	50.94
	对数函数	253.46	−1160.70	0.77	<0.001	1760.41
	幂函数	0.0038	2.00	0.90	<0.001	−22.51
杜氏枪乌贼	线性函数	0.61	−22.05	0.83	<0.001	3289.29
	指数函数	2.81	0.03	0.74	<0.001	357.56
	对数函数	39.64	−145.99	0.68	<0.001	3604.67
	幂函数	0.01	1.74	0.68	<0.001	457.21

续表

种类	生长模型	a	b	R^2	P	AIC
苏门答腊小枪乌贼	线性函数	0.83	−39.94	0.85	<0.001	1158.05
	指数函数	1.84	0.03	0.89	<0.001	−182.59
	对数函数	61.85	−243.65	0.78	<0.001	1224.71
	幂函数	5.00×10^{-4}	2.48	0.89	<0.001	−183.04
鸢乌贼	线性函数	2.68	−261.62	0.87	<0.001	1414.67
	指数函数	2.21	0.03	0.93	<0.001	−325.13
	对数函数	346.36	−1597.80	0.84	<0.001	1459.33
	幂函数	1.0×10^{-6}	3.67	0.93	<0.001	−327.16
短蛸	线性函数	2.16	−54.51	0.65	<0.001	2143.62
	指数函数	3.59	0.05	0.66	<0.001	79.54
	对数函数	93.09	−310.44	0.62	<0.001	2168.41
	幂函数	5.4×10^{-3}	2.34	0.67	<0.001	72.84
膜蛸	线性函数	1.25	−30.29	0.64	<0.001	3235.02
	指数函数	4.49	0.04	0.65	<0.001	−164.54
	对数函数	32.12	−93.68	0.63	<0.001	3529.31
	幂函数	0.60	1.00	0.65	<0.001	129.71

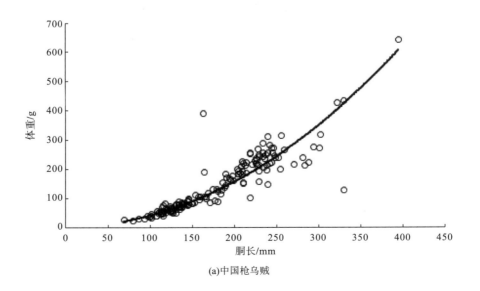

(a)中国枪乌贼

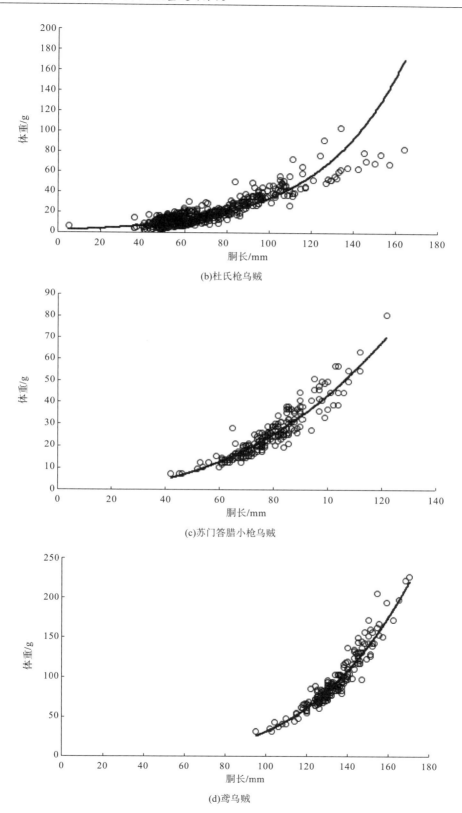

(b)杜氏枪乌贼

(c)苏门答腊小枪乌贼

(d)鸢乌贼

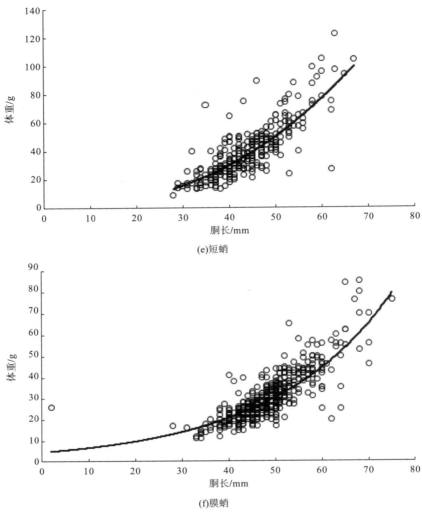

(e)短蛸

(f)膜蛸

图 3-2 不同种类胴长与体重的关系

研究结果表明，中国枪乌贼、苏门答腊小枪乌贼、鸢乌贼和短蛸胴长与体重的关系适合用幂函数拟合，杜氏枪乌贼和膜蛸胴长与体重满足指数函数关系。

张壮丽等（2008）、李玉媛等（2011）也认为中国枪乌贼胴长与体重的关系适合用幂函数表示。中国枪乌贼雌、雄个体的生长速度前期相差不大，在胴长达到 250mm 后，雌性个体则略快于雄性个体（李渊和孙典荣，2011）。由本研究中鸢乌贼胴长与体重的关系可以看出，个体的生长指数为 3.67，明显大于 3。头足类的生长主要受两个因素影响，其一为基因组成，其二是个体生长所处的外部环境（陈新军和叶旭昌，2005）。叶旭昌和陈新军（2004）、Parry（2006）、Siriraksophon 等（1999）、颜云榕等（2012）分别对印度洋、夏威夷沿岸、菲律宾东岸、南沙群岛北部海域鸢乌贼的个体生长进行了研究，其生长参数 b 分别为 2.21～2.60、2.54、3.21～3.26、3.43～3.60。总体上讲，鸢乌贼属于生长较快的种类，不同海域群体的生长存在较大的差异，相近海域的群体生长差异较小。短蛸胴长与体重的关系最适合用幂函数表示，膜蛸则适合用指数函数拟合，二者虽同属蛸科、蛸属，但不同种类的生长存在一定的差异。同科的其他蛸类的研究表明，地中海西北海域（González et al.，2011）和北大西洋海域（Lourenço et al.，2012）的真蛸体长与体重关系最适合用幂函数表示。宋坚等（2012）对 2011 年采捕于大连湾的长蛸进行体长与体重的关系研究发现，长蛸体长和体重的关系以指数函数拟合最优。然而利用幂函数建立的蛸科胴长与体重关系，其相关性都较低，这可能与蛸类个体形状呈卵圆形有关。

3.1.3　性成熟度组成

统计分析发现，各个种类渔获样本的性成熟度组成有所不同（$P<0.05$）。中国枪乌贼样本性成熟度以Ⅰ期个体为主，占样本总数的 35.93%；其次为Ⅱ、Ⅳ期，分别占比 29.94%、25.75%。杜氏枪乌贼性成熟度以Ⅱ期个体为主，占比 35.66%；其次为Ⅰ、Ⅳ期个体，分别占比 29.28%、27.69%。苏门答腊小枪乌贼性成熟度以Ⅱ期为主，所占比例为 58.97%；其次为Ⅳ期，25.64%。鸢乌贼性成熟度以Ⅰ期为主，占样本总数的 68.54%。短蛸性成熟度以Ⅰ期为主，占样本总数的 46.93%；Ⅳ期占样本总数的 25.99%。膜蛸性成熟度以Ⅳ期为主，占样本总数的 48.55%；Ⅱ期占样本总数的 34.71%。总体来看，除膜蛸以外，其余种类都是以Ⅰ期、Ⅱ期个体为主；各个种类的渔获样本均未发现Ⅴ期个体（表 3-4）。

表 3-4　不同种类样本性成熟度组成

种类	性成熟度占比/%			
	Ⅰ期	Ⅱ期	Ⅲ期	Ⅳ期
中国枪乌贼	35.93	29.94	8.38	25.75
杜氏枪乌贼	29.28	35.66	7.37	27.69
苏门答腊小枪乌贼	7.18	58.97	8.21	25.64
鸢乌贼	68.54	17.42	10.11	3.93
短蛸	46.93	16.97	10.11	25.99
膜蛸	4.96	34.71	11.78	48.55

李玉媛等（2011）通过研究认为，北部湾的中国枪乌贼性成熟度以Ⅰ期为主，全年均没有Ⅳ期个体出现，李渊和孙典荣（2011）也认为该海域的中国枪乌贼样本以未成熟个体为主。叶旭昌和陈新军（2004）、陆化杰等（2014）对西北印度洋、东太平洋赤道海域的鸢乌贼个体繁殖特性的研究结果表明，鸢乌贼的性成熟度以Ⅰ期、Ⅱ期为主。样本采集时间不同，样本群体组成不同都会造成性成熟度不同。粟丽等（2016）对 2012 年 9 月（秋季）及 2013 年 3 月（春季）采集的鸢乌贼样本繁殖生物学的研究表明，春季的样本性成熟度以Ⅰ期、Ⅱ期为主，秋季以Ⅱ期、Ⅲ期为主。

3.1.4 胃饱满度组成

统计分析表明，各个种类渔获样本的胃饱满度存在一定差异（$P<0.05$）。中国枪乌贼、杜氏枪乌贼样本的胃饱满度均以 0 级为主，分别占样本总数的 60%、49%；其次为 1级样本，占比 25%、24%。苏门答腊小枪乌贼、短蛸和膜蛸样本的胃饱满度以 0 级、1 级为主，所占比例分别为 66%、30%，58%、33%以及 63%、32%；均未发现胃饱满度为 4级的个体。鸢乌贼样本的胃饱满度与其他种类有所不同，以 1 级、2 级的样本为主，所占比例分别为46%、22%（图 3-3）。

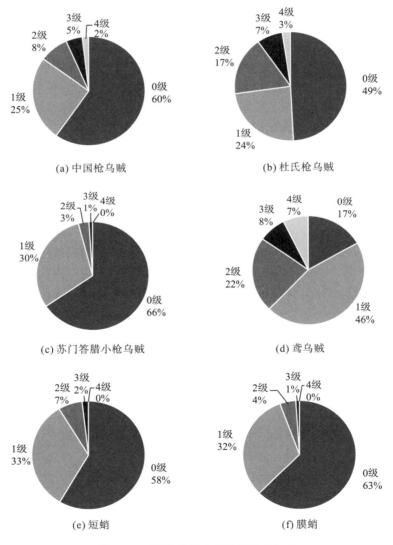

图 3-3   不同种类样本的胃饱满度组成

除鸢乌贼外，本章样本由底拖网采集得到，其胃饱满度以 0 级、1 级为主，基本处于空胃状态，说明在采样海域中可供摄食的饵料生物较缺乏。鸢乌贼样本由灯光罩网渔船采集于南海北部海域，其胃饱满度组成以 1 级、2 级为主，表明了南海北部海域饵料生物相对于近海陆架区而言更为丰富。研究表明，采样的方法不同，采样海域饵料生物的丰歉程度都会引起研究结果的差异(陆化杰等，2014；张宇美等，2013)。由于研究样本采样时间较短，采样点较少，针对南海北部海域底拖网作业的头足类摄食与繁殖生物学特性的研究较少，没有足够的研究资料可供参考。在今后的研究中需按月进行全年的采样，在传统的胃饱满度等级测量方法基础上结合食性分析等方法，更为系统、准确地了解该海域头足类不同种类的摄食情况，为资源评估和可持续利用提供理论基础。

3.2　南海经济头足类的角质颚外部形态分析

角质颚位于口器内，是头足类重要的硬组织之一，在头足类分类鉴定和种群判别中有着极其重要的作用。头足类的角质颚由上颚和下颚两部分组成，主要由喙部、肩部、头盖、脊突、侧壁和翼部等主要部分以及隆肋、翼齿、角点等附属部分构成(刘必林和陈新军，2009)。有研究表明，不同种类头足类的角质颚形态存在一定的差异，枪乌贼科角质颚的上颚头盖弧度较大，下颚的颚角较大，头盖和侧壁比较狭窄；柔鱼科的上颚头盖弧度较平，下颚的颚角较小，头盖和侧壁较宽；蛸科角质颚的上颚喙部和头盖较短，脊突部分尖锐狭窄，下颚喙部甚短，顶端钝，侧壁狭窄(陈新军等，2009)。这种不同的形态结构特点主要是由其摄食行为决定的，是为了适应不同的生活方式。

研究材料来源与本章 3.1 节相同。从所采集的 1830 尾头足类样本的头部口器中提取出角质颚，最后得到完整的角质颚样本 1310 对。其中，中国枪乌贼角质颚 114 对，杜氏枪乌贼角质颚 311 对，苏门答腊小枪乌贼角质颚 164 对，鸢乌贼角质颚 164 对，短蛸角质颚 232 对，膜蛸角质颚 325 对。将提取出的角质颚进行编号并存放在盛有 75%乙醇溶液的 20mL 离心管中，以便保存和清除包裹在角质颚表面的有机物质。角质颚测量方法与第 2 章 2.2 节相同。根据测定得到的角质颚形态参数，描述各结构生长维度的相关性，了解角质颚的长度特征。对不同种类的角质颚形态参数进行统计分析，得到长度范围、均值及标准差。所有统计分析采用 Microsoft Excel 和 R 软件进行。

3.2.1　角质颚形态特征描述

中国枪乌贼角质颚上、下颚如图 3-4 所示。其外部形态特征如下。①上颚：喙部顶端尖长且锋锐，整个喙部的色素沉着深；喙部与翼部夹角较小；翼部较短，整体向下垂直延伸，边缘较为平滑，上部有较浅的色素沉着；侧壁后方向内凹陷，凹陷程度较浅，侧壁整体无明显的色素沉着，呈透明状；头盖向上挺起，与脊突之间有着较大的空隙；头盖部分甚长，前端色素沉着明显，中后端呈透明状态。②下颚与上颚结构相似，部分结构存在明显差异，喙部顶端较短且尖滑，整个喙部色素沉着等级较高；喙部与翼夹角几近于 90°；翼部甚长，整体向前方延伸，边缘平滑，无明显色素沉着；侧壁呈平行四边形，无明显延伸，整体呈透明状，无明显色素沉着；头盖与脊突连接部分空隙较小；头盖部分较短，前端至中部色素沉着明显，后部呈透明状。

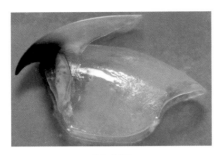
(a) 上颚

(b) 下颚

图 3-4　中国枪乌贼角质颚

杜氏枪乌贼角质颚上、下颚如图 3-5 所示。上、下颚结构类似，色素沉着情况类似，部分结构差异明显。其外部形态特征如下。①上颚：喙部尖端尖长锋锐，喙部尖端、下缘有明显的色素沉着，其余部分有较浅的色素沉着；翼部与喙部夹角较小；翼部较短，整体向下前方延伸，边缘较为平滑，无明显的色素沉着；侧壁整体呈透明状，无明显的色素沉着，上半部分向后方延伸，与下半部分之间有着较大的角度；头盖向上挺起，与脊突之间产生较大的空隙；头盖部分甚长，除顶端外，其余部分无明显的色素沉着。②下颚：喙部顶端短而平滑，下缘平滑，整个喙部色素沉着等级较高；翼部与喙部夹角略大于 90°；翼部甚长，整体向前方延伸，无明显的色素沉着；侧壁呈平行四边形，无明显延伸，整体呈透明状，无明显的色素沉着；头盖与脊突连接较紧，空隙较小；头盖部分较短，从顶端开始色素沉着逐渐变浅，直至呈透明状。

(a) 上颚

(b) 下颚

图 3-5　杜氏枪乌贼角质颚

苏门答腊小枪乌贼角质颚上、下颚如图 3-6 所示。上、下颚整体结构类似，色素沉着情况相似，部分结构有明显差异。其外部形态特征如下。①上颚：喙部顶端尖长锋锐，喙部向下弯曲，整体色素沉着等级较高；翼部与喙部之间夹角较小，连接部分向内凹陷，凹陷程度较深；翼部较短，整体向下垂直延伸，前缘平滑且有较浅的色素沉着；

侧壁整体呈透明状，未发现明显的色素沉着，上部向后方延伸，下部无明显延伸，产生较大的角度；头盖向上挺起，与脊突之间空隙较大；头盖部分甚长，喙部顶端至头盖 1/4 处之间色素沉着逐渐减弱，直至透明。②下颚：喙部尖端甚短且钝，下缘与前端角度明显，整个喙部色素沉着等级高；翼部与喙部呈 90°；翼部甚长，整体向前方延伸，除与喙部连接部分外，无明显色素沉着；侧壁呈平行四边形，无明显延伸，整体无明显色素沉着；头盖与脊突连接较为紧密，空隙较小；头盖部分较短，从喙部顶端至头盖 1/2 处色素沉着较深，然后突然减弱，直至无明显色素沉着。

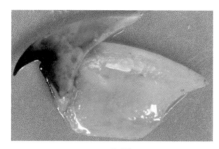 

(a) 上颚　　　　　　　　　　　　　　　　(b) 下颚

图 3-6　苏门答腊小枪乌贼角质颚

　　鸢乌贼角质颚上、下颚如图 3-7 所示。上、下颚整体结构相似，色素沉着情况相似，部分结构存在明显差异。其外部形态特征如下。①上颚：喙部顶端尖长且锋锐，略微向下弯曲，喙部整体甚长，色素沉着等级高；喙部与翼部连接部分向内凹陷，凹陷程度较高；翼部较短，前缘平滑，整体色素沉着等级高；侧壁后方向内有较小程度的弯曲，整体只有接近脊突和翼的部分有较浅的色素沉着，其余部分呈透明状；头盖与脊突之间空隙部分较大；头盖部分甚长，整体色素沉着等级高。②下颚：喙部顶端短而尖锐，整体色素沉着等级高；喙部与翼部夹角明显大于 90°，连接部分较为平滑；翼部甚长，整体向前方延伸，前缘至中部色素沉着等级高，后缘低；侧壁呈平行四边形，整体向后延伸一小段距离，色素沉着等级较高，边缘部分呈透明状；脊突与头盖连接较为紧密，空隙甚小；头盖部分较短，整体色素沉着等级高。

 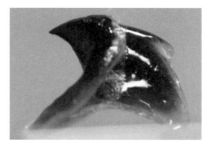

(a) 上颚　　　　　　　　　　　　　　　　(b) 下颚

图 3-7　鸢乌贼角质颚

　　短蛸角质颚上、下颚如图 3-8 所示。上、下颚整体结构类似，色素沉着情况类似，部分结构存在明显差异。其外部形态特征如下。①上颚：喙部顶端短滑，略微向下弯曲，喙部整体较短，色素沉着等级高；喙部与翼部之间角度较大，翼部甚短，前缘较为平滑，整体色素沉着等级高；侧壁后方向内弯曲，弯曲程度较小，整体色素沉着较深，从脊突开始，向下至侧壁边缘，色素沉着逐渐减弱；头盖与脊突之间空隙较小；头盖部分较短，整体色素沉着等级高。②下颚：喙部前端短而尖滑，整体色素沉着等级高；喙部与翼部的连接部分向内弯曲，弯曲程度较浅；翼部甚长，整体向前方延伸一段后，改向侧前方垂直延伸，翼部前缘色素沉着明显，后缘无明显色素沉着；侧壁近似呈平行四边形，整体向后方延伸，色素沉着较深；脊突与头盖之间连接紧密，空隙甚小；头盖部分甚短，整体色素沉着等级高。

　　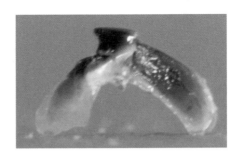

(a) 上颚　　　　　　　　　　　　　　　　　　(b) 下颚

图 3-8　短蛸角质颚

　　膜蛸角质颚上、下颚如图 3-9 所示。上、下颚整体结构相似，色素沉着情况相似，部分结构存在显著差异。其外部形态特征如下。①上颚：喙部前端短滑，整体甚短，色素沉着等级高；翼部与喙部呈垂直状态；翼部甚短，整体向下垂直延伸，色素沉着等级高；侧壁后方向内弯曲，弯曲程度小，整体色素沉着较深；脊突与头盖连接部分较紧密，空隙较小；头盖部分较短，整体色素沉着等级高。②下颚：喙部前端甚短且平滑，整体色素沉着等级高；喙部与翼部之间有明显的角度，夹角大于 90°；翼部甚长，整体向前方延伸，翼部自上至下，色素沉着等级逐渐变小，边缘呈透明状；侧壁近似呈平行四边形，整体向后方延伸，色素沉着等级较高，边缘无明显色素沉着；脊突与头盖连接紧密，空隙甚小；头盖部分甚短，整体色素沉着等级较高，边缘呈透明状。

(a) 上颚　　　　　　　　　　　　　　　　　　(b) 下颚

图 3-9　膜蛸角质颚

总结发现，枪乌贼科(中国枪乌贼、杜氏枪乌贼、苏门答腊小枪乌贼)和柔鱼科(鸢乌贼)角质颚上颚的喙部均是狭长且尖锐锋利，头盖部分甚长，下颚的侧壁均呈平行四边形，近乎菱形，无向后方延伸情况出现；而蛸科(短蛸、膜蛸)角质颚上颚的喙部甚短且钝，头盖部分甚短，下颚的侧壁呈平行四边形，明显地向后方延伸，从而使侧壁看起来"狭长"。有研究表明，不同的生长环境和不同的摄食情况是造成角质颚形态不同的原因之一。枪乌贼科和柔鱼科成体主要生活在水深 20～500m 的水层中，狭长且锋锐的喙部可以使它们更快地捕获各种鱼、虾，甚至同类。同时由于猎物个体较大，甚长的头盖部分能更充分地咀嚼和消化猎物。蛸科主要生活在底层水域中，短钝的喙部、较小的头盖及宽大的侧壁可以产生更大的力量来咬碎贝类和甲壳类等种类(陈新军等，2009)。黄美珍(2004)对杜氏枪乌贼和短蛸的食性分析研究表明，杜氏枪乌贼主要摄食鱼类、虾类等易消化的动物，短蛸则以甲壳动物为主。

总结发现，不同种类角质颚不同部位均有不同程度的色素分布，从角质颚几近黑色的喙端到呈透明状的侧壁，色素分布逐渐变浅。角质颚某些部位的色素沉着会随着个体的生长逐渐加深，尽管沉着过程只占据鱿鱼整个生活史非常短的时间，但色素沉着现象仍可作为头足类种类鉴定的辅助依据之一(Wolff，1984；Hernández-García，2002)。角质颚色素沉着的部位是由排列紧密的有机物组成，同时有着多层的几丁质，使该部位较为坚硬，因此色素沉着越深表明该部位越坚硬(Kear，1994)。不同种类的角质颚喙端部位的色素沉着程度要高于其余部位，侧壁的色素沉着最浅。对比发现，蛸科角质颚上、下颚各部位的色素沉着均要高于柔鱼科和枪乌贼科，柔鱼科高于枪乌贼科，因此色素沉着现象可以作为目级(枪形目、八腕目)，乃至科级的分类依据之一。

3.2.2 角质颚形态参数分析

对获取的 114 对中国枪乌贼角质颚进行形态参数测量，测量结果如表 3-5、表 3-6 所示。结果表明，中国枪乌贼上颚脊突长>侧壁长>头盖长>翼长>喙长，下颚侧壁长>脊突长>翼长>头盖长>喙长；上下角质颚的结构基本相似，喙长、侧壁长的测量值差异不大，并且都是喙长最小；上颚头盖长、脊突长明显大于下颚，其中上脊突长最大，均值达到 15.13mm；上颚的翼长小于下颚。

对获取的 311 对杜氏枪乌贼角质颚进行形态参数测量，结果如表 3-5、表 3-6 所示。结果表明，与中国枪乌贼类似，都是上颚脊突长>侧壁长>头盖长>翼长>喙长，下颚侧壁长>脊突长>翼长>头盖长>喙长；角质颚上下颚的结构基本相似，喙长、侧壁长的测量值差异不大，都是喙长最小；上颚头盖长、脊突长明显大于下颚，其中上脊突最长，均值达到 7.51mm；上颚的翼长要小于下颚。

对获取的 164 对苏门答腊小枪乌贼角质颚进行形态参数测量，结果如表 3-5、表 3-6 所示。结果表明，上颚脊突长>侧壁长>头盖长>翼长>喙长，下颚侧壁长>脊突长>翼长>头盖长>喙长；角质颚上下颚的结构组成相似，喙长、侧壁长测量值差异不大，喙长最小；上颚头盖长、脊突长明显大于下颚，其中上脊突最长，均值达到 8.60mm；上颚的翼长要小于下颚。

表 3-5　　不同种类上颚各形态参数值

		上喙长 URL	上头盖长 UHL	上脊突长 UCL	上侧壁长 ULWL	上翼长 UWL
中国枪乌贼	范围/mm	1.75～4.15	4.04～15.41	8.8～21.16	6.19～16.79	2.29～6.98
	均值±标准差	2.96±0.53	10.89±2.56	15.13±3.17	11.76±2.74	4.91±1.07
杜氏枪乌贼	范围/mm	0.93～2.69	2.90～7.90	4.25～10.74	2.87～8.57	1.14～3.43
	均值±标准差	1.75±0.36	5.33±1.02	7.51±1.35	5.74±1.11	2.22±0.45
苏门答腊小枪乌贼	范围/mm	1.04～2.26	4.64～7.81	6.66～10.55	4.41～8.05	1.47～4.58
	均值±标准差	1.69±0.28	6.11±0.74	8.60±0.90	6.35±0.77	2.65±0.71
鸢乌贼	范围/mm	2.15～5.36	6.93～13.97	4.91～17.01	2.48～12.45	2.21～5.86
	均值±标准差	3.57±0.59	9.96±1.45	12.30±1.71	9.07±1.40	3.49±0.55
短蛸	范围/mm	0.86～1.84	1.86～3.05	4.77～8.05	3.87～6.55	1.14～2.60
	均值±标准差	1.33±0.22	2.45±0.26	6.42±0.72	5.22±0.57	1.87±0.33
膜蛸	范围/mm	0.61～1.76	1.62～2.79	4.58～6.85	3.65～5.60	0.96～2.68
	均值±标准差	1.19±0.26	2.17±0.26	5.69±0.47	4.60±0.40	1.60±0.32

表 3-6　　不同种类下颚各形态参数值

		下喙长 LRL	下头盖长 LHL	下脊突长 LCL	下侧壁长 LLWL	下翼长 LWL
中国枪乌贼	范围/mm	1.85～4.14	2.08～6.11	5.08～12.13	5.72～13.46	4.24～10.56
	均值±标准差	3.07±0.53	3.93±0.88	8.49±1.83	9.73±1.92	7.24±1.61
杜氏枪乌贼	范围/mm	0.65～2.37	1.20～3.01	2.18～6.35	2.75～7.79	1.79～5.13
	均值±标准差	1.49±0.35	2.09±0.38	4.09±0.84	5.00±1.07	3.41±0.70
苏门答腊小枪乌贼	范围/mm	0.72～2.00	1.79～3.09	2.74～6.19	4.12～7.63	2.67～5.32
	均值±标准差	1.35±0.31	2.40±0.28	4.57±0.75	5.78±0.74	3.95±0.55
鸢乌贼	范围/mm	1.91～5.79	2.31～8.57	4.08～10.21	4.61～12.68	2.18～8.33
	均值±标准差	3.25±0.49	3.85±0.67	6.33±0.99	9.25±1.26	5.57±0.82
短蛸	范围/mm	0.67～1.64	1.21～2.40	3.02～5.20	3.65～6.39	2.18～4.87
	均值±标准差	1.14±0.21	1.79±0.27	4.10±0.48	4.97±0.62	3.50±0.56
膜蛸	范围/mm	0.38～1.72	1.13～2.23	2.62～4.39	3.25～5.48	1.95～3.78
	均值±标准差	1.10±0.30	1.63±0.22	3.51±0.38	4.36±0.52	2.86±0.39

对获取的 164 对鸢乌贼角质颚进行形态参数测量，测量结果如表 3-5、表 3-6 所示。结果表明，鸢乌贼上颚结果有所不同，上颚脊突长>头盖长>侧壁长>翼长>喙长，下颚侧壁长>脊突长>翼长>头盖长>喙长；上下角质颚的结构基本相似，喙长、侧壁长的测量值差异不大，喙长最小；上颚头盖长、脊突长明显大于下颚，其中上脊突长最大，均值达到 12.30mm；上颚的翼长小于下颚。

对获取的 232 对短蛸角质颚进行形态参数测量,测量结果如表 3-5、表 3-6 所示。结果表明,短蛸上颚脊突长>侧壁长>头盖长>翼长>喙长,下颚侧壁长>脊突长>翼长>头盖长>喙长;上下角质颚的结构基本相似,喙长、侧壁长的测量值差异不大,均是喙长最小;上颚头盖长、脊突长明显大于下颚,其中上脊突长最大,均值达到 6.42mm;上颚的翼长小于下颚。

对获取的 325 对膜蛸角质颚进行形态参数测量,测量结果如表 3-5、表 3-6 所示。结果表明,膜蛸上颚脊突长>侧壁长>头盖长>翼长>喙长,下颚侧壁长>脊突长>翼长>头盖长>喙长;上下角质颚的结构基本相似,喙长、侧壁长的测量值差异不大,并且都是喙长最小;上颚头盖长、脊突长明显大于下颚,其中上脊突长最大,均值达到 5.69mm;上颚的翼长小于下颚。

角质颚具有形态稳定的特点,因此人们可以对它的一些相对固定的长度进行测量。这种传统的线性测量方法较为快捷简单,通过一定的分析就能得出结果,在头足类种类鉴别和角质颚生长特性等研究中得到了广泛的应用(Chen et al.,2012)。尽管传统形态测量方法反映了角质颚某些特定部位的大小,但是仍然存在一定的不准确性,无法对具有弧度的部位进行相应的描述和解释,同时在实际操作过程中容易受人为因素的影响,从而给测量带来较大的误差。几何形态测量法很好地解决了这一问题,该方法主要注重形态的整体变化,而不是具体的几个长度值,因此被广泛地应用在鱼类的种类和种群判别,近年来也被应用到头足类中(方舟等,2012)。在今后的研究中应结合几何形态测量法(外部轮廓法、地标点法)对角质颚的形状进行更好的描述,以避免传统形态测量法带来的误差,更好地对头足类不同种类进行比较区分。

3.2.3　角质颚形态参数比值分析

中国枪乌贼角质颚上颚喙长的平均值分别为头盖长、脊突长、侧壁长、翼长的 26%、20%、25%、62%;脊突长约为喙长的 5 倍;头盖长为侧壁长的 93%,近乎相等。下颚喙长分别为头盖长、脊突长、侧壁长、翼长的 80%、36%、32%、44%;脊突长与侧壁长相近,约是喙长的 3 倍;翼长为脊突长的 84%,长度相近(表 3-7 和表 3-8)。

杜氏枪乌贼角质颚上颚喙长的平均值分别为头盖长、脊突长、侧壁长、翼长的 31%、23%、30%、81%;脊突长约为喙长的 5 倍;头盖长占侧壁长的 93%,近乎相等。下颚喙长分别为头盖长、脊突长、侧壁长、翼长的 72%、38%、29%、41%;脊突长与侧壁长相近,侧壁长于脊突;侧壁长大于喙长的 3 倍(表 3-7 和表 3-8)。

苏门答腊小枪乌贼角质颚上颚喙长的平均值分别为头盖长、脊突长、侧壁长、翼长的 26%、20%、27%、68%;头盖长为侧壁长的 97%,几乎等长;脊突是喙长的 5 倍。下颚喙长分别为头盖长、脊突长、侧壁长、翼长的 57%、30%、21%、32%;侧壁长约为喙长的 5 倍(表 3-7 和表 3-8)。

表 3-7　　不同种类上颚各形态参数的比值情况

形态参数比例指标	均值±标准差					
	中国枪乌贼	杜氏枪乌贼	苏门答腊小枪乌贼	鸢乌贼	短蛸	膜蛸
RL/HL	0.26±0.03	0.31±0.03	0.26±0.02	0.35±0.03	0.54±0.10	0.56±0.13
RL/CL	0.20±0.02	0.23±0.03	0.20±0.02	0.28±0.03	0.21±0.03	0.20±0.03
RL/LWL	0.25±0.03	0.30±0.05	0.27±0.03	0.39±0.05	0.25±0.03	0.26±0.05
RL/WL	0.62±0.11	0.81±0.19	0.68±0.20	1.03±0.17	0.73±0.17	0.77±0.19
WL/HL	0.46±0.11	0.42±0.08	0.44±0.15	0.35±0.03	0.77±0.15	0.74±0.16
WL/CL	0.32±0.03	0.30±0.06	0.27±0.03	0.28±0.02	0.29±0.03	0.27±0.03
WL/LWL	0.41±0.03	0.39±0.07	0.42±0.13	0.38±0.03	0.36±0.04	0.33±0.04
HL/CL	0.73±0.03	0.71±0.04	0.71±0.04	0.81±0.13	0.38±0.03	0.38±0.04
HL/LWL	0.93±0.10	0.93±0.09	0.97±0.11	1.11±0.20	0.47±0.05	0.47±0.05
LWL/CL	0.77±0.03	0.76±0.05	0.75±0.05	0.74±0.13	0.81±0.06	0.81±0.06

表 3-8　　不同种类下颚各形态参数的比值情况

形态参数比例指标	均值±标准差					
	中国枪乌贼	杜氏枪乌贼	苏门答腊小枪乌贼	鸢乌贼	短蛸	膜蛸
RL/HL	0.80±0.14	0.72±0.16	0.57±0.13	0.86±0.12	0.65±0.15	0.69±0.20
RL/CL	0.36±0.03	0.38±0.06	0.30±0.03	0.51±0.04	0.27±0.04	0.31±0.06
RL/LWL	0.32±0.03	0.29±0.04	0.21±0.03	0.38±0.03	0.22±0.03	0.26±0.06
RL/WL	0.44±0.05	0.41±0.05	0.32±0.05	0.59±0.11	0.31±0.05	0.56±0.08
HL/CL	0.46±0.05	0.52±0.07	0.53±0.07	0.61±0.01	0.44±0.07	0.47±0.07
HL/LWL	0.41±0.06	0.43±0.07	0.42±0.05	0.42±0.09	0.36±0.06	0.37±0.06
HL/WL	0.55±0.06	0.63±0.13	0.59±0.05	0.68±0.07	0.52±0.11	0.58±0.10
WL/CL	0.84±0.05	0.52±0.07	0.85±0.08	0.86±0.07	0.83±0.09	0.81±0.10
WL/LWL	0.41±0.06	0.70±0.06	0.69±0.05	0.59±0.03	0.67±0.07	0.64±0.09
CL/LWL	0.88±0.10	0.83±0.09	0.80±0.13	0.69±0.11	0.83±0.10	0.81±0.11

　　鸢乌贼角质颚上颚的翼长平均值分别为头盖长、脊突长、侧壁长的 35%、28%、39%，喙长约等于翼长，占翼长的 103%；脊突长约为喙长的 4 倍；头盖长大于侧壁长，为侧壁长的 1.11 倍。下颚喙长分别为头盖长、脊突长、侧壁长、翼长的 86%、51%、38%、59%；侧壁长约为喙长的 2.5 倍(表 3-7 和表 3-8)。

　　短蛸角质颚上颚的喙长平均值分别为头盖长、脊突长、侧壁长、翼长的 54%、21%、25%、73%；脊突长约为喙长的 5 倍，侧壁长约为头盖长的 2 倍；下颚喙长分别为头盖长、脊突长、侧壁长、翼长的 65%、27%、22%、31%；侧壁长最长，约为喙长的 5 倍(表 3-7 和表 3-8)。

　　膜蛸角质颚上颚的喙长平均值分别为头盖长、脊突长、侧壁长、翼长的 56%、20%、26%、77%；脊突长约为喙长的 5 倍，侧壁长约为头盖长的 2 倍；下颚喙长分别为头盖长、脊突长、侧壁长、翼长的 69%、31%、26%、56%；侧壁长约为喙长的 4 倍(表 3-7 和表 3-8)。

头足类的角质颚由上、下颚两部分组成，为不对称结构，镶嵌模式为下颚包裹住上颚，与鸟嘴的嵌合模式相反，主要包括喙部、头盖、脊突、肩部、翼部、侧壁、颚角及隆肋等部位。本节研究结果表明，头足类上颚的头盖长和侧壁长明显大于下颚，上颚翼长明显小于下颚，使得下颚更好地镶嵌住上颚，这与徐杰等(2016)的研究结果类似。各个种类的角质颚都是上脊突长最长，均值分别为 15.13mm、7.51mm、8.60mm、12.30mm、6.42mm、5.69mm。据形态参数判断，上颚总体上长于下颚；上、下颚形态参数比值均有一定的波动，下颚波动较大，这可能与角质颚上、下颚的生长差异有关(杨林林等，2012a)。一般认为，头足类角质颚上颚的发生与软体动物(腹足纲和单板纲)相似，而下颚的功能还存在争议(Ponder et al.，2008)。Boletzky(2007)对枪乌贼幼体角质颚进行切片分析认为，下颚主要由特化细胞分泌形成，其形成要晚于上颚。不同种类角质颚的外部形态特征差异较为明显，使用角质颚能很好地区分出目级(枪形目、八腕目)，乃至科级(枪乌贼科、柔鱼科、蛸科)的种类，可作为头足类分类的依据之一。

3.3 南海常见头足类角质颚生长特性研究

在头足类个体的生长过程中，角质颚为了适应个体的生长发育和摄食习性的改变也在不断增大。角质颚作为头足类的摄食器官，其生长与很多甲壳类动物的器官一样，也符合异速生长的特点。因为角质颚具有形态稳定的特点，其长度在一定程度上可以反映头足类个体的生长状况。早在 1962 年，Clarke(1962)已对头足类角质颚下颚脊突长与体重建立生长方程。早年在研究角质颚分类时，Pierce 等(1994)对东北大西洋头足类角质颚的各项参数值与个体的胴长及体重建立生长方程，得到了线性增长的关系。

研究材料来源与本章 3.1 节相同。基础生物学测量与本章 3.1 节相同。角质颚的采集与本章 3.2 节相同。角质颚测量方法与第 2 章 2.2 节相同。对不同种类头足类角质颚的上颚、下颚的形态参数进行主成分分析，获得可以用来表征各个种类角质颚形态特征的参数。为去除规格差异对角质颚形态参数值的影响，将其形态参数除以胴长进行标准化处理，以消除变量间在数量级和量纲上的不同；求得标准化数据的相关矩阵；求相关矩阵的特征值和特征向量；计算方差贡献率和累计方差贡献率；设 L_1，L_2，$\cdots$，L_p 为 p 个主成分，其中前 m 个主成分的累计方差贡献率高于 80%时，基本上保留了原来绝大部分因子的信息，即选取 L_1，L_2，$\cdots$，L_m 作为主要因子(唐启义，2007)。

将能表征不同种类角质颚形态特征的参数与胴长、体重的关系进行拟合，建立生长关系，拟合相应的曲线，找出角质颚生长变化的规律。

$$线性方程：\quad y=a+bx \qquad\qquad (3-6)$$

$$指数方程：\quad y=ae^{bx} \qquad\qquad (3-7)$$

$$对数方程：\quad y=a\ln x+b \qquad\qquad (3-8)$$

$$幂函数方程：\quad y=ax^b \qquad\qquad (3-9)$$

式中，y 为样本的胴长（或体重），单位为 mm（或 g）；x 为样本的角质颚形态参数，单位为 mm。

3.3.1　主成分分析

分别对中国枪乌贼角质颚上颚、下颚 5 个标准化形态参数进行主成分分析。分析结果表明，第一主成分的方差贡献率为 88.93%，第二、第三、第四、第五主成分的方差贡献率分别为 3.17%、2.45%、1.34%、1.16%。第一主成分对于中国枪乌贼标准化角质颚形态参数的解释贡献率达到 88.93%，超过 80%，所以可以作为中国枪乌贼角质颚形态参数的代表。其中 UHL/ML、UCL/ML 和 LLWL/ML 的负载绝对值较高，因此认为 UHL、UCL 和 LLWL 可以作为表征中国枪乌贼角质颚形态参数的特征指标（表 3-9）。

表 3-9　中国枪乌贼形态参数比例指标的主成分分析结果

	主成分 1	主成分 2	主成分 3	主成分 4	主成分 5
UHL/ML	0.4097*	−0.6201	−0.5968	0.0540	−0.1823
UCL/ML	0.5289*	0.1370	0.4929	0.1108	−0.5580
URL/ML	0.1372	0.0638	0.0149	0.1540	−0.1170
ULWL/ML	0.3434	−0.2843	0.3794	−0.0964	0.3052
UWL/ML	0.1937	−0.2268	0.1125	0.4979	0.1925
LHL/ML	0.1500	−0.0717	0.0481	−0.0210	0.3502
LCL/ML	0.3037	0.1930	0.0540	0.1152	0.6030
LRL/ML	0.1269	0.1441	−0.0352	0.1552	−0.1488
LLWL/ML	0.4301*	0.6248	−0.4821	−0.0305	0.0526
LWL/ML	0.2496	−0.0821	0.0718	−0.8156	0.0174
特征值	0.0321	0.0061	0.0053	0.0039	0.0037
方差贡献率/%	88.93	3.17	2.45	1.34	1.16
累计贡献率/%	88.93	92.10	94.55	95.89	97.05

注：*为各主成分中负载绝对值较高的指标

分别对杜氏枪乌贼角质颚上颚、下颚 5 个标准化形态参数进行主成分分析。分析结果表明，第一主成分的方差贡献率为 81.91%，第二、第三、第四、第五主成分的方差贡献率分别为 5.28%、2.99%、2.49%、2.05%。第一主成分对于杜氏枪乌贼标准化角质颚形态参数的解释贡献率达到 81.91%，超过 80%，所以可以作为杜氏枪乌贼角质颚形态参数的代表。其中 UCL/ML、ULWL/ML 和 LLWL/ML 的负载绝对值较高，因此认为 UCL、ULWL 和 LLWL 可以作为表征杜氏枪乌贼角质颚形态参数的特征指标（表 3-10）。

表 3-10　杜氏枪乌贼形态参数比例指标的主成分分析结果

	主成分 1	主成分 2	主成分 3	主成分 4	主成分 5
UHL/ML	−0.3922	0.0902	−0.3830	−0.0580	0.2486
UCL/ML	−0.5592*	0.0208	−0.4858	−0.3841	−0.0190
URL/ML	−0.1401	0.0165	0.1766	−0.1492	0.2593
ULWL/ML	−0.3956*	−0.6292	−0.0111	0.6433	−0.0397
UWL/ML	−0.1326	−0.2398	0.2087	−0.0961	0.2915
LHL/ML	−0.1484	0.0532	0.2601	−0.1191	0.2847
LCL/ML	−0.3176	0.3215	0.4370	0.1195	0.3343
LRL/ML	−0.0793	−0.1196	0.2771	−0.1076	0.2674
LLWL/ML	−0.4186*	0.4976	0.2445	0.2567	−0.5400
LWL/ML	−0.1879	−0.4118	0.3837	−0.5458	−0.4777
特征值	0.0427	0.0108	0.0081	0.0074	0.0067
方差贡献率/%	81.91	5.28	2.99	2.49	2.05
累计贡献率/%	81.91	87.19	90.18	92.66	94.71

注：*为各主成分中负载绝对值较高的指标

分别对苏门答腊小枪乌贼角质颚上颚、下颚 5 个标准化形态参数进行主成分分析。分析结果表明，第一主成分的方差贡献率为 43.26%，第二、第三、第四、第五主成分的方差贡献率分别为 22.06%、8.81%、8.18%、6.04%。前四个主成分对于苏门答腊小枪乌贼标准化角质颚形态参数的累计方差贡献率达到 82.31%，超过 80%，所以可以作为苏门答腊小枪乌贼角质颚形态参数的代表。其中 UCL/ML、UWL/ML、ULWL/ML 和 LCL/ML 的负载绝对值较高，因此认为 UCL、UWL、ULWL 和 LCL 可以作为表征苏门答腊小枪乌贼角质颚形态参数的特征指标（表 3-11）。

表 3-11　苏门答腊小枪乌贼形态参数比例指标的主成分分析结果

	主成分 1	主成分 2	主成分 3	主成分 4	主成分 5
UHL/ML	0.2877	−0.1834	0.0351	0.2520	−0.4091
UCL/ML	0.5132*	0.0070	0.1155	0.1849	−0.5135
URL/ML	0.0984	−0.1102	0.0139	−0.0480	−0.0004
ULWL/ML	0.4913	0.0383	−0.7236*	0.0157	0.4201
UWL/ML	0.2283	0.8735*	0.2128	−0.3075	−0.0136
LHL/ML	0.1507	−0.0738	0.0858	−0.0376	−0.0626
LCL/ML	0.3105	−0.3960	0.1658	−0.8010*	0.0189
LRL/ML	0.0841	−0.1279	0.1517	−0.1153	0.0964
LLWL/ML	0.3805	−0.0830	0.5650	0.3796	0.5887

续表

	主成分 1	主成分 2	主成分 3	主成分 4	主成分 5
LWL/ML	0.2823	0.0644	-0.1982	0.0690	-0.1793
特征值	0.0162	0.0116	0.0073	0.0070	0.0060
方差贡献率/%	43.26	22.06	8.81	8.18	6.04
累计贡献率/%	43.26	65.32	74.13	82.31	88.34

注：*为各主成分中负载绝对值较高的指标

　　分别对鸢乌贼角质颚上颚、下颚 5 个标准化形态参数进行主成分分析。分析结果表明，第一主成分的方差贡献率为 37.12%，第二、第三、第四、第五主成分的方差贡献率分别为 15.11%、12.50%、10.60%、6.47%。前五个主成分对于鸢乌贼标准化角质颚形态参数的累计方差贡献率达到 81.80%，超过 80%，所以它们可以作为鸢乌贼角质颚形态参数的代表。其中 UCL/ML、ULWL/ML、LCL/ML 和 LLWL/ML 的负载绝对值较高，因此认为 UCL、ULWL、LCL 和 LLWL 可以作为表征鸢乌贼角质颚形态参数的特征指标（表 3-12）。

表 3-12　鸢乌贼形态参数比例指标的主成分分析结果

	主成分 1	主成分 2	主成分 3	主成分 4	主成分 5
UHL/ML	-0.4536	-0.0518	0.1634	-0.0889	0.4809
UCL/ML	-0.6139*	0.1091	-0.7524*	-0.1030	-0.1127
URL/ML	-0.0850	-0.1248	0.0957	-0.0934	0.3718
ULWL/ML	-0.4995	0.1876	0.4047	0.6778*	-0.1579
UWL/ML	-0.0816	-0.0093	0.0496	0.1238	0.1683
LHL/ML	-0.0906	-0.5816	0.0087	0.0029	0.0287
LCL/ML	-0.1621	-0.7078*	0.0632	0.0051	-0.0787
LRL/ML	-0.0694	-0.1068	0.0247	-0.0664	0.2365
LLWL/ML	-0.3059	0.0234	0.4105	-0.5675	-0.5863*
LWL/ML	-0.1451	0.2887	0.2420	-0.4141	0.3974
特征值	0.0102	0.0065	0.0059	0.0054	0.0042
方差贡献率/%	37.12	15.11	12.50	10.60	6.47
累计贡献率/%	37.12	52.23	64.73	75.33	81.80

注：*为各主成分中负载绝对值较高的指标

　　分别对短蛸角质颚上颚、下颚 5 个标准化形态参数进行主成分分析。分析结果表明，第一主成分的方差贡献率为 70.97%，第二、第三、第四、第五主成分的方差贡献率分别为 7.65%、5.47%、3.99%、3.15%。前三个主成分对于短蛸标准化角质颚形态参数的解释贡献率达到 84.09%，超过 80%，所以可以作为短蛸角质颚形态参数的代表。其中 UCL/ML、LLWL/ML 和 LWL/ML 的负载绝对值较高，因此认为 UCL、LLWL 和 LWL 可以作为表征短蛸角质颚形态参数的特征指标（表 3-13）。

表 3-13　短蛸形态参数比例指标的主成分分析结果

	主成分 1	主成分 2	主成分 3	主成分 4	主成分 5
UHL/ML	-0.2063	0.1273	-0.1602	0.0545	-0.1712
UCL/ML	-0.4966*	-0.1884	0.2878	-0.6580	-0.4396
URL/ML	-0.1178	0.0503	-0.1402	0.0048	0.0443
ULWL/ML	-0.4366	-0.2359	-0.0822	0.6777	-0.4557
UWL/ML	-0.1682	-0.1550	-0.2910	0.0426	0.0803
LHL/ML	-0.1593	0.2334	-0.1666	0.0445	-0.0531
LCL/ML	-0.4048	0.4636	-0.5207	-0.1982	0.1941
LRL/ML	-0.1126	0.0014	-0.2449	-0.0593	0.1349
LLWL/ML	-0.4522	0.3355	0.6381*	0.2351	0.4435
LWL/ML	-0.2677	-0.6958*	-0.1203	-0.0545	0.5532
特征值	0.0364	0.0120	0.0101	0.0086	0.0077
方差贡献率/%	70.97	7.65	5.47	3.99	3.15
累计贡献率/%	70.97	78.62	84.08	88.07	91.32

注：*为各主成分中负载绝对值较高的指标

分别对膜蛸角质颚上颚、下颚 5 个标准化形态参数进行主成分分析。分析结果表明，第一主成分的方差贡献率为 99.66%，第二、第三、第四、第五主成分的方差贡献率都不足 1%。第一主成分对于膜蛸标准化角质颚形态参数的解释贡献率高达 99.66%，超过 80%，所以可以作为膜蛸角质颚形态参数的代表。其中 UCL/ML、ULWL/ML 和 LLWL/ML 的负载绝对值较高，因此认为 UCL、ULWL 和 LLWL 可以作为表征膜蛸角质颚形态参数的特征指标（表 3-14）。

表 3-14　膜蛸形态参数比例指标的主成分分析结果

	主成分 1	主成分 2	主成分 3	主成分 4	主成分 5
UHL/ML	0.1999	-0.0626	0.1665	-0.1302	0.1106
UCL/ML	0.5852*	0.0824	0.3871	0.2592	0.4263
URL/ML	0.0985	-0.2912	-0.1201	-0.0517	-0.1230
ULWL/ML	0.4608*	-0.1802	0.0881	0.2565	-0.1600
UWL/ML	0.1363	-0.2575	0.2509	-0.8308	0.0883
LHL/ML	0.1401	-0.0184	0.0553	-0.2572	0.1068
LCL/ML	0.3197	-0.0271	-0.7343	-0.0573	0.4639
LRL/ML	0.0792	-0.3443	-0.4041	-0.0597	-0.1385
LLWL/ML	0.4349*	0.6395	-0.1721	-0.2424	-0.5440
LWL/ML	0.2441	-0.5265	0.0455	0.1596	-0.4646
特征值	0.3236	0.0102	0.0071	0.0069	0.0063
方差贡献率/%	99.66	0.10	0.05	0.05	0.04
累计贡献率/%	99.66	99.76	99.81	99.85	99.89

注：*为各主成分中负载绝对值较高的指标

3.3.2 不同种类角质颚生长特性

　　根据主成分分析结果可知，UHL、UCL 和 LLWL 可以作为表征中国枪乌贼角质颚形态参数的特征指标。将它们分别与胴长、体重建立线性模型和指数模型，分析中国枪乌贼胴长、体重随角质颚形态参数的变化趋势（图 3-10）。

　　各形态参数与胴长、体重的关系式如下：

$ML = 18.051UHL - 24.847\,(R^2 = 0.8240，N = 114，P < 0.01)$

$ML = 14.588UCL - 48.252\,(R^2 = 0.8735，N = 114，P < 0.01)$

$ML = 19.574LLWL - 20.710\,(R^2 = 0.7186，N = 114，P < 0.01)$

$BW = 7.6353e^{0.2435\,UHL}\,(R^2 = 0.8240，N = 114，P < 0.01)$

$BW = 5.7583e^{0.1966\,UCL}\,(R^2 = 0.8598，N = 114，P < 0.01)$

$BW = 8.894e^{0.2518\,LLWL}\,(R^2 = 0.7579，N = 114，P < 0.01)$

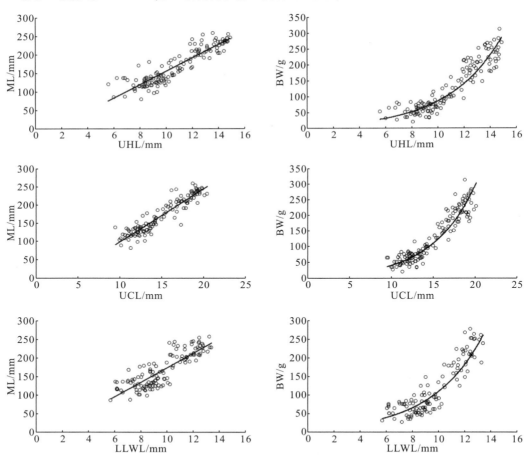

图 3-10　中国枪乌贼角质颚主要形态参数与胴长、体重的关系

　　根据主成分分析结果可知，UCL、ULWL 和 LLWL 可以作为表征杜氏枪乌贼角质颚形态参数的特征指标。将它们分别与胴长、体重建立线性模型和指数模型，分析杜氏枪

乌贼胴长、体重随角质颚形态参数的变化趋势(图 3-11)。

各形态参数与胴长、体重的关系式如下:

ML＝8.123UCL＋5.121(R^2=0.5439, N=311, P<0.01)

ML＝8.618ULWL＋14.723(R^2=0.6017, N=311, P<0.01)

ML＝8.091LLWL＋23.890(R^2=0.5268, N=311, P<0.01)

BW＝0.9516e$^{0.3596\,UCL}$(R^2=0.7586, N=311, P<0.01)

BW＝1.4133e$^{0.3971\,ULWL}$(R^2=0.6166, N=311, P<0.01)

BW＝1.7344e$^{0.4180\,LLWL}$(R^2=0.6448, N=311, P<0.01)

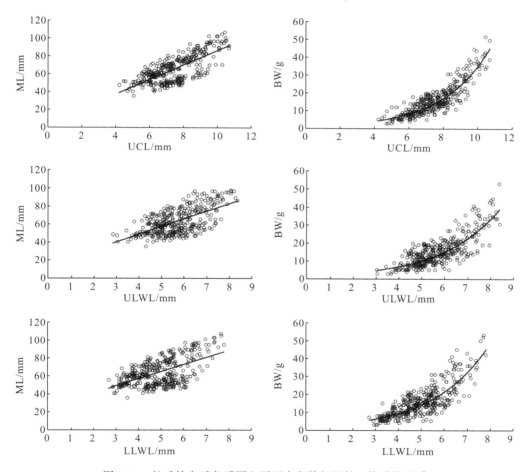

图 3-11　杜氏枪乌贼角质颚主要形态参数与胴长、体重的关系

根据主成分分析结果可知, UCL、UWL、ULWL 和 LCL 可以作为表征苏门答腊小枪乌贼角质颚形态参数的特征指标。将它们分别与胴长、体重建立线性模型和指数模型, 分析苏门答腊小枪乌贼胴长、体重随角质颚形态参数的变化趋势(图 3-12)。

各形态参数与胴长、体重的关系式如下:

ML＝9.395UCL–3.3523(R^2=0.7631, N=164, P<0.01)

ML＝11.600UWL＋7.0435(R^2=0.7322, N=164, P<0.01)

$$ML=8.885ULWL+20.522\,(R^2=0.5556,\ N=164,\ P<0.01)$$
$$ML=10.350LCL+31.331\,(R^2=0.5595,\ N=164,\ P<0.01)$$
$$BW=1.2198e^{0.3383\,UCL}\,(R^2=0.8047,\ N=164,\ P<0.01)$$
$$BW=2.6620e^{0.3686\,UWL}\,(R^2=0.6625,\ N=164,\ P<0.01)$$
$$BW=2.6509e^{0.3275\,ULWL}\,(R^2=0.6280,\ N=164,\ P<0.01)$$
$$BW=4.2284e^{0.3628\,LCL}\,(R^2=0.5752,\ N=164,\ P<0.01)$$

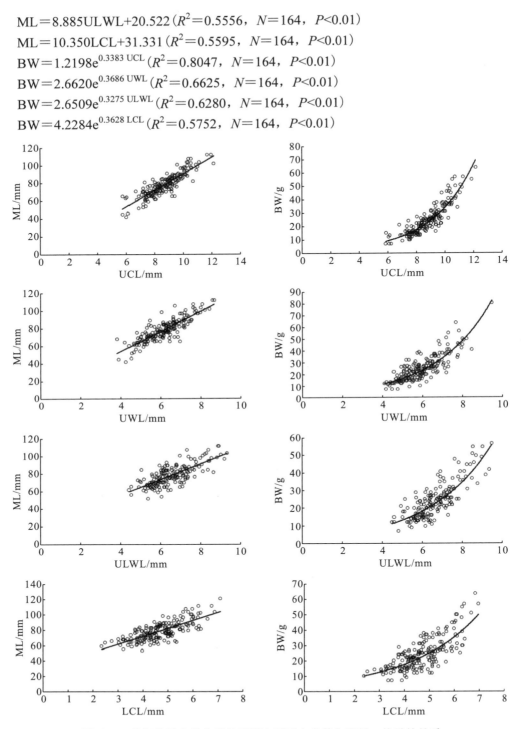

图 3-12　苏门答腊小枪乌贼角质颚主要形态参数与胴长、体重的关系

　　根据主成分分析结果可知，UCL、ULWL、LCL 和 LLWL 可以作为表征鸢乌贼角质颚形态参数的特征指标。将它们分别与胴长、体重建立线性模型和指数模型，分析鸢乌

贼胴长、体重随角质颚形态参数的变化趋势(图 3-13)。

各形态参数与胴长、体重的关系式具体如下：

$ML = 6.622UCL + 52.082$ ($R^2 = 0.7367$，$N = 164$，$P < 0.01$)

$ML = 8.095ULWL + 60.510$ ($R^2 = 0.7055$，$N = 164$，$P < 0.01$)

$ML = 10.561LCL + 67.391$ ($R^2 = 0.6705$，$N = 164$，$P < 0.01$)

$ML = 8.789LLWL + 52.201$ ($R^2 = 0.7384$，$N = 164$，$P < 0.01$)

$BW = 8.1687e^{0.1951\,UCL}$ ($R^2 = 0.8107$，$N = 164$，$P < 0.01$)

$BW = 10.799e^{0.2344\,ULWL}$ ($R^2 = 0.7393$，$N = 164$，$P < 0.01$)

$BW = 12.722e^{0.3083\,LCL}$ ($R^2 = 0.6852$，$N = 164$，$P < 0.01$)

$BW = 8.7368e^{0.2526\,LLWL}$ ($R^2 = 0.7728$，$N = 164$，$P < 0.01$)

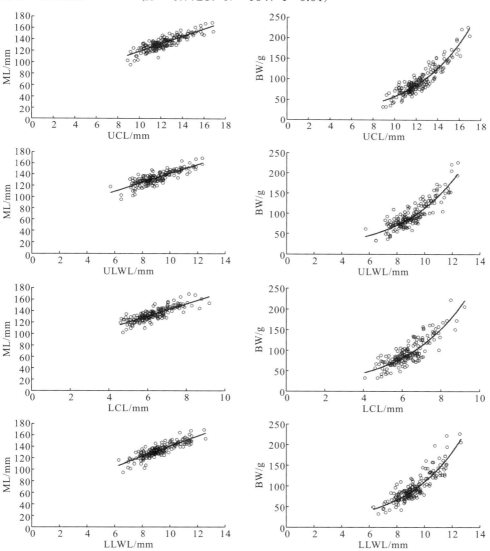

图 3-13　鸢乌贼角质颚主要形态参数与胴长、体重的关系

根据主成分分析结果可知，UCL、LLWL 和 LWL 可以作为表征短蛸角质颚形态参数的特征指标。将它们分别与胴长、体重建立线性模型和指数模型，分析短蛸胴长、体重随角质颚形态参数的变化趋势（图 3-14）。

各形态参数与胴长、体重的关系式如下：

$ML=7.442UCL^{0.9321}$（$R^2=0.5471$，$N=232$，$P<0.05$）

$ML=19.660LLWL^{0.4771}$（$R^2=0.5165$，$N=232$，$P<0.05$）

$ML=24.300LWL^{0.4449}$（$R^2=0.5096$，$N=232$，$P<0.05$）

$BW=0.2740UCL^{2.5474}$（$R^2=0.5947$，$N=232$，$P<0.05$）

$BW=3.1953LLWL^{1.4129}$（$R^2=0.5389$，$N=232$，$P<0.05$）

$BW=6.3322LWL^{1.2994}$（$R^2=0.5480$，$N=232$，$P<0.05$）

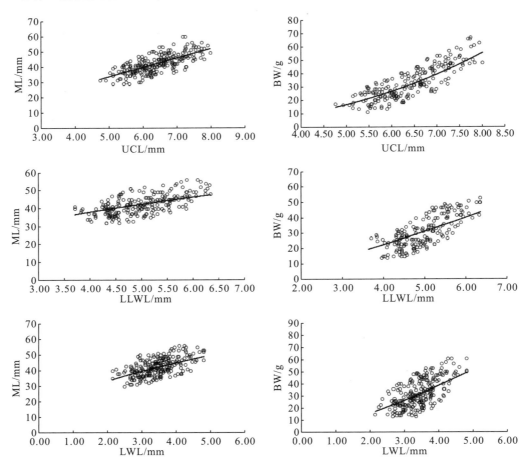

图 3-14　短蛸角质颚主要形态参数与胴长、体重的关系

根据主成分分析结果可知，UCL、ULWL 和 LLWL 可以作为表征膜蛸角质颚形态参数的特征指标。将它们分别与胴长、体重建立线性模型和指数模型，分析膜蛸胴长、体重随角质颚形态参数的变化趋势（图 3-15）。

各形态参数与胴长、体重的关系式如下：

ML＝15.317UCL$^{0.6547}$（R^2＝0.5264，N＝325，P<0.05）

ML＝17.966ULWL$^{0.6405}$（R^2＝0.5349，N＝325，P<0.05）

ML＝32.305LLWL$^{0.2658}$（R^2＝0.5088，N＝325，P<0.05）

BW＝1.1535UCL$^{1.8331}$（R^2＝0.5992，N＝325，P<0.05）

BW＝1.6169ULWL$^{1.8679}$（R^2＝0.6365，N＝325，P<0.05）

BW＝8.8970LLWL$^{0.7760}$（R^2＝0.5129，N＝325，P<0.05）

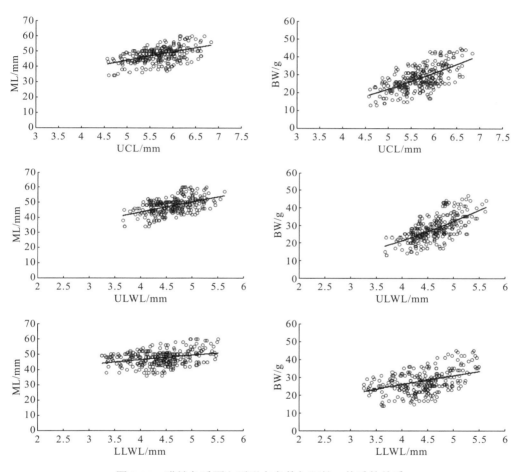

图 3-15　膜蛸角质颚主要形态参数与胴长、体重的关系

主成分分析结果表明，中国枪乌贼角质颚的上头盖长、上脊突长和下侧壁长，杜氏枪乌贼角质颚的上脊突长、上侧壁长和下侧壁长，苏门答腊小枪乌贼角质颚的上脊突长、上翼长、上侧壁长和下脊突长，鸢乌贼角质颚的上脊突长、上侧壁长、下脊突长和下侧壁长，短蛸角质颚的上脊突长、下侧壁长和下翼长，膜蛸角质颚的上脊突长、上侧壁长和下侧壁长，能分别作为各种类角质颚的特征形态参数。这些特征形态参数可以很好地描述各种类角质颚的外部形态和生长特性。结合生长方程发现，各种类上颚的生长

主要是头盖、脊突和侧壁，而下颚的生长主要是喙部和侧壁，这与头足类在生长过程中食性的变化有关。脊突和侧壁的快速生长给角质颚的摄食提供稳定的支撑点，确保摄食时上颚和下颚能够咬合，而下颚喙部的快速生长为头足类提供了更大的咬合力，可以更好地撕碎猎物，有效地提高了捕食效率（方舟等，2014a；金岳等，2015）。

对角质颚的形态参数分析发现，胴长、体重随着角质颚各项参数的变化基本一致。枪乌贼科（中国枪乌贼、杜氏枪乌贼、苏门答腊小枪乌贼）种类角质颚的各项参数与胴长呈极显著的线性关系（$P<0.01$），与体重呈极显著的指数函数关系（$P<0.01$）。柔鱼科（鸢乌贼）种类角质颚的各项参数与胴长呈极显著的线性关系（$P<0.01$），与体重呈极显著的指数关系（$P<0.01$）。Kashiwada 等（1979）对加利福尼亚水域乳光枪乌贼角质颚的生长进行了研究。徐杰等（2016）对东海枪乌贼科（剑尖枪乌贼、杜氏枪乌贼、尤氏枪乌贼等）的七个种类角质颚的形态参数与个体生长（胴长、体重）建立生长方程，发现枪乌贼科角质颚的形态参数与胴长、体重分别呈极显著的线性关系、指数函数关系（$P<0.001$）；柔鱼科（鸢乌贼）种类角质颚的各项参数与胴长呈极显著的线性关系（$P<0.01$），与体重呈极显著的指数关系（$P<0.01$）。刘必林和陈新军（2010）认为印度洋西北海域鸢乌贼角质颚长度与胴长呈极显著的线性关系，与体重呈极显著的指数关系。关于柔鱼科角质颚形态参数与个体生长关系的研究甚多。日本海域太平洋褶柔鱼角质颚喙长与胴长、体重呈显著的线性关系（Wolff，1984）。Jackson 和 Mckinnon（1996）研究了新西兰海域双柔鱼角质颚的形态，发现喙长与胴长、体重的关系均符合线性关系。

不同于枪形目的种类，八腕目的头足类体型差异明显，角质颚与个体生长的关系也存在明显差异。蛸科（短蛸、膜蛸）种类角质颚的各项参数与胴长、体重呈显著的幂函数关系（$P<0.05$）。Perales-Raya 等（2010）研究了真蛸的角质颚外部形态，认为其上头盖长与个体生长呈幂指数函数关系。结合研究结果比较发现，八腕目（蛸科）胴长与体重的生长方程及角质颚形态参数与个体的生长方程，相关性都明显低于枪形目的种类。这是由于八腕目种类的胴体呈卵圆形、球形，形状容易发生改变，在测量过程中，胴长会出现较大的误差，对生长方程的拟合造成不利影响。有研究表明，针对八腕目种类，体长与体重的相关系数明显大于胴长与体重的相关系数（宋坚等，2012；焦海峰等，2008）。

由于种类较多，本章未对南海海域不同性别头足类角质颚的形态参数是否存在差异进行研究。有研究表明，头足类雌雄个体的角质颚在外部形态特征上存在着明显的性别差异（Bolstada，2006；Jackson，1995a；胡贯宇等，2016）。此外，同一种类不同地理群体间个体的角质颚也存在着明显差异（方舟等，2014a；范江涛等，2015a）。角质颚的外部形态特征只能用于属以上不同种类的分类，在种间乃至不同地理群体水平上作用有限。在今后的研究中，应加强对同属不同种、同种不同地理群体的头足类角质颚的研究，为我国近岸海域头足类分类系统化进程提供更多依据。

资源评估一直是渔业资源领域研究的重点，角质颚形态结构稳定、耐腐蚀等特点使其资源评估应用前景广阔。通过存留在大洋底层角质颚的鉴定及角质颚密度的估算，可以很好地了解头足类的资源分布，并估算其资源量（Clarke，1980）。Jackson（1995b）利用角质颚成功估算出了新西兰海域强壮桑椹乌贼的资源量。刘必林和陈新军（2009）认为利用角质颚进行头足类资源量的估算一般分为两个步骤：先根据角质颚的外部形态对种类进行分类鉴定；然后根据角质颚形态参数与体重的生长方程确定消耗的头足类数量，从而推算一段时间内的总消耗量。

3.4　基于角质颚的南海经济头足类分类体系构建

角质颚作为头足类重要的硬组织之一，具有耐腐蚀、稳定的形态结构和良好的信息储存等特点，可用来区分头足类种间、种内，乃至不同地理群体及繁殖群体，相较传统的软体部形态更为有效（Allcock and Piertney，2002；Iverson and Pinkas，1971；陈芃等，2015）。研究材料来源与本章 3.1 节相同。基础生物学测量与本章 3.1 节相同。角质颚的采集与本章 3.2 节相同。角质颚测量方法与第 2 章 2.2 节相同。

分别对 6 个种类头足类角质颚的形态参数比例指标根据胴长进行分组，然后进行组间单因素方差分析（ANOVA）。根据单因素方差分析的结果，分析角质颚形态参数比例指标与胴长、体重的生长变化规律，筛选出不受个体生长影响的稳定性指标。将 6 个种类按不同目、不同科、不同属进行分类，根据单因素方差分析的结果，比较目间、科间、属间及种间共同的稳定性指标，尝试找出不同分类标准下的稳定性指标。统计分析采用 Microsoft Excel 和 R 软件完成。

3.4.1　不同种类角质颚的稳定性指标

将不同种类头足类角质颚的形态参数比例指标根据胴长、体重分组后进行组间单因素方差分析。分析结果表明，各形态参数比例指标与胴长、体重不存在显著差异（$P>0.05$），不受个体生长的影响，即为该种类的稳定性指标。

1. 中国枪乌贼角质颚的稳定性指标

统计分析表明，中国枪乌贼角质颚上颚的 URL/UHL、URL/UCL、URL/ULWL、UWL/UCL、UWL/ULWL、UHL/UCL 及 ULWL/UCL，下颚的 LRL/LCL、LRL/LLWL、LRL/LWL、LWL/LCL 及 LWL/LLWL 等形态参数比例指标随个体的生长发育呈较稳定的状态。

12 个形态参数比例指标呈稳定的状态，各值受胴长、体重变化的影响较小（图 3-16）。据此，上颚的 URL/UHL、URL/UCL、URL/ULWL、UWL/UCL、UWL/ULWL、UHL/UCL 及 ULWL/UCL，下颚的 LRL/LCL、LRL/LLWL、LRL/LWL、LWL/LCL 及 LWL/LLWL 等 12 个形态参数比例指标可作为中国枪乌贼角质颚形态的稳定性指标，它们的平均值分别为 0.26±0.03、0.2±0.02、0.25±0.03、0.32±0.03、0.41±0.03、0.73±0.03、0.77±0.03、0.36±0.03、0.32±0.03、0.44±0.05、0.84±0.05 及 0.41±0.06。

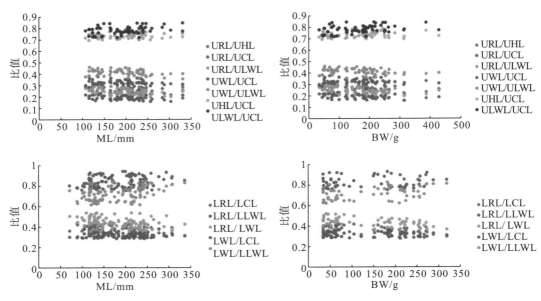

图 3-16 中国枪乌贼各形态参数比例指标与胴长、体重的关系

2. 杜氏枪乌贼角质颚的稳定性指标

统计分析表明，杜氏枪乌贼角质颚上颚的 URL/UHL、URL/UCL、URL/ULWL、UHL/UCL、UHL/ULWL 及 ULWL/UCL，下颚的 LRL/LCL、LRL/LLWL、LRL/LWL、LWL/LCL 及 LWL/LLWL 等形态参数比例指标随个体的生长发育呈较稳定的状态。

11 个形态参数比例指标呈稳定的状态，各值受胴长、体重变化的影响较小（图 3-17）。据此，上颚的 URL/UHL、URL/UCL、URL/ULWL、UHL/UCL、UHL/ULWL 及

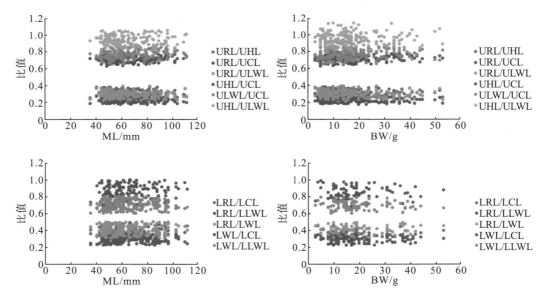

图 3-17 杜氏枪乌贼各形态参数比例指标与胴长、体重的关系

ULWL/UCL，下颚的 LRL/LCL、LRL/LLWL、LRL/LWL、LWL/LCL 及 LWL/LLWL 等 11 个形态参数比例指标可作为杜氏枪乌贼角质颚形态的稳定性指标，它们的平均值分别为 0.31±0.03、0.23±0.03、0.3±0.05、0.71±0.04、0.93±0.09、0.76±0.05、0.38±0.06、0.29±0.04、0.41±0.05、0.52±0.07 及 0.7±0.06。

3. 苏门答腊小枪乌贼角质颚的稳定性指标

统计分析表明，苏门答腊小枪乌贼角质颚上颚的 URL/UHL、URL/UCL、URL/ULWL、UWL/UCL、UHL/UCL 及 ULWL/UCL，下颚的 LRL/LCL、LRL/LLWL、LRL/LWL、LHL/LWL、LWL/LCL 及 LWL/LLWL 等形态参数比例指标随个体的生长发育呈较稳定的状态。

12 个形态参数比例指标呈稳定的状态，各值受胴长、体重变化的影响较小(图 3-18)。据此，上颚的 URL/UHL、URL/UCL、URL/ULWL、UWL/UCL、UHL/UCL 及 ULWL/UCL，下颚的 LRL/LCL、LRL/LLWL、LRL/LWL、LHL/LWL、LWL/LCL 及 LWL/LLWL 等 12 个形态参数比例指标可作为苏门答腊小枪乌贼角质颚形态的稳定性指标，它们的平均值分别为 0.26±0.02、0.2±0.02、0.27±0.03、0.27±0.03、0.71±0.04、0.75±0.05、0.3±0.03、0.21±0.03、0.32±0.05、0.59±0.05、0.85±0.08 及 0.69±0.05。

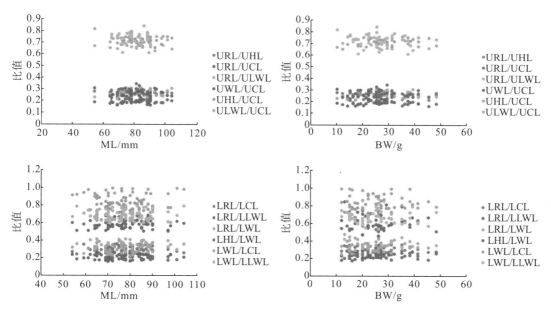

图 3-18　苏门答腊小枪乌贼各形态参数比例指标与胴长、体重的关系

4. 鸢乌贼角质颚的稳定性指标

统计分析表明，鸢乌贼角质颚上颚的 URL/UHL、URL/UCL、URL/ULWL、UWL/UHL、UWL/UCL 及 UWL/ULWL，下颚的 LRL/LCL、LRL/LLWL、LHL/LWL、LWL/LCL 及 LWL/LLWL 等形态参数比例指标随个体的生长发育呈较稳定的状态。

11 个形态参数比例指标呈稳定的状态，各值受胴长、体重变化的影响较小(图 3-19)。

据此，上颚的 URL/UHL、URL/UCL、URL/ULWL、UWL/UHL、UWL/UCL 及 UWL/ULWL，下颚的 LRL/LCL、LRL/LLWL、LHL/LWL、LWL/LCL 及 LWL/LLWL 等 11 个形态参数比例指标可作为鸢乌贼角质颚形态的稳定性指标，它们的平均值分别为 0.35±0.03、0.28±0.03、0.39±0.05、0.35±0.03、0.28±0.02、0.38±0.03、0.51±0.04、0.38±0.03、0.68±0.07、0.86±0.07 及 0.59±0.03。

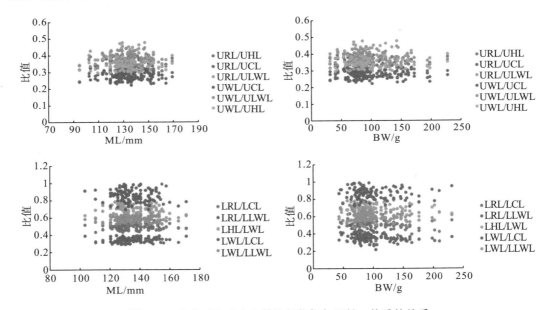

图 3-19　鸢乌贼各形态参数比例指标与胴长、体重的关系

5. 短蛸角质颚的稳定性指标

统计分析表明，短蛸角质颚上颚的 URL/UCL、URL/ULWL、UWL/UCL、UWL/ULWL、UHL/UCL、UHL/ULWL 及 ULWL/UCL，下颚的 LRL/LCL、LRL/LLWL、LRL/LWL、LWL/LCL 及 LWL/LLWL 等形态参数比例指标随个体的生长发育呈较稳定的状态。

12 个形态参数比例指标呈稳定的状态，各值受胴长、体重变化的影响较小(图 3-20)。据此，上颚的 URL/UCL、URL/ULWL、UWL/UCL、UWL/ULWL、UHL/UCL、UHL/ULWL 及 ULWL/UCL，下颚的 LRL/LCL、LRL/LLWL、LRL/LWL、LWL/LCL 及 LWL/LLWL 等 12 个形态参数比例指标可作为短蛸角质颚形态的稳定性指标，它们的平

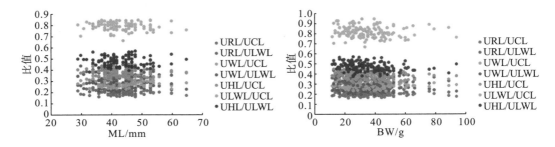

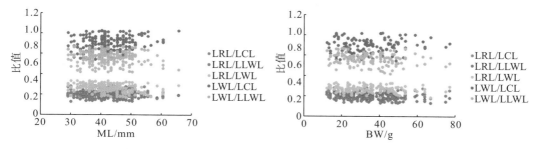

图 3-20　短蛸各形态参数比例指标与胴长、体重的关系

均值分别为等 12 个形态参数比例指标可作为短蛸角质颚形态的稳定性指标，它们的平均值分别为 0.21±0.03、0.25±0.03、0.29±0.03、0.36±0.04、0.38±0.03、0.47±0.05、0.81±0.06、0.27±0.04、0.22±0.03、0.31±0.05、0.83±0.09 及 0.67±0.07。

6. 膜蛸角质颚的稳定性指标

统计分析表明，膜蛸角质颚上颚的 URL/UCL、URL/ULWL、UWL/UCL、UWL/ULWL、UHL/UCL、UHL/ULWL 及 ULWL/UCL，下颚的 LRL/LCL、LRL/LLWL、LHL/LWL、LWL/LCL 及 LWL/LLWL 等形态参数比例指标随个体的生长发育呈较稳定的状态。

12 个形态参数比例指标呈稳定的状态，各值受胴长、体重变化的影响较小(图 3-21)。据此，上颚的 URL/UCL、URL/ULWL、UWL/UCL、UWL/ULWL、UHL/UCL、UHL/ULWL 及 ULWL/UCL，下颚的 LRL/LCL、LRL/LLWL、LHL/LWL、LWL/LCL 及 LWL/LLWL 等 12 个形态参数比例指标可作为膜蛸角质颚形态的稳定性指标，它们的平均值分别为 0.2±0.03、0.26±0.05、0.27±0.03、0.33±0.04、0.38±0.04、0.47±0.05、0.81±0.06、0.31±0.06、0.26±0.06、0.58±0.1、0.81±0.1 及 0.64±0.09。

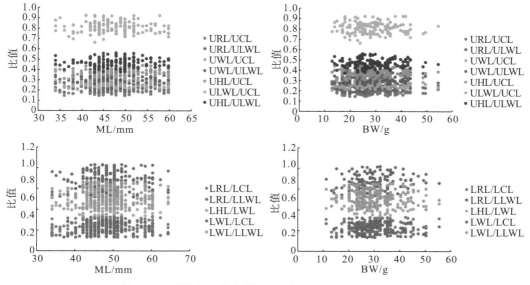

图 3-21　膜蛸各形态参数比例指标与胴长、体重的关系

3.4.2　分类指标的筛选

对不同种类头足类角质颚的稳定性指标进行组间单因素方差分析。单因素方差分析结果如表 3-15、表 3-16 所示。将 6 个种类按不同目、不同科、不同属等标准进行分类。不同分类标准下，如果它们共同的稳定性指标存在显著差异（$P<0.05$），即为该分类标准下不同类别的分类指标。

表 3-15　单因素方差分析结果（上颚）

物种	不同物种间形态参数比例指标的 P 值							
	URL/UHL	URL/UCL	URL/ULWL	UWL/UCL	UWL/ULWL	UHL/UCL	UHL/ULWL	ULWL/UCL
杜氏枪乌贼/中国枪乌贼	<0.01**	<0.01**	<0.01**	—	—	0.67		0.93
苏门答腊小枪乌贼/中国枪乌贼	<0.01**	<0.01**	<0.01**	0.33	1	0.85	—	<0.01**
鸢乌贼/中国枪乌贼	<0.01**	<0.01**	<0.01**	<0.01**	<0.01**			—
短蛸/中国枪乌贼	—	0.28	1	<0.01**	<0.01**	<0.01**		<0.01**
膜蛸/中国枪乌贼	—	0.118	1	<0.01**	<0.01**	<0.01**		<0.01**
苏门答腊小枪乌贼/杜氏枪乌贼	<0.01**	<0.01**	<0.01**			1		0.029*
鸢乌贼/杜氏枪乌贼	0.012*	<0.01**	<0.01**					—
短蛸/杜氏枪乌贼	—	<0.01**	<0.01**			<0.01**	<0.01**	<0.01**
膜蛸/杜氏枪乌贼	—	<0.01**	<0.01**			<0.01**	<0.01**	<0.01**
鸢乌贼/苏门答腊小枪乌贼	<0.01**	<0.01**	<0.01**	<0.01**		—		—
短蛸/苏门答腊小枪乌贼	—	0.135	0.515	0.053		<0.01**		<0.01**
膜蛸/苏门答腊小枪乌贼	—	0.051	0.827	<0.01**		<0.01**		<0.01**
短蛸/鸢乌贼	—	<0.01**	<0.01**	0.829	<0.01**			—
膜蛸/鸢乌贼	—	<0.01**	<0.01**	0.979	<0.01**			—
膜蛸/短蛸	—	0.998	0.987	0.245	0.572	1	1	0.936

注：**表示差异极显著，*表示差异显著

表 3-16　单因素方差分析结果（下颚）

物种	不同物种间形态参数比例指标的 P 值					
	LRL/LCL	LRL/LLWL	LRL/LWL	LHL/LWL	LWL/LCL	LWL/LLWL
杜氏枪乌贼/中国枪乌贼	0.237	<0.01**	<0.01**	—	0.972	0.721
苏门答腊小枪乌贼/中国枪乌贼	0.996	0.998	0.781	—	0.959	0.373
鸢乌贼/中国枪乌贼	<0.01**	0.11			0.185	<0.01**
短蛸/中国枪乌贼	<0.01**	<0.01**	<0.01**		0.971	<0.01**
膜蛸/中国枪乌贼	<0.01**	<0.01**	—		0.193	<0.01**
苏门答腊小枪乌贼/杜氏枪乌贼	<0.01**	<0.01**	<0.01**		0.554	0.591
鸢乌贼/杜氏枪乌贼	<0.01**	<0.01**	—		<0.01**	<0.01**

续表

| 物种 | 不同物种间形态参数比例指标的 P 值 | | | | | |
	LRL/LCL	LRL/LLWL	LRL/LWL	LHL/LWL	LWL/LCL	LWL/LLWL
短蛸/杜氏枪乌贼	<0.01**	<0.01**	<0.01**	—	1	0.225
膜蛸/杜氏枪乌贼	<0.01**	<0.01**	—	—	0.355	<0.01**
鸢乌贼/苏门答腊小枪乌贼	<0.01**	<0.01**	—	<0.01**	0.807	<0.01**
短蛸/苏门答腊小枪乌贼	<0.01**	0.352	0.916	—	0.572	0.549
膜蛸/苏门答腊小枪乌贼	0.671	<0.01**	—	0.028*	0.029*	0.470
短蛸/鸢乌贼	<0.01**	<0.01**	—	—	<0.01**	<0.01**
膜蛸/鸢乌贼	<0.01**	<0.01**	—	<0.01**	<0.01**	<0.01**
膜蛸/短蛸	<0.01**	<0.01**	—	—	0.491	0.668

注：**表示差异极显著，*表示差异显著

1. 不同目间的分类指标

6 个种类分别属于枪形目（中国枪乌贼、杜氏枪乌贼、苏门答腊小枪乌贼、鸢乌贼）和八腕目（短蛸、膜蛸）。根据表 3-15、表 3-16 的结果发现，这些形态参数比例指标在不同目间不存在显著差异（$P>0.05$），即这些形态参数比例指标不能作为区分两个目的分类指标。

2. 同目不同科间的分类指标

6 个种类按同目不同科可分为枪形目枪乌贼科（中国枪乌贼、杜氏枪乌贼、苏门答腊小枪乌贼）和枪形目柔鱼科（鸢乌贼）。根据表 3-15、表 3-16 的结果发现，URL/UHL、URL/UCL、URL/ULWL、LRL/LCL 及 LWL/LLWL 这 5 个形态参数比例指标在同目不同科间存在显著差异（$P<0.05$），可作为区分枪形目枪乌贼科和柔鱼科的分类指标。

枪形目两个科的 5 个分类指标有着一定的不同（$P<0.05$）。枪乌贼科：URL/UHL、URL/UCL、URL/ULWL、LRL/LCL 及 LWL/LLWL 这 5 个分类指标的比值分别为 0.201～0.379、0.151～0.28、0.2～0.4、0.24～0.495 和 0.6～0.844（图 3-16、图 3-17、图 3-18）。柔鱼科 5 个分类指标的比值分别为 0.293～0.4、0.201～0.339、0.229～0.478、0.44～0.584 和 0.522～0.638（图 3-19）。

3. 同科不同属间的分类指标

6 个种类按同科不同属可分为枪乌贼科尾枪乌贼属（中国枪乌贼、杜氏枪乌贼）和枪乌贼科小枪乌贼属（苏门答腊小枪乌贼）。根据表 3-15、表 3-16 的结果发现，URL/UHL、URL/UCL、URL/ULWL 及 ULWL/UCL 这 4 个形态参数比例指标在同科不同属间存在显著差异（$P<0.05$），可作为区分枪乌贼科尾枪乌贼属和小枪乌贼属的分类指标。

枪乌贼科两个属的 4 个分类指标存在着显著差异（$P<0.05$）。尾枪乌贼属的 ULWL/UCL、LRL/LCL、LRL/LLWL 及 LRL/LWL 这 4 个分类指标的比值分别为 0.201～

0.379、0.152~0.28、0.222~0.378 和 0.306~0.534（图 3-16、图 3-17、图 3-18）。小枪乌贼属的 4 个分类指标的比值分别为 0.25~0.299、0.171~0.242、0.211~0.319 和 0.223~0.415（图 3-16、图 3-17、图 3-18）。

4. 同属不同种间的分类指标

6 个种类按同属不同种可分为尾枪乌贼属中国枪乌贼、尾枪乌贼属杜氏枪乌贼；蛸属短蛸、蛸属膜蛸。根据表 3-15、表 3-16 的结果发现，URL/UHL、URL/UCL、URL/ULWL、LRL/LLWL 及 LRL/LWL 这 5 个形态参数比例指标在尾枪乌贼属中国枪乌贼和杜氏枪乌贼间存在显著差异（$P<0.05$），可作为区分尾枪乌贼属中国枪乌贼和杜氏枪乌贼的分类指标。LRL/LCL、LRL/LLWL 这 2 个形态参数比例指标在蛸属短蛸和膜蛸间存在显著差异（$P<0.05$），可作为区分蛸属短蛸和膜蛸的分类指标。

尾枪乌贼属的中国枪乌贼和杜氏枪乌贼的 5 个分类指标比值存在着显著差异（$P<0.05$）。中国枪乌贼 URL/UHL、URL/UCL、URL/ULWL、LRL/LLWL 及 LRL/LWL 这 5 个分类指标的比值分别为 0.201~0.319、0.152~0.244、0.2~0.3、0.281~0.378 和 0.35~0.534（图 3-16）；杜氏枪乌贼的 5 个分类指标比值分别为 0.25~0.379、0.171~0.28、0.203~0.4、0.222~0.35 和 0.306~0.498（图 3-17）。

蛸属的短蛸和膜蛸 2 个分类指标比值范围同样存在显著差异（$P<0.05$）。短蛸和膜蛸的 LRL/LCL、LRL/LLWL 这 2 个分类指标比值分别为 0.2~0.35、0.15~0.3 和 0.2~0.4、0.15~0.35（图 3-20、图 3-21）。

头足类角质颚在种类及地理群系鉴定上有着一定的价值（Wolff，1984），由于其结构相对稳定，在头足类鉴定过程中要比传统的软体部形态更为有效，其形态特征是寻找头足类目间、科间、属间、种间乃至种内差异及物种鉴定的良好手段（Borges，1990；Carvalho，1998）。根据本节研究结果，杜氏枪乌贼角质颚 URL/UHL、URL/UCL、URL/ULWL、UHL/UCL、UHL/ULWL、ULWL/UCL、LRL/LCL、LRL/LLWL、LRL/LWL、LWL/LCL 及 LWL/LLWL 这 11 个形态参数比例指标比较稳定，并不随着胴长、体重的变化而发生显著变化。与中国东海杜氏枪乌贼角质颚的研究对比发现，上颚的稳定性指标一致，下颚存在一定的差异（徐杰等，2016）。这或许可以作为区分杜氏枪乌贼不同地理种群的参考依据之一。在火枪乌贼的研究中，角质颚上、下颚的 RL/HL、RL/CL、HL/CL 这 3 个形态参数比例指标非常稳定，不随火枪乌贼个体的生长变化而发生显著变化（杨林林等，2012a）。郑小东等（2002）在曼氏无针乌贼角质颚的研究中发现，RL/HL、RL/WL 和 CL/HL 不随胴长、体重的变化而变化，同时利用 RL/HL、CL/HL 区分了华南沿海曼氏无针乌贼不同的自然群体。杨林林等（2012b）、Wolff（1984）分别对东海海域、日本海域太平洋褶柔鱼的角质颚长度进行研究，对比发现，两个海域的太平洋褶柔鱼角质颚稳定性指标一致，具体的形态参数比例指标均值存在着一定差异。由此可见，不同海域的太平洋褶柔鱼角质颚在形态参数比例指标方面存在一定差异，可作为区分不同地理群体的参考指标。

不同标准下的头足类种类某些相同的稳定性指标存在着显著性差异，可作为区分同目不同科、同科不同属及同属不同种的判断依据之一，结果如表 3-17 所示。

表 3-17　不同分类标准下的判别指标

形态参数比例指标	同目不同科	同科不同属	尾枪乌贼属不同种	蛸属不同种
URL/UHL	√	√	√	—
URL/UCL	√	√	√	—
URL/ULWL	√	√	√	—
ULWL/UCL	—	√	—	—
LRL/LCL	√	—	—	√
LRL/LLWL	—	—	√	—
LRL/LWL	—	—	√	—
LWL/LLWL	√	—	—	—

对比徐杰等(2016)关于东海枪乌贼科角质颚的研究发现，枪乌贼科尾枪乌贼属和小枪乌贼属的判别指标为 URL/UHL、URL/UCL、URL/ULWL，与本研究结果(URL/UHL、URL/UCL、URL/ULWL 及 ULWL/UCL)有所不同。分析发现，本研究小枪乌贼属的种类只有苏门答腊小枪乌贼一种，并不是常见的经济种；徐杰等(2016)研究中的小枪乌贼属种类较多，包含有尤氏小枪乌贼、日本枪乌贼、神户枪乌贼和火枪乌贼 4 种。种类数量不同可能是产生差异的原因。在今后的研究中应结合南海海域更多种类的头足类综合比较，找出不同目、同目不同科、同科不同属、同属不同种更为准确的判别指标，为构建基于角质颚的南海头足类分类系统提供更多的参考依据。

3.5　南海与其他海域短蛸角质颚形态学比较研究

短蛸(*Amphioctopus fangsiao*，常称为 *Octopus ocellatus*)是我国沿海重要的经济性头足类，广泛分布于我国近岸各个海域(Jereb et al.，2010)。2000 年后，随着我国对近海捕捞强度的增大，近海的蛸类资源也得到了较大力度的开发，短蛸在蛸类的产量中也占有相当大的比例(董正之，1988)。短蛸分布广泛且有较大的资源量，了解短蛸的种群结构组成并正确划分不同地理种群是可持续利用和管理该资源的基础。目前传统的种群划分方法为形态法，主要基于个体的体型特征(如胴长与腕长比、鳍长与鳍宽比等)来估算(陈新军等，2006；Voss et al.，1998)。头足类多为软体，其胴体和腕部在捕捞过程中极易受人为影响，整体形态易发生拉伸或破损(Cabanellas-Reboredo et al.，2011；Kurosaka et al.，2012)，同时，在不同的环境条件下，即使同一种群也会在体型上有着较大的差异，这会使种群划分的结果产生较大误差(Keyl et al.，2008，2011)。分子生物学以其相对准确和对遗传信息的解读，逐渐应用在头足类的种群遗传差异研究中，但是该方法的研究样本相对较少，个体的随机性结果较大，同时处理过程相对较复杂，成本较高，因此在使用时也要谨慎(张龙岗等，2010；吕振明等，2010，2011)。

样本主要在黄海海域(胶州湾)、东海海域(舟山东极岛)和南海北部大陆架海域(珠江口和汕尾)的拖网船中获取，采集时间为 2015 年 10~11 月。最终共捕获个体 393 尾(黄海海域 135 尾，东海海域 117 尾，南海海域 141 尾）。在船上将捕获的样本冷冻，然后运回实验室进行后续分析。

采用频度分析法（Lipinski and Underhill，1995）分析渔获物胴长及体重组成，组间距分别为 10mm 和 40g。

为校正样本规格差异（个体大小）对形态参数的影响，对角质颚测量的原始数据进行标准化转换，具体公式如下（Lleonart et al.，2000）：

$$Y_i^* = Y_i \left[\frac{\mathrm{CL}_0}{\mathrm{CL}_i} \right]^b$$

式中，Y 为角质颚测量值，Y_i^* 是第 i 个个体标准化测量值，Y_i 是第 i 个个体的实际值，CL_i 是第 i 个个体的脊突长，CL_0 为所有样本脊突长的算术平均值。b 可以通过以下公式获得：

$$\ln Y = \ln a + b \ln \mathrm{CL} + \varepsilon，\ \varepsilon \sim N\left(0, \sigma^2\right)$$

式中，a 和 b 均为预测参数，σ^2 是正态分布随机误差 ε 的方差。最终上下角质颚的形态值主要由上脊突长和下脊突长进行标准化。所得的标准化后的参数均加下标"s"表示（如 UHL$_s$、URL$_s$、ULWL$_s$、UWL$_s$、LHL$_s$、LRL$_s$、LLWL$_s$ 和 LWL$_s$），以便进行后续各项分析。

采用主成分分析法对不同海域个体角质颚的形态参数进行分析。根据已经标准化处理后的数据计算其样本矩阵的相关系数矩阵，求出特征方程$|R-\lambda I|=0$ 的 p 个非负的特征值 $\lambda_1 > \lambda_2 > \cdots > \lambda_p \geq 0$，为起到筛选因子的作用，选取前 $m(m<p)$ 个主分量 Z_1，Z_2，$\cdots$，Z_m 为第 1、2、$\cdots$、m 个主分量，当这 m 个主分量的方差和占全部总方差的 60% 以上时，基本上保留了原来绝大部分因子的信息，即选取 Z_1，Z_2，$\cdots$，Z_m 作为主要因子（唐启义，2007）。

对数据进行方差齐性检验（Levene's 法），对不满足齐性方差的数据进行反正弦或者平方根处理（管于华，2005）。运用方差分析（ANOVA）对不同海域短蛸个体的角质颚各项参数值进行差异性检验。对存在极显著性差异（$P<0.01$）的，采用 Tukey-HSD 法进一步进行组间多重比较（杜荣骞，2003），以便分析不同海域短蛸角质颚之间的具体差异。

利用逐步判别分析法，结合上述主成分分析和方差分析的结果，选取合适的角质颚形态参数对不同海域的短蛸个体建立判别函数，同时计算判别正确率。利用回归树分析法对选择的角质颚形态参数进行定量分析（Hansen et al.，1996）。

所有统计分析采用 SPSS 19.0 软件进行。

3.5.1 渔获物胴长及体重组成

统计表明，黄海海域个体胴长、体重分别为 36～90mm、23～276g，对应的优势胴长和体重为 60～80mm、80～160g，占总数的 88.77%、82.65%；东海海域胴长、体重分别为 30～80mm、24～207g，对应的优势胴长和体重为 50～70mm、80～160g，占总数的 91.11%、85.92%，南海北部大陆架海域个体胴长、体重分别为 29～67mm、10～105g，对应的优势胴长、体重为 40～50mm、40～80g，占总数的 88.27%、75.17%。黄海海域个体较大，东海次之，南海个体最小。

3.5.2　不同海域的角质颚形态值差异

标准化后，南海海域的短蛸角质颚形态参数明显相对较小，下颚各项形态值差异均较大（表 3-18）。黄海海域与东海海域的角质颚参数则较为相似。

将三个不同海域个体的角质颚形态参数值进行方差分析（ANOVA），结果表明，三个海域个体各项角质颚形态参数变化均存在显著差异（$P<0.01$）。利用多重比较分析（Tukey-HSD）进一步分析发现，除了下翼长（LWL_s）以外，东海海域和黄海海域个体在其他各项参数值中不存在差异（$P>0.01$），而分布于东海、南海以及黄海的个体，在角质颚的各项参数值中均存在显著差异（表 3-19）。

表 3-18　不同海域短蛸角质颚形态参数值

参数	东海		黄海		南海	
	极值	平均值±标准差	极值	平均值±标准差	极值	平均值±标准差
UHL_s	2.93～3.85	3.44±0.45	2.56～3.79	3.27±0.51	2.26～3.18	2.59±1.13
URL_s	0.75～1.51	0.99±0.17	0.71～1.32	1.05±0.15	0.45～1.06	0.70±0.14
$ULWL_s$	5.51～7.02	6.35±0.94	5.19～6.96	6.14±0.91	4.79～5.59	5.16±0.83
UWL_s	1.59～2.94	2.29±0.39	1.79～3.24	2.36±0.43	1.34～2.54	1.86±0.36
LHL_s	2.27～3.60	2.82±0.66	2.22～3.56	2.84±0.50	0.97～2.04	1.37±0.90
LRL_s	0.87～1.57	1.18±0.24	0.89～1.69	1.24±0.24	0.44～0.95	0.60±0.18
$LLWL_s$	6.72～8.44	7.61±1.83	6.90～9.46	8.05±1.45	3.61～5.15	4.22±1.11
LWL_s	3.29～5.75	4.70±1.29	3.91～6.63	5.27±1.03	1.37～3.47	2.64±0.81

表 3-19　不同海域短蛸角质颚形态参数值方差分析

参数	整体比较		Tukey-HSD					
			东海-黄海		东海-南海		黄海-南海	
	F	P	SE	P	SE	P	SE	P
UHL_s	736.44	<0.01	0.17	0.195	−3.20	<0.01	−3.37	<0.01
URL_s	374.80	<0.01	−0.06	0.008	0.30	<0.01	0.36	<0.01
$ULWL_s$	835.23	<0.01	0.22	0.123	1.23	<0.01	1.00	<0.01
UWL_s	150.26	<0.01	−0.07	0.360	0.44	<0.01	0.51	<0.01
LHL_s	1877.16	<0.01	−0.008	0.996	−0.72	<0.01	−0.71	<0.01
LRL_s	1022.95	<0.01	−0.05	0.131	0.58	<0.01	0.63	<0.01
$LLWL_s$	4025.88	<0.01	−0.39	0.093	3.40	<0.01	3.79	<0.01
LWL_s	1524.50	<0.01	−0.53	<0.01	2.06	<0.01	2.60	<0.01

注：F 为 F 值，SE 为标准误，P 为显著性参数

3.5.3 角质颚形态值主成分分析

将标准化后的角质颚形态参数进行主成分分析，结果认为，前三个主成分的贡献率分别为：东海海域个体为 61.85%，黄海海域为 65.53%，南海海域为 76.91%。从表 3-20 可知，东海海域角质颚形态值的第一主成分与 LWL_s 有着较大的正相关关系，第二、三主成分分别与 $ULWL_s$、URL_s 有较大的正相关，载荷系数分别为 0.631 和 0.655。黄海海域角质颚形态值的第一主成分与 LWL_s 有着较大的正相关关系，第二、三主成分分别与 URL_s、$ULWL_s$ 有较大的正相关，载荷系数分别为 0.584 和 0.621。南海海域角质颚形态值的第一主成分与 LRL_s 有着较大的正相关关系，第二、三主成分分别与 UHL_s、UWL_s 有较大的正相关，载荷系数分别为 0.494 和 0.689（表 3-20）。

表 3-20 不同海域短蛸角质颚形态参数的主成分分析

	东海			黄海			南海		
	因子 1	因子 2	因子 3	因子 1	因子 2	因子 3	因子 1	因子 2	因子 3
UHL_s	0.159	0.492	0.549	0.030	0.470	−0.537	0.260	0.494*	−0.409
URL_s	−0.158	−0.079	0.655*	−0.015	0.584*	−0.173	0.226	−0.294	−0.464
$ULWL_s$	0.051	0.631*	−0.122	0.034	0.254	0.621*	0.331	0.471	−0.032
UWL_s	0.082	0.459	−0.448	0.037	0.470	0.471	0.014	0.216	0.689*
LHL_s	0.507	0.157	0.185	0.492	0.100	−0.244	0.391	0.389	0.032
LRL_s	0.396	0.016	0.095	0.411	0.227	0.093	0.468*	−0.351	−0.033
$LLWL_s$	0.492	−0.260	−0.070	0.488	−0.296	0.069	0.459	−0.329	0.143
LWL_s	0.531*	−0.224	−0.071	0.589*	−0.050	0.038	0.435	−0.132	0.342
特征值	2.25	1.52	1.18	2.53	1.42	1.29	3.34	1.51	1.29
贡献率/%	28.12	18.97	14.76	31.66	17.79	16.08	41.77	18.93	16.21

注：*为各主成分中负载绝对值最高的指标

3.5.4 判别分析

考虑上述方差分析和主成分分析结果，并以 10 项角质颚形态参数指标为自变量，用逐步判别分析（Wilks λ 法）选取合适的因子，同时建立判别函数。结果表明，LLWL、UHL、ULWL、LHL、LWL 和 UWL 进入的判别函数的分析，Wilks λ 值为 0.021～0.046，总值为 0.166，判别得分如图 3-22 所示，判别函数如下：

黄海海域：$Y=83.933UHL+54.548LHL+7.836UWL+86.748ULWL+2.949LWL+48.725LLWL−649.605$

东海海域：$Y=79.521UHL+60.659LHL+9.699UWL+83.318ULWL+5.538LWL+49.869LLWL−645.858$

南海海域：$Y=62.302UHL+36.704LHL+7.288UWL+71.196ULWL+3.870LWL+25.248LLWL−343.128$

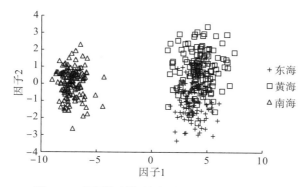

图 3-22　不同海域短蛸角质颚判别得分数点图

将不同海域短蛸样本相应的形态指标代入上述判别函数中，则该样本归入所得 Y 值较大函数所对应的群体。其中，东海群体原始分析总判别正确率为 84.6%，交叉验证判别正确率为 84.6%；黄海群体原始分析总判别正确率为 80.7%，交叉验证判别正确率为 80.0%；南海群体原始分析总判别正确率为 100.0%，交叉验证判别正确率为 100.0%（表 3-21）。

表 3-21　不同海域短蛸角质颚判别函数的分类结果

	组别	预测正确率/%			合计/%
		东海	黄海	南海	
原始分析	东海	84.6	15.4	0	100
	黄海	19.3	80.7	0	100
	南海	0	0	100.0	100
交叉验证	东海	84.6	15.4	0	100
	黄海	20.0	80.0	0	100
	南海	0	0	100.0	100

通过回归树分析法可以发现，仅通过下颚的形态参数值即可区分不同海域的短蛸个体（图 3-23）。下头盖长（LHL_s）可以区分南海与其他海域的个体，判别正确率为 100%；而下翼长（LWL_s）则能够有效地区分黄海与东海的个体，判别正确率分别为 76% 和 74%。

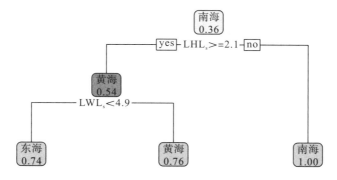

图 3-23　不同海域短蛸角质颚回归树分析

　　此次采集的短蛸样本中，东海海域个体和黄海海域的短蛸个体较为相似，而南海海域短蛸个体则较小。黄美珍（2004）对台湾海峡及邻近海域的短蛸生物学研究发现，所采集的样本胴长为 24～50mm，体重为 15～76g，这与在南海北部海域采集的样本大小较为接近，也说明较近海域生活的短蛸个体差异较小。相比前人在同一海域内采集的个体而言（Wang et al.，2015），本研究中黄海海域短蛸个体则更大，有可能是因为本次采集的月份集中于 10～11 月，个体均趋向成熟。黄海海域的个体稍大于东海海域，也可能是因为两个海域的个体存在一定的分化，也在外部形态上有所表现，相关学者已经利用 DNA 分子标记、线粒体基因测序等方法证实了这一结果（吕振明等，2010，2011）。

　　头足类的生命周期较短，是一种生态机会主义者，需要在短时间内摄取大量的食物以供能量需求（Martínez et al.，2002）。作为摄食的重要器官，角质颚的形态会随着个体的生长而发生变化，这种变化与摄食有着密切的关系（Rodhouse and Nigmatullin，1996）。同时，不同海域的海洋环境也不尽相同，这也会对角质颚的形态造成影响。本研究将不同海域短蛸角质颚形态参数标准化后进行分析，发现东海和黄海个体的角质颚除了下翼长以外，其他均不存在显著差异。造成不同海域角质颚差异的原因可能是海域间环境和食物组成的差异。黄海沿岸海域主要受亚热带气候影响，温暖湿润，饵料资源丰富，有利于个体的生长（刘瑞玉，1992），而东海沿岸海域地处长江入海口，含有大量丰富的营养盐，对个体的生长也颇为有利（沈新强等，2006）。因此这为短蛸的生长提供了良好的条件，也有利于角质颚适应环境和食物，从而能够较快地生长。南海海域饵料相对缺乏，同时种间竞争相对较激烈，因此短蛸个体可能无法在相对稳定的环境中生长，也直接导致角质颚生长较为缓慢（张伟等，2015）。

　　角质颚不同部位的变化也可以很好地反映其摄食特征。从主成分分析来看，三个海域短蛸角质颚形态参数的第一主成分因子均在下颚中（LWL_s 和 LRL_s），而第二和第三主成分因子均在上颚中，且四项形态参数均有包含。因此可以认为，短蛸角质颚下颚生长主要在翼部，上颚的生长主要在头盖和翼部。相比其他头足类的角质颚，蛸类上颚的头盖较短，且喙部较钝，下颚的翼部更为宽大。短蛸常年栖息于较浅的海底底质，主要摄食甲壳类和贝类，下颚在摄食中起着更为主要的作用（方舟等，2014b）。由于甲壳类和贝类往往有着坚硬的外壳，因此需要粗钝的喙部磨碎其外壳，翼部的快速生长可以为短蛸在咬合时提供力量支持，可更好地撕碎猎物，提高捕食的效率。因此其角质颚形态结构也是短蛸适应栖息和摄食习性的表现。

　　通过本研究逐步判别分析的结果可知，利用角质颚的 6 个形态参数值可以建立不同海域短蛸的判别函数，且上下颚均有形态参数入选判别方程，最终的判别正确率也均在80%以上，说明短蛸的角质颚形态可以很好地进行不同地理群体的判别分析。角质颚的形态参数值与个体大小有着密切的关系，因此在判别分析前需要消除个体生长对角质颚的影响。以往的研究主要使用简单的除以胴长的方法进行，该方法虽然处理较为简单，但是主观臆断了角质颚与个体的生长关系是线性的，这会给最终结果造成一定的影响（Fang et al.，2014；Liu et al.，2015a；Chen et al.，2012）。本研究基于前人研究消除异速生长的方法，以角质颚形态的标准值（脊突长）为基准，综合考虑角质颚形态参数间的系数,有效地消除了生长对角质颚形态的差异。同时回归树分析也说明,下颚在种群和种类的鉴别和划分中起着决定性的作用,这在之前许多研究中都有所证实,下颚是头足类种类划分的重要材料(Clarke,1986)。下颚形态值的差异也是不同种群摄食习性差异的体现。

第4章 基于形态学和分子方法的中国枪乌贼及剑尖枪乌贼种类鉴定

本章将检验利用形态学方法进行种类鉴定的有效性，利用腕吸盘角质环形状的差异对中国枪乌贼和剑尖枪乌贼进行鉴定，然后用分子方法进行验证。根据腕吸盘角质环形状和 $CO\ I$ 结果对两个种类进行正确分类，利用形态数据对两个种类的形态特征进行重新描述。形态数据也被用来分析种类间的形态差异，并用其建立判别方程。同时，$CO\ I$ 序列也被用于说明两个种类的进化关系。

中国枪乌贼和剑尖枪乌贼样本用拖网采集，采集时间为 2016 年 4～8 月，采集地点为东海和南海。共采集样本 341 尾，包括 210 尾中国枪乌贼和 131 尾剑尖枪乌贼（表 4-1），-18℃冷冻保存。

表 4-1　中国枪乌贼和剑尖枪乌贼采样信息

种类	位置	捕捞日期	胴长/mm	体重/g	数量	
					形态	分子
中国枪乌贼	108.5°～109°E，20°～20.5°N（海南）	2016 年 4 月 6 日	108～199	31～178	21	1
	111°～111.5°E，20.5°～21°N（粤西）	2016 年 4 月 17 日	66～98	15～32	8	3
	113°～114°E，21°～21.5°N（珠江口）	2016 年 4 月 14～15 日	150～476	63～767	88	16
	115°～115.5°E，22°～22.5°N（汕尾）	2016 年 4 月 26 日	82～142	22～67	26	5
	117.5°～118°E，22°～22.5°N（汕头）	2016 年 4 月 2 日	134～286	40～345	67	5
剑尖枪乌贼	111°～111.5°E，21°～21.5°N（粤西）	2016 年 4 月 17 日	76～116	21～42	7	-
	113°～114°E，21°～21.5°N（珠江口）	2016 年 4 月 14～15 日	143～241	80～370	50	23
	115°～115.5°E，22°～22.5°N（汕尾）	2016 年 4 月 26 日	89～130	25～71	11	7
	122°09′E，28°00′N（温州）	2016 年 8 月 9 日	81～183	18～145	63	30

样本在实验室解冻后，利用光学显微镜观察第三腕角质环的形状并进行鉴定（图 4-1），中国枪乌贼腕吸盘的角质环具有尖圆锥形齿，而剑尖枪乌贼腕吸盘的角质环具有方形钝齿（Sin et al.，2009）。对胴长和体重进行测量，结果分别精确至 1mm 和 1g。采集 90 尾样本的肌肉并保存于-20℃，随后用于 DNA 提取。

除胴长外，对 11 项形态参数进行了测量，包括胴宽（mantle width，MW）、鳍长（fin length，FL）、鳍宽（fin width，FW）、头宽（head width，HW）、触腕长（tentacle length，TL）、触腕穗长（tentacle club length，TCL）、Ⅰ腕长（arm length Ⅰ，AL_I）、Ⅱ腕

长(arm length Ⅱ，AL$_{Ⅱ}$)、Ⅲ腕长(arm length Ⅲ，AL$_{Ⅲ}$)、左Ⅳ腕长(left arm length Ⅳ，LAL$_{Ⅳ}$)和右Ⅳ腕长(right arm length Ⅳ，RAL$_{Ⅳ}$)，测量精确至 1mm。为避免个体大小的影响，对 11 项形态参数进行了标准化，即 MW/ML、FL/ML、FW/ML、HW/ML、TL/ML、TCL/ML、AL$_{Ⅰ}$/ML、AL$_{Ⅱ}$/ML、AL$_{Ⅲ}$/ML、LAL$_{Ⅳ}$/ML 和 RAL$_{Ⅳ}$/ML。将胴长进行种间和种内分组，胴长组间距为 30mm。

(a) 中国枪乌贼(显微镜下)

(b) 中国枪乌贼(数码相机照)

(c) 剑尖枪乌贼(显微镜下)

(d) 剑尖枪乌贼(数码相机照)

图 4-1　中国枪乌贼和剑尖枪乌贼的角质环

利用主成分分析(principal component analysis，PCA)和逐步判别分析(step-wised discriminant analysis，SDA)对中国枪乌贼和剑尖枪乌贼的形态学差异进行比较分析。利用主成分分析的相关系数选出可描述枪乌贼形态差异的形态参数。为保留主要的原始变量信息，选出可解释 60%变量的主成分作为主要因子(唐启义，2007)。利用逐步判别分析建立两个种类的判别函数。同时，利用留一交叉验证法得到两个种类的判别正确率。主成分分析和判别分析均使用 SPSS 19.0 进行。

根据组织 DNA 提取试剂盒，按步骤提取枪乌贼肌肉样本的 DNA。微量紫外分光光度计测 OD 值，检测 DNA 浓度和纯度，保证 DNA 浓度大于 50ng/mL。提取的 DNA 保存于-20℃备用。

de Luna Sales 等(2013)研究发现 16S 线粒体 DNA 在去除比对的模糊区域后，鉴定效果减弱，而基于 *CO Ⅰ* 线粒体 DNA 的系统发生树很好地说明了相近种的关系。*CO Ⅰ* 基因扩增的引物为 5′-GCG ATG ACT ATT TTC CAC AAA TC-3′ 和 5′-GGG AAA TTA TAC CAA ATG CTG G-3′。利用聚合酶链反应(polymerase chain reaction，PCR)对 *CO Ⅰ* 的线粒体基因片段进行扩增。PCR 扩增在 20μl 的反应体系中进行，包括上下游引物各 1μl、10μl Premix *Taq*、1μl 模板 DNA 和 7μl 双蒸水。*CO Ⅰ* 线粒体基因的扩增基于以下反应程序：94℃下 3min 变性，94℃下 30s 循环 30 次，53℃下退火 30s，72℃下延展 50s，最后 72℃延展 10min。利用 1% 琼脂糖凝胶进行 PCR 产物质量的检测。

测序前，利用天根纯化回收试剂盒对 PCR 扩增产物进行纯化。使用 BigDye 混合试剂盒中的试剂进行测序反应，使用 ABI 3730 自动测序仪进行测序。

本章对 90 尾枪乌贼进行了 *CO I* 测序，其中南海海域中国枪乌贼 33 尾，南海海域剑尖枪乌贼 27 尾，东海海域剑尖枪乌贼 30 尾。根据基本局部比对搜索工具(basic local alignment search tool，BLAST)的最大序列相似性百分比结果，共下载 21 个 *CO I* 序列做进一步分析。通过使用 MEGA 7 软件，利用 Kimura 2-parameter(K2P)模型计算序列差异(Kimura，1980)。

本章共选择 44 个 *CO I* 序列进行系统发生分析，包括 15 个中国枪乌贼序列、18 个剑尖枪乌贼序列及 11 个其他种类。其他属的非洲枪乌贼(*Lolliguncula mercatoris*)作为外群体(Sin et al.，2009)。利用 MEGA 7 软件(Hall，2013)中选择默认参数的 Clustal W(Thompson et al.，1994)对序列进行比对。利用邻接(neighbor-joining，NJ)法和贝叶斯推理(Bayesian inference，BI)法进行系统发生关系可视化。邻接法系统发生树由 MEGA 7 软件中的 K2P 模型得到，bootstrap 分析重复次数为 1000 次。

在贝叶斯分析中，贝叶斯系统发生树由软件 MrBayes 3.2.6 得到(Ronquist et al.，2012)。根据前人研究结果(Sin et al.，2009；Dai et al.，2012；王勇等，2009)，GTR+I+G(general time reversible+invariant+gamma)被作为 *CO I* 贝叶斯分析的最适模型。在 MrBayes 中，当异频的平均标准差小于 0.01 时，被认为达到稳定性(王勇等，2009；Ronquist and Huelsenbeck，2003)。*CO I* 的马尔可夫链蒙特卡罗(Markov Chain Monte Carlo，MCMC)分析的运行次数为 500 万次，采样频率为 1000，burn-in 150 万次。利用 FigTree 1.4.3 对系统发生树进行修正。

4.1 中国枪乌贼和剑尖枪乌贼的形态差异

根据采样地点和种类，将样本分为三个组群：南海海域中国枪乌贼、南海海域剑尖枪乌贼、东海海域剑尖枪乌贼。由表 4-2 可知，中国枪乌贼的体重和长度参数范围较剑尖枪乌贼大，南海海域剑尖枪乌贼参数范围较东海海域剑尖枪乌贼大。两个种类形态参数标准差存在类似的趋势。在两个种类的所有长度参数中，HW 的平均值和标准差最小，TL 的平均值最大。MW/ML 和 FL/ML 在三个组群中均有大量重叠(MW/ML 为 0.18～0.51，FL/ML 为 0.37～0.70)(表 4-2)。因此，需要对胴长组间的比率变化进行分析。

表 4-2　中国枪乌贼和剑尖乌贼形态参数的基本信息

参数	南海海域中国枪乌贼				南海海域剑尖枪乌贼				东海海域剑尖枪乌贼			
	平均	最小	最大	标准差	平均	最小	最大	标准差	平均	最小	最大	标准差
BW/mm	174.40	15	767	153.60	134.90	21	370	80.66	49.00	18	145	31.20
ML/mm	202.20	66	476	78.44	165.40	76	241	41.19	108.60	81	183	24.39
MW/mm	56.41	30	93	13.85	53.91	31	75	11.83	40.17	30	60	5.85

续表

参数	南海海域中国枪乌贼				南海海域剑尖枪乌贼				东海海域剑尖枪乌贼			
	平均	最小	最大	标准差	平均	最小	最大	标准差	平均	最小	最大	标准差
FL/mm	125.40	38	316	54.03	100.80	42	160	27.98	60.90	30	119	19.12
FW/mm	96.82	42	192	30.10	81.71	43	120	17.59	52.76	30	84	10.74
HW/mm	34.86	18	59	8.70	36.57	20	50	7.05	22.83	12	35	4.90
TL/mm	294.96	126	510	83.82	252.40	134	363	59.66	184.80	136	260	26.66
TCL/mm	71.39	21	128	23.52	62.06	22	92	18.82	56.60	41	72	8.18
AL_I/mm	59.76	22	106	17.40	58.93	22	92	16.54	52.71	36	74	7.74
AL_{II}/mm	80.01	26	142	21.76	74.26	33	109	18.66	59.71	38	87	10.39
AL_{III}/mm	96.93	45	162	25.42	86.46	48	125	21.35	64.56	44	91	10.42
LAL_{IV}/mm	80.28	31	138	22.82	71.43	36	108	18.00	57.43	42	75	8.08
RAL_{IV}/mm	81.32	28	143	22.99	72.32	41	104	17.71	58.08	42	75	7.81
MW/ML	0.29	0.18	0.48	0.05	0.33	0.24	0.51	0.04	0.38	0.29	0.48	0.04
FL/ML	0.61	0.46	0.70	0.04	0.60	0.47	0.69	0.04	0.55	0.37	0.68	0.06

　　胴长组间的比率存在显著差异(图 4-2)。对 MW/ML 来说，三个组群的比率在胴长达到 125mm 前均急剧下降；比率在 125~275mm 时相对稳定；中国枪乌贼在胴长达到 275mm 后，比率迅速下降。对 FL/ML 来说，三个组群的比率在胴长达到 95mm 前相对稳定，随后南海海域中国枪乌贼和剑尖枪乌贼的比率逐渐升高，而东海海域剑尖枪乌贼的比率急剧升高。

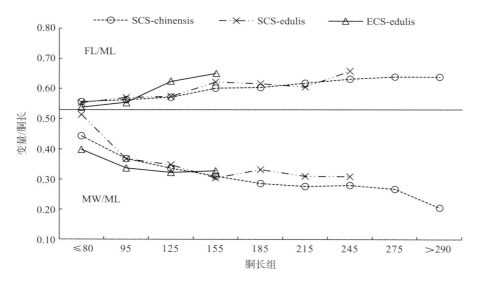

图 4-2　各胴长组间变量与胴长比关系

注：SCS-chinensis. 南海海域中国枪乌贼；SCS-edulis. 南海海域剑尖枪乌贼；ECS-edulis. 东海海域剑尖枪乌贼；FL/ML. 鳍长与胴长比；MW/ML. 胴宽与胴长比

4.2　主成分分析和判别分析

主成分分析结果表明，三个组群第一、第二主成分贡献率之和均大于 70%（表 4-3），即主成分 1（PC1）和主成分 2（PC2）可解释 11 项形态指标。根据 PC1 和 PC2 相关系数，各选择 4 项形态指标（东海海域剑尖枪乌贼 3 项形态指标）作为代表性参数，即南海海域中国枪乌贼的 MW/ML、HW/ML、LAL$_{IV}$/ML 和 RAL$_{IV}$/ML，南海海域剑尖枪乌贼的 MW/ML、HW/ML、AL$_{II}$/ML 和 AL$_{III}$/ML 及东海剑尖枪乌贼的 FW/ML、AL$_{II}$/ML 和 AL$_{III}$/ML。

判别分析结果表明，各组群的判别正确率均大于 75%（表 4-4）。类似地，判别得分散点图可明显将各组群区分开来（图 4-3）。南海海域中国枪乌贼与东海海域剑尖枪乌贼间的判别正确率为 100%。而对于南海海域剑尖枪乌贼，约 1/4 的个体被误判为南海海域中国枪乌贼，1 尾个体被误判为东海海域剑尖枪乌贼。约 1/5 的南海海域中国枪乌贼和约 1/7 的东海海域剑尖枪乌贼被误判为南海海域中国枪乌贼。基于逐步判别分析的判别式如下：

南海海域中国枪乌贼：$Y = 41.88(MW/ML) + 75.46(FW/ML) + 5.90(HW/ML) + 17.54(TL/ML) + 23.44(TCL/ML) - 33.96(AL_I/ML) + 6.67(AL_{III}/ML) - 40.29$

南海海域剑尖枪乌贼：$Y = 52.91(MW/ML) + 69.18(FW/ML) + 28.39(HW/ML) + 15.09(TL/ML) + 28.61(TCL/ML) - 22.65(AL_I/ML) - 1.62(AL_{III}/ML) - 42.91$

东海海域剑尖枪乌贼：$Y = 110.45(MW/ML) + 45.29(FW/ML) - 13.44(HW/ML) + 9.28(TL/ML) + 73.64(TCL/ML) + 14.67(AL_I/ML) - 25.87(AL_{III}/ML) - 55.35$

表 4-3　中国枪乌贼和剑尖枪乌贼主成分分析的第一主成分和第二主成分及其贡献率

	南海海域中国枪乌贼		南海海域剑尖枪乌贼		东海海域剑尖枪乌贼	
	PC1	PC2	PC1	PC2	PC1	PC2
MW/ML	0.397	0.780	0.098	0.856	0.368	0.165
FL/ML	−0.043	−0.057	0.088	−0.168	−0.133	−0.050
FW/ML	0.522	0.274	0.182	0.268	0.132	0.973
HW/ML	0.282	0.923	0.345	0.822	0.078	0.075
TL/ML	0.376	0.306	0.103	0.131	0.814	0.222
TCL/ML	0.236	0.053	−0.025	−0.293	0.826	0.292
AL$_I$/ML	0.824	0.199	0.849	0.073	0.901	−0.003
AL$_{II}$/ML	0.813	0.314	0.915	0.209	0.954	−0.005
AL$_{III}$/ML	0.807	0.299	0.908	0.156	0.917	0.087
LAL$_{IV}$/ML	0.879	0.243	0.440	0.223	0.711	0.109
RAL$_{IV}$/ML	0.898	0.219	0.645	0.257	0.721	0.072
贡献率/%	60.49	9.90	54.01	16.90	58.97	11.92

表4-4　基于逐步判别分析的中国枪乌贼和剑尖枪乌贼的判别正确率

表4-4　基于逐步判别分析的中国枪乌贼和剑尖枪乌贼的判别正确率

种类	南海海域中国枪乌贼	南海海域剑尖枪乌贼	东海海域剑尖枪乌贼	总和	判别正确率/%
南海海域中国枪乌贼	163	47	0	210	78.10
南海海域剑尖枪乌贼	16	51	1	68	77.94
东海海域剑尖枪乌贼	0	9	54	63	85.71

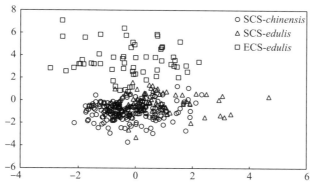

图4-3　中国枪乌贼和剑尖枪乌贼逐步判别分析判别得分散点图

注：SCS-*chinensis*. 南海海域中国枪乌贼；SCS-*edulis*. 南海海域剑尖枪乌贼；ECS-*edulis*. 东海海域剑尖枪乌贼

4.3　遗　传　分　析

根据形态特征和分子方法的种类鉴定比较，在90尾枪乌贼个体中有13尾个体鉴定错误。其中，东海海域剑尖枪乌贼均鉴定成功，而南海海域的8尾中国枪乌贼和5尾剑尖枪乌贼鉴定失败。

在中国枪乌贼和剑尖枪乌贼的740个位点中，有574个保守位点、162个可变位点和145个简约信息位点。中国枪乌贼和剑尖枪乌贼间的平均序列分歧度为16.2%（范围为15.17%～17.3%）。中国枪乌贼的平均序列分歧度为0.2%（范围为0～0.6%），而剑尖枪乌贼的平均序列分歧度为2.2%（范围为0～7.7%）。对于不同海域的剑尖枪乌贼，东海和南海间的平均序列分歧度为2.8%（范围为0～7.7%）。对于同一海域的剑尖枪乌贼，东海海域剑尖枪乌贼的平均序列分歧度为0.2%（范围为0～0.7%），而南海海域剑尖枪乌贼的平均序列分歧度为3.5%（范围为0～7.5%）。

本章利用邻接法和贝叶斯推理法对13个种类的*CO I*数据进行分析并构建系统发生树（图4-4）。根据bootstrap值，贝叶斯推理法的结果较邻接法结果好，但两种方法构建的系统发生树高度一致（除杜氏枪乌贼*U. duvaucelii*和夜光尾枪乌贼*U. noctiluca*，见下文）。结果显示，当非洲枪乌贼作为外群体时，12个种类被分为两个分支。福氏枪乌贼（*Loligo forbesii*）、好望角枪乌贼（*L. reynaudii*）和长枪乌贼（*L. vulgaris*）被分为1个分支（组1），而其他种类被分为1个分支（组2）。组2中，枪乌贼被分为两个分支（NJ bootstrap值=46%；贝叶斯bootstrap值=81%），但两种方法在杜氏枪乌贼和夜光尾枪乌贼的分配上存在差异。尤氏小枪乌贼（*L. uyii*）、火枪乌贼（*L. beka*）和日本枪乌贼（*L. japonica*）分为一组（组3），中国枪乌贼(*U. chinensis*、*U. etheridgei* 和 *L. formosana*)和剑尖枪乌贼分为一组(组 4)。组 4 中，剑尖枪乌贼为一个分支(组 5)，而中国枪乌贼为另一个分支(组 6)。组 5 中，印度洋的剑尖枪乌贼为一组，南海海域剑尖枪乌贼为一组(大部分珠江口海域个体除外)，东海海域、日本海域和大部分珠江口海域的剑尖枪乌贼为一组。组 6 中国枪乌贼中，*U. etheridgei* 为一个分支，*U. chinensis* 和 *L. formosana* 为另一个分支。

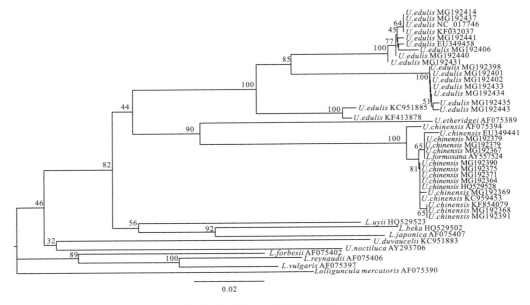

(a) 基于邻接法 K2P 模型的系统发生树

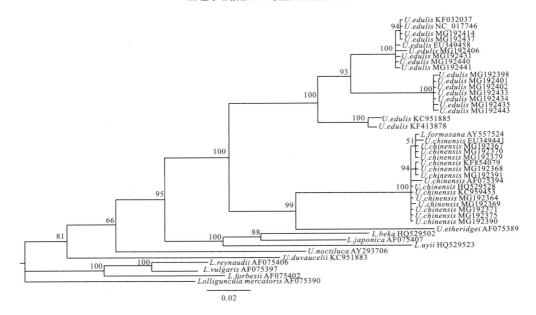

(b) 基于贝叶斯推理法的系统发生树

图 4-4　基于 *CO I* 序列的系统发生分析(bootstrap 值标注于分支上)

　　中国枪乌贼和剑尖枪乌贼作业分布在中国近海，在中国近海的头足类渔业中有重要地位，而种类鉴定是两个种类资源评估与保护的重要基础。本章根据种类和捕捞海域将样本分为三个组群。董正之（1988）认为，中国枪乌贼分布在 25°N 以南，与本章样本采集位置一致（表 4-1）。本章中，只有一个中国枪乌贼的采集点位于 25°N 以北，因此需要进一步采集样本来验证此观点。

　　董正之（1988）和陈新军等（2009）发现，利用形态参数 MW/ML 可将中国枪乌贼和剑尖枪乌贼完全分开。看似这是种类鉴定的完美特征，但事实并非如此。本章中，MW/ML 分布范围较大（中国枪乌贼为 0.18～0.48，剑尖枪乌贼为 0.24～0.51），这与前人研究中的描述不一致（董正之，1988；陈新军等，2009），表明这一特征并不适合种类鉴定。与海洋性脊椎动物不同，枪乌贼为可灵活变换躯体的软体动物，使其躯体形态参数无法直接应用于种类鉴定。同时，使用的个体为冷冻样本，这可能影响作为软体动物的枪乌贼的形态。枪乌贼胴体不适于进行种类鉴定的另一原因为 MW/ML 随枪乌贼个体大小变化。中国枪乌贼 MW/ML 在胴长 125mm 前急剧下降，随后趋于稳定，在胴长 275mm 后迅速下降（图 4-2）。Sin 等（2009）认为形态特征受性成熟度影响，表明枪乌贼的生长为异速生长。但剑尖枪乌贼受胴长范围的限制，只有性成熟度为 I 期和 II 期的个体出现（图 4-2）。即便考虑了所有因素，也无法解释本章与前人研究中的 MW/ML 差异。因此，Jereb 等（2010）并未将此特征作为种类鉴定的依据。另一方面，Pineda 等（2002）利用 FW/ML 和 GW/ML（内壳宽/胴长，gladius width/mantle length）对巴塔哥尼亚枪乌贼（L. gahi）和圣保罗美洲枪乌贼（L. sanpaulensis）进行判别，判别正确率分别为 100% 和 97%。这一现象较为合理的解释为，这两个种类可能存在极易区分的形态特征或利用硬组织内壳进行鉴别。

　　尽管利用枪乌贼单一的形态特性难以对种类进行区分（如 MW/ML），本章仍尝试利用形态学方法获取其重要信息并进行种类判别。为消除个体大小对形态特征的影响，将11 项形态参数均除以胴长。由 PCA 结果可知，东海和南海枪乌贼个体胴体的代表性形态特征有所不同，东海为 FW/ML，南海为 MW/ML 和 HW/ML，这可能是个体大小差异所致。东海海域剑尖枪乌贼胴长为 81～183mm，而南海海域两个种类的胴长范围较前者大（中国枪乌贼为 66～476mm，剑尖枪乌贼为 76～241mm）。南海海域两个种类存在较大的地理重叠（Jereb et al.，2010；陈新军等，2009），这说明它们有相似的生活环境和食物，因此地理差异被认为是比较有说服力的解释。Pierce 等（1994）发现，福氏枪乌贼形态数据的相似矩阵与地理距离密切相关。在本章的 11 项标准化参数的逐步判别分析中，南海海域的中国枪乌贼与东海海域的剑尖枪乌贼的判别正确率为 100%，而南海海域的中国枪乌贼与剑尖枪乌贼间共有 63 尾枪乌贼被误判，这进一步证明了地理差异理论的存在。同时，与其他两个组群相比，东海海域剑尖枪乌贼的判别正确率最高（东海海域剑尖枪乌贼为 85.71%；南海海域：中国枪乌贼为 78.10%，剑尖枪乌贼为 77.94%；表 4-4）。大量研究表明，形态特征结合逐步判别分析进行种内和种间判别均可得到很好的结果。Martínez 等（2002）利用形态特征结合逐步判别分析对滑柔鱼属三个种类（Illex coindetii，I. illecebrosus 和 I. argentinus）的 33 个群体共 1500 尾样本进行了分析，最低判别正确率高达 72.34%。李思亮（2010）利用逐步判别分析对柔鱼（Ommastrephes bartramii）不同群体建立判别方程，其判别正确率约为 60%。在本章的逐步判别分析结果中，南海海域中国枪乌贼和剑尖枪乌贼存在较大重叠，而东海海域剑尖枪乌贼不与它们重叠(图 4-3)。

在本章中，基于腕吸盘角质环的种类鉴定结果与基于 DNA 的种类鉴定结果存在 14% 的不一致性。有趣的是，在利用美国国家生物技术信息中心(National Center for Biotechnology Information，NCBI)的 BLAST 进行 $CO\ I$ 比对时，两个种类的 $CO\ I$ 序列的一致性为 86%~88%，即两个种类的 $CO\ I$ 有 12%~14%的不一致性，而 Sin 等(2009)利用两种方法鉴定的比对正确率为 100%。这可能是本章与文献的样本量不一致所致(本章为 90 尾样本，文献中仅有 34 尾样本)。线粒体 DNA 的巨大差异不仅被应用于同种群体的研究中，而且被用于具有分歧的相近种。因此 $CO\ I$ 序列的结果被作为"基线"方法。由 $CO\ I$ 序列可知，种间平均序列分歧度(16.2%)远大于种内序列分歧度(中国枪乌贼为 0.2%；剑尖枪乌贼为 2.2%)。遗传分析结果表明两个种类确为不同种，这与 Sin 等(2009)得到的结果一致。在种内水平上，南海海域中国枪乌贼和东海海域剑尖枪乌贼的平均序列分歧度较南海海域剑尖枪乌贼小。这意味着南海海域剑尖枪乌贼存在的群体数量比其他两个组群多。系统发生分析表明，*L. formosana*、*U. etheridgei* 和 *U. chinensis* 为同种异名，与 Sin 等(2009)得到的结果一致。产自澳大利亚的 *U. etheridgei* 单独形成一个分支，而中国南海的 *U. chinensis* 与泰国海域的 *L. formosana* 形成一个分支。在先前的研究中(Anderson，2000；Anderson et al.，2014)，*U. etheridgei* 被作为一个与 *U. chinensis* 关系相近的单独种类。因此，本章最终只将 *L. formosana* 作为 *U. chinensis* 的同种异名种。对于剑尖枪乌贼来说，有两个明显分支：印度洋个体(KC951885 和 KF413878)为一个分支，西太平洋个体为另一个分支。中国枪乌贼和剑尖枪乌贼的这两个现象均可由长距离的地理差异解释，但西太平洋剑尖枪乌贼的个体间也存在差异。东海海域和日本海域的所有剑尖枪乌贼为一个分支，而南海海域的个体间较为混乱(即部分个体与东海海域及日本海域在同一分支，剩余个体为另一分支)。因此，本章推断，剑尖枪乌贼在西太平洋各站点存在长距离洄游或基因交流。杜氏枪乌贼并不与尾枪乌贼的其他种类在一个分支，而尤氏小枪乌贼、火枪乌贼、日本枪乌贼与尾枪乌贼有更为密切的关系。Anderson 等(2014)发现了类似的模式，他们称之为尾枪乌贼-小枪乌贼分支。福氏枪乌贼、好望角枪乌贼和枪乌贼单独形成一个分支，称为东大西洋种分支。然而，Wang 等(2013)发现剑尖枪乌贼与其他尾枪乌贼和枪乌贼种类存在差异，这与本章及其他研究结果不符(Sin et al.，2009；Dai et al.，2012；Anderson et al.，2014)。

总的来说，利用两种方法进行种类鉴定，存在 14%的错误鉴定。我们认为利用 DNA 进行种类鉴定更有说服力，但利用分子方法鉴定大量枪乌贼会消耗大量财力。利用腕吸盘角质环进行鉴定与 DNA 鉴定结果匹配率较高，因此认为此方法较为实际。中国枪乌贼与剑尖枪乌贼的 MW/ML 重叠较大，因此不适合采用 MW/ML 进行种类鉴定。根据形态特性及逐步判别分析结果，南海海域中国枪乌贼和剑尖枪乌贼形态相似性较不同海域剑尖枪乌贼大，但根据 DNA 分析，同种类不同海域间的分子差异较种间差异小。因此，今后需要加大采样和调查力度来解决这一问题。

第5章　中国枪乌贼和剑尖枪乌贼
角质颚的传统形态差异

为比较中国枪乌贼和剑尖枪乌贼角质颚的形态特性差异，本章拟建立角质颚形态参数与胴长的关系，并选择最佳模型，为估算捕食者消耗的生物量提供基础。同时，为发现胴长和性成熟度对角质颚形态的影响，本章对不同胴长组及性成熟度的角质颚形态参数变化进行分析。

中国枪乌贼和剑尖枪乌贼采集于南海北部，采集时间为 2015 年 4～10 月。中国枪乌贼的样本采集于 108°30′～115°30′E，20°00′～23°00′N，采集时间为 2015 年 9～10月；剑尖枪乌贼的样本采集于 113°30′～115°30′E，21°00′～23°00′N，采集时间为 2015 年 4～10 月。共采集样本 247 尾，中国枪乌贼 104 尾，剑尖枪乌贼 143 尾，于-18℃冷冻保存。

解冻后，测量胴长(精确至 1mm)和体重(精确至 1g)。根据欧瑞木(1983)利用性腺形态变化对性成熟度的定义，测定枪乌贼的性别和性成熟度。

根据主成分分析的相关系数，选择可表征角质颚形态差异的参数并进一步分析。为保留 12 项形态参数的主要信息，选择累计贡献率大于 60%的主成分作为主要因子(唐启义，2007)。为消除样本大小对角质颚形态参数的影响，利用胴长对其进行标准化，即 UHL/ML、UCL/ML、URL/ML、URW/ML、ULWL/ML、UWL/ML、LHL/ML、LCL/ML、LRL/ML、LRW/ML、LLWL/ML 和 LWL/ML(李思亮，2010；方舟等，2012)。

本章选择表征角质颚水平和垂直特征的最具代表性的形态参数建立角质颚形态参数与胴长的关系。为选出角质颚形态参数与胴长关系的最适方程，选择 4 种方程建立关系式[公式(5-1)～(5-4)](Fang et al.，2015)。利用幂函数建立胴长与体重的关系[公式(5-5)]。

$$线性：y=a+bx \tag{5-1}$$
$$幂函数：y=ax^b \tag{5-2}$$
$$指数：y=ae^{bx} \tag{5-3}$$
$$对数：y=a\ln x+b \tag{5-4}$$
$$胴长-体重：BW=aML^b \tag{5-5}$$

式中，x 为角质颚形态参数，y(ML)为胴长，BW 为体重，a 和 b 为参数。

利用赤池信息量准则选出各角质颚形态参数与胴长关系的最适模型(Akaike，1974；Haddon，2001)，即选择 AIC 值最小的模型(Burnham and Anderson，2002)。AIC 计算公式如下(Fang et al.，2015)：

$$AIC = 2\theta + n\ln(R_{SS}/n)$$

式中，θ 为估算参数的数量，n 为样本量，R_{SS} 为观测值与估算值的残差平方和。

为研究角质颚形态参数分布情况，对其进行频率分析。UHL、UCL 和 ULWL 的长度范围相近，因此将其组距均设为 2.00mm。类似地，将 LCL、LLWL 和 LWL 组距设为 1.00mm，将 LHL 组距设为 0.50mm。为比较不同胴长组（组距为 30mm）及性成熟度（Ⅰ～Ⅳ期）间角质颚形态参数的差异，利用 ANOVA（analysis of variance）检验进行分析。

5.1　胴长与体重关系

根据采样数据（表 5-1），中国枪乌贼与剑尖枪乌贼胴长-体重关系如下：
中国枪乌贼：$BW = 1.4 \times 10^{-3} ML^{2.1985}$（$n$=104，$R^2$=0.9504）
剑尖枪乌贼：$BW = 1.7 \times 10^{-3} ML^{2.1991}$（$n$=143，$R^2$=0.9333）

表 5-1　中国枪乌贼和剑尖枪乌贼的样本信息

种类	样本量/尾	胴长/mm		体重/g	
		范围	均值±标准差	范围	均值±标准差
中国枪乌贼	104	70～260	155±46	41～490	106±72
剑尖枪乌贼	143	96～284	173±44	16～309	162±98

由图 5-1 可知，胴长-体重关系拟合较好，且在两个种类间极为接近。由方程可知，剑尖枪乌贼生长略快于中国枪乌贼，但后者具有较高的 R^2。

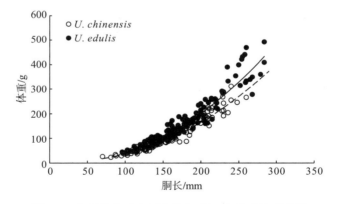

图 5-1　中国枪乌贼和剑尖枪乌贼胴长-体重关系差异

虽然雄性中国枪乌贼的最大记录胴长为 490mm，雌性为 310mm，但捕捞的常见胴长约为200mm（Jereb et al.，2010），这与其他研究中的常见胴长有所不同。在澳大利亚北昆士兰汤斯维尔的热带近海，中国枪乌贼胴长为 40～180mm（Jackson，1995b）；在中国南海北部湾海域，2006～2007 年的胴长为 42～295mm（李渊和孙典荣，2011），2010～2011 年的胴长为 11～438mm（Yan et al.，2013）。本章中，中国枪乌贼的胴长为 70～260mm，这与李渊和孙典荣（2011）和 Yan 等（2013）所描述的胴长范围一致。

类似地，雄性剑尖枪乌贼的最大记录胴长为 502mm，雌性为 410mm，但捕捞的常见胴长为 150～250mm（Jereb et al.，2010）。已有学者对 2002～2010 年中国东海剑尖枪乌贼的胴长分布做了研究，发现其胴长为 23～433mm（Wang et al.，2008，2010，2013）。本章中，剑尖枪乌贼的胴长为 96～284mm，在前人描述的分布范围内。本章中国枪乌贼和剑尖枪乌贼的胴长范围与已有研究的差异可能与采集样本的时间序列较短有关。因此，在今后的研究中需要考虑时间序列对结果的影响，尤其是在分析种群结构的问题时。

通过比较本章和先前研究中两个种类的胴长-体重方程发现（表 5-2），中国枪乌贼参数 a 为 0.0007～0.0017，参数 b 为 2.180～2.275；剑尖枪乌贼参数 a 为 0.0005～0.0026，参数 b 为 2.139～2.485；所有方程 R^2 均大于 0.9。由此可知，两个种类的胴长-体重关系有所不同。这些研究中，无法通过公式对中国枪乌贼和剑尖枪乌贼进行区分，而本章中同样存在这一问题，这进一步解释了两个种类具有相似的形态特征，容易出现鉴定错误。同时，也为两个种类各角质颚形态参数频率分析的重叠提供了合理的解释。

表 5-2　中国枪乌贼和剑尖枪乌贼胴长-体重关系比较

种类	性别	参数			参考文献
		a	b	R^2	
中国枪乌贼	雌性	1.2×10^{-3}	2.239	0.974	李渊和孙典荣，2011
		0.7×10^{-3}	2.240	0.950	Yan et al.，2013
	雄性	1.4×10^{-3}	2.206	0.965	李渊和孙典荣，2011
		1.5×10^{-3}	2.180	0.960	Yan et al.，2013
	混合	1.2×10^{-3}	2.230	0.950	Yan et al.，2013
		1.7×10^{-3}	2.275	0.985	张壮丽等，2008
		1.4×10^{-3}	2.199	0.950	本章
剑尖枪乌贼	雌性	0.5×10^{-3}	2.485	0.996	Wang et al.，2008
		0.5×10^{-3}	2.451	0.968	王凯毅，2009
		0.5×10^{-3}	2.325	0.908	孙典荣等，2011
	雄性	0.6×10^{-3}	2.426	0.969	Wang et al.，2008
		0.6×10^{-3}	2.431	0.967	王凯毅，2009
		1.9×10^{-3}	2.139	0.906	孙典荣等，2011
	混合	2.6×10^{-3}	2.185	0.991	丁天明等，2000
		1.7×10^{-3}	2.199	0.933	本章

5.2　角质颚形态参数的差异分析

如表 5-3 所示，UHL、UCL、ULWL、LCL、LLWL 和 LWL 的测量值较其他形态参数大。在 UHL、UCL、ULWL、LCL 和 LLWL 中，剑尖枪乌贼测量值的最大值、最小值和均值均比中国枪乌贼大。由 t 检验可知，除 URL、UWL、LRL 和 LWL 外，其他形态参数均存在种间差异。

表 5-3　中国枪乌贼和剑尖枪乌贼间的角质颚形态差异

形态参数	中国枪乌贼			剑尖枪乌贼			t	P
	最小值/mm	最大值/mm	均值±标准差/mm	最小值/mm	最大值/mm	均值±标准差/mm		
UHL	5.98	16.30	10.27±2.26	6.84	18.30	11.17±2.30	-3.12	0.002
UCL	8.80	21.95	14.12±3.10	10.08	24.73	15.19±2.97	-2.73	0.007
URL	1.77	4.30	2.86±0.56	1.87	4.33	2.82±0.48	0.61	0.545
URW	2.10	4.34	3.11±0.52	1.38	3.42	2.33±0.43	12.20	0.000
ULWL	5.73	17.28	10.63±2.56	7.68	19.07	11.45±2.34	-2.53	0.012
UWL	2.29	7.01	4.52±1.05	2.72	7.42	4.57±0.85	-0.40	0.687
LHL	2.23	5.71	3.69±0.87	2.45	5.87	3.89±0.75	-1.94	0.046
LCL	5.02	13.16	8.08±1.80	5.40	13.94	8.59±1.69	-2.21	0.028
LRL	1.47	4.44	3.01±0.63	1.88	5.01	2.88±0.52	1.74	0.084
LRW	2.00	5.16	3.62±0.75	1.88	4.98	3.03±0.57	6.63	0.000
LLWL	5.72	14.10	9.82±1.88	6.62	17.81	10.78±2.11	-3.76	0.000
LWL	4.24	10.62	6.70±1.59	3.95	11.99	6.77±1.42	-0.45	0.654

5.3　角质颚的主成分分析

由于上颚和下颚的形状不同，需对其分别进行主成分分析。在上颚中（表 5-4），中国枪乌贼第一主成分和第二主成分的累计贡献率为 89.03%，剑尖枪乌贼则为 86.69%。在下颚中（表 5-5），中国枪乌贼第一主成分和第二主成分的累计贡献率为 88.74%，剑尖枪乌贼则为 86.28%。第一主成分具有较高的贡献率，可用来表征角质颚特性的形态参数。由第一主成分的载荷因子可知，两个种类上颚中的 UCL/ML、UHL/ML 和 ULWL/ML 均具有较高的载荷因子；下颚中，中国枪乌贼的 LWL/ML、LCL/ML 和 LLWL/ML 具有较高的载荷因子，而剑尖枪乌贼的 LCL/ML、LLWL/ML 和 LWL/ML 具有较高的载荷因子。对这些被选中的因子作为代表角质颚特性的形态参数进一步分析。

表 5-4　中国枪乌贼和剑尖枪乌贼上颚主成分分析

	中国枪乌贼			剑尖枪乌贼		
	主成分 1	主成分 2	主成分 3	主成分 1	主成分 2	主成分 3
UHL/ML	0.943	-0.139	-0.147	0.930	0.031	-0.286
UCL/ML	0.969	-0.090	-0.124	0.949	-0.102	-0.175
URL/ML	0.832	0.465	0.174	0.886	0.092	0.105
URW/ML	0.882	0.316	-0.122	0.810	0.514	0.218
ULWL/ML	0.921	-0.246	-0.168	0.932	-0.121	-0.176
UWL/ML	0.850	-0.260	0.443	0.825	-0.384	0.395
特征值	4.871	0.471	0.306	4.756	0.446	0.358
贡献率/%	81.18	7.86	5.10	79.26	7.43	5.97
累计贡献率/%	81.18	89.03	94.14	79.26	86.69	92.66

表 5-5　中国枪乌贼和剑尖枪乌贼下颚主成分分析

	中国枪乌贼			剑尖枪乌贼		
	主成分 1	主成分 2	主成分 3	主成分 1	主成分 2	主成分 3
LHL/ML	0.863	−0.408	0.142	0.864	−0.347	−0.031
LCL/ML	0.936	−0.174	−0.070	0.907	−0.259	−0.062
LRL/ML	0.821	0.459	0.335	0.852	0.246	−0.405
LRW/ML	0.871	0.339	−0.290	0.783	0.565	0.073
LLWL/ML	0.941	−0.005	−0.142	0.948	−0.192	0.001
LWL/ML	0.914	−0.167	0.059	0.872	0.075	0.424
特征值	4.774	0.550	0.245	4.567	0.610	0.354
贡献率/%	79.57	9.17	4.09	76.11	10.17	5.90
累计贡献率/%	79.57	88.74	92.83	76.11	86.28	92.18

根据主成分分析结果，两个种类代表上颚生长的形态参数均为 UHL、UCL 和 ULWL，而两个种类中代表下颚生长的形态参数为 LHL（剑尖枪乌贼）、LCL、LLWL 和 LWL（中国枪乌贼），这可能与特定种类摄食习性不同有关。角质颚的形态会随头足类生长过程中食性的改变而发生变化，在生活史早期，鱿鱼主要以柔软的浮游生物和甲壳类为食，随后则以较大的甲壳类、鱼类和头足类为食（刘必林和陈新军，2010）。角质颚头盖、脊突和侧壁的生长可扩大鱿鱼嘴巴，这有助于鱿鱼撕裂较大的食物（方舟等，2014a）。值得注意的是，与其他形态参数相比，主成分分析选择的角质颚形态参数均具有较大的范围（剑尖枪乌贼的 LHL 除外），即 UHL、UCL、ULWL、LCL、LLWL 和 LWL。尽管已对角质颚形态参数进行了标准化（形态参数/胴长），但仍可推断角质颚的生长与胴长紧密相关。

根据主成分分析结果，使用 7 项角质颚形态参数建立最适模型，包括 UHL、UCL、ULWL、LHL（剑尖枪乌贼）、LCL、LLWL 和 LWL（中国枪乌贼）。Fang 等（2015）根据 AIC 值选择类似的形态参数（UHL、UCL、ULWL、LCL、LRL 和 LLWL）建立角质颚形态参数与胴长（体重）的最适方程；刘必林和陈新军（2010）选择了 UHL、UCL、UWL、LHL、LCL 和 LWL 建立角质颚形态参数与耳石轮纹的最适方程。这些角质颚形态参数的选择可能与其测量值的变化范围及测量精度有关。测量值较大的形态参数通常有较大的变化范围，此类形态参数更容易受个体大小变化的影响。测量值较小的形态参数的精度受限于游标卡尺的精度（尤其是较小的角质颚），即此类形态参数的差异只能展示细微的体型变化。但许多学者（Jackson and Mckinnon，1996；Jackson et al.，1997a；Gröger et al.，2000）只利用测量值较小的 URL 和 LRL 建立模型，而并没有使用其他形态参数。方舟等（2014a）认为，UHL、UCL、LCL 和 LWL 可代表角质颚生长，其中，UHL 和 UCL 可代表上颚水平方向的生长，LCL 可代表下颚水平方向的生长，LWL 可代表下颚垂直方向的生长。

5.4　角质颚形态参数与胴长关系

根据 AIC 值和 R^2 选择角质颚形态参数与胴长的最适模型。中国枪乌贼 AIC 值与 R^2 结果不一致，这可能是中国枪乌贼角质颚形态参数测量值中的异常值导致的，而剑尖枪乌贼 AIC 值与 R^2 结果一致。AIC 值可消除异常值对模型的影响，可用于选择最适模型。中国枪乌贼 AIC 值为 580.36～658.62，剑尖枪乌贼 AIC 值为 766.67～941.64。

中国枪乌贼和剑尖枪乌贼角质颚形态参数与胴长关系如图 5-2 所示。在中国枪乌贼中，UHL、UCL、ULWL 和 LLWL 的最适方程为幂函数，LHL 的最适方程为指数函数，LCL 的最适方程为线性函数；在剑尖枪乌贼中，UHL、UCL、LCL 和 LLWL 的最适方程为线性函数，ULWL 和 LWL 的最适方程为对数函数。

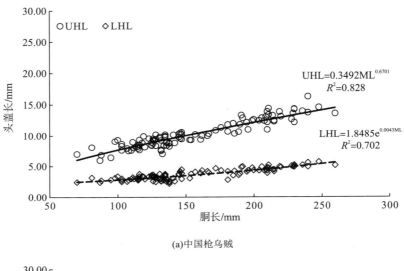

(a)中国枪乌贼

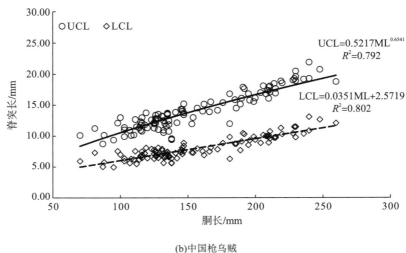

(b)中国枪乌贼

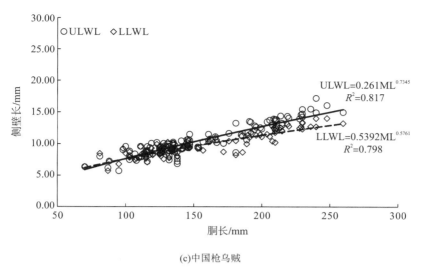

(c)中国枪乌贼

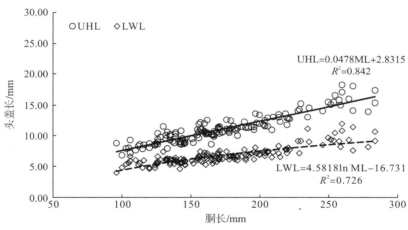

(d)剑尖枪乌贼

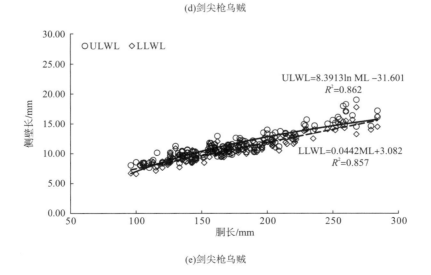

(e)剑尖枪乌贼

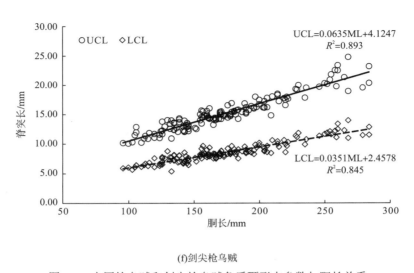

(f)剑尖枪乌贼

图 5-2   中国枪乌贼和剑尖枪乌贼角质颚形态参数与胴长关系

UHL.上头盖长，UCL.上脊突长，ULWL.上侧壁长，LHL.下头盖长，LCL.下脊突长，LLWL.下侧壁长，LWL.下翼长

根据 AIC 值，中国枪乌贼的最适模型为幂函数[LHL（指数函数）和 LCL（线性函数）除外]；剑尖枪乌贼的最适模型为线性函数[ULWL 和 LWL（对数函数）除外]。Fang 等（2015）发现，幂函数和线性函数为鸢乌贼角质颚形态参数与胴长关系的最适模型。线性函数也被认为是其他头足类的最适模型(Ivanovic and Brunetti，1997；刘必林和陈新军，2010；Bolstada，2006)。以上研究中 R^2 被作为模型选择的指标，而本章加入 AIC 值以提高模型选择的精确度，且使用了不同模型和角质颚形态参数。由角质颚的头盖长、脊突长和侧壁长的散点图发现，上颚长于下颚，但两者相近。Fang 等(2015)在鸢乌贼的头盖长和侧壁长中发现了类似的现象。

5.5   各胴长组间的角质颚差异

频率分析发现，已选角质颚形态参数的频率分布符合正态分布，且剑尖枪乌贼好于中国枪乌贼，上颚好于下颚(图 5-3)。总体来说，两个种类各角质颚形态参数的频率分布重叠较大，说明两个种类角质颚具有相近的特性。

由 ANOVA 和 LSD 结果可知，在已选的中国枪乌贼角质颚形态参数中，除 LHL 外，胴长组 80～110mm 和 110～140mm 与其他胴长组(140～170mm、170～200mm、200～230mm 和 230～260mm)存在显著差异($P<0.05$)，其他胴长组间均不存在显著差异($P>0.05$)。在剑尖枪乌贼中，胴长组 80～110mm、110～140mm 和 140～170mm 与其他胴长组(170～200mm、200～230mm、230～260mm 和 260～290mm)存在显著差异($P<0.05$)，其他胴长组间均不存在显著差异($P>0.05$)。

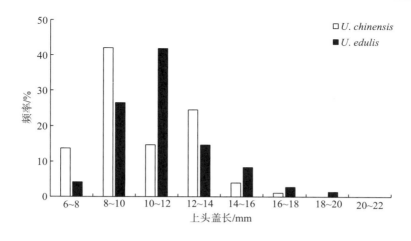

(a)

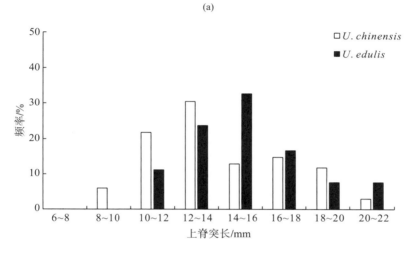

(b)

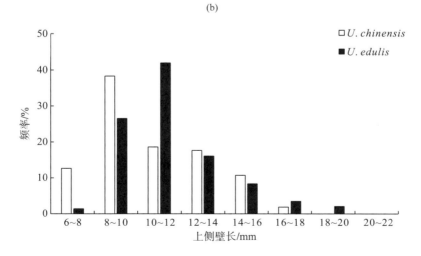

(c)

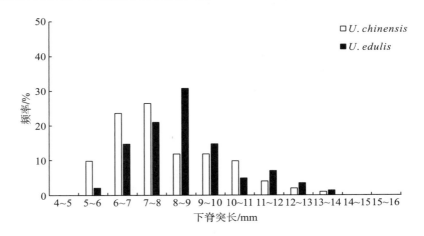

(d)

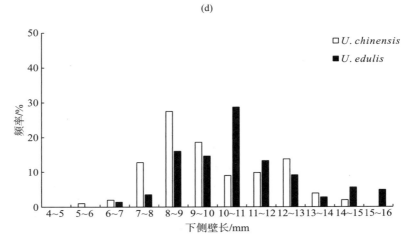

(e)

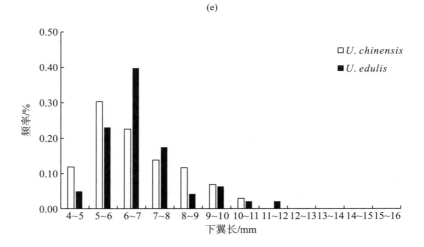

(f)

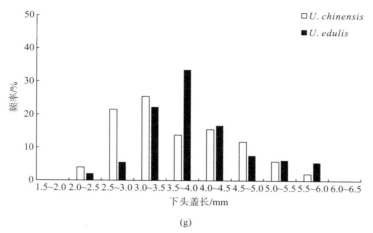

(g)

图 5-3　中国枪乌贼和剑尖枪乌贼角质颚形态参数分布频率图

　　根据角质颚形态参数与胴长的比值(图 5-4)，比值随胴长的增加而下降，且上、下颚均在生活史早期的生长过程中急剧下降。中国枪乌贼比值在胴长 140mm 以前快速下降，而剑尖枪乌贼则是在胴长 170mm 以前快速下降，以后则均相对较为平稳。

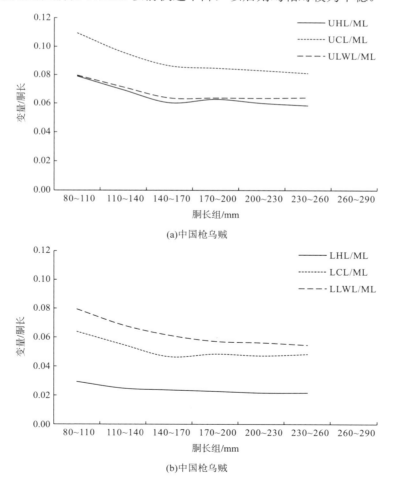

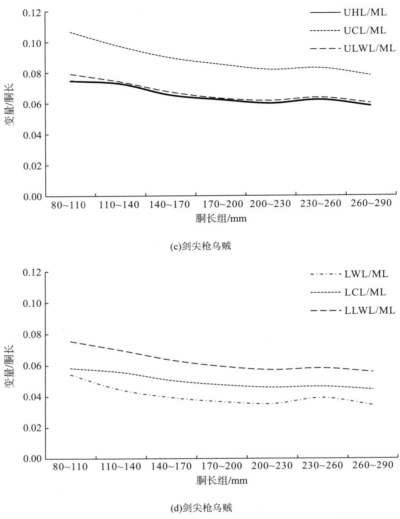

(c)剑尖枪乌贼

(d)剑尖枪乌贼

图 5-4　中国枪乌贼和剑尖枪乌贼胴长组间形态参数/胴长差异

5.6　各性成熟度间角质颚差异

　　由 ANOVA 和 LSD 结果可知，中国枪乌贼性成熟度 I 期的角质颚形态参数与其他各期(II ～IV)存在显著差异($P<0.05$)，而其他性成熟度各期间无显著差异($P>0.05$)。类似地，剑尖枪乌贼性成熟度 I 期的角质颚形态参数与其他各期(II ～IV)存在显著差异($P<0.05$)，性成熟度 II 期与IV期存在显著差异($P<0.05$)，而 II 期和III期、III期和IV期不存在显著差异($P>0.05$)。

　　角质颚形态参数在各性成熟度中的变化有相近的模式(图 5-5)。两个种类的角质颚从性成熟度 I 期到 II 期的变化较其他各期显著。对剑尖枪乌贼，角质颚在性成熟度 II 期到IV期生长相对缓慢；对中国枪乌贼，角质颚在性成熟度 II 期到III期生长近乎停滞，随后在性成熟度III期到IV期呈现快速增长。

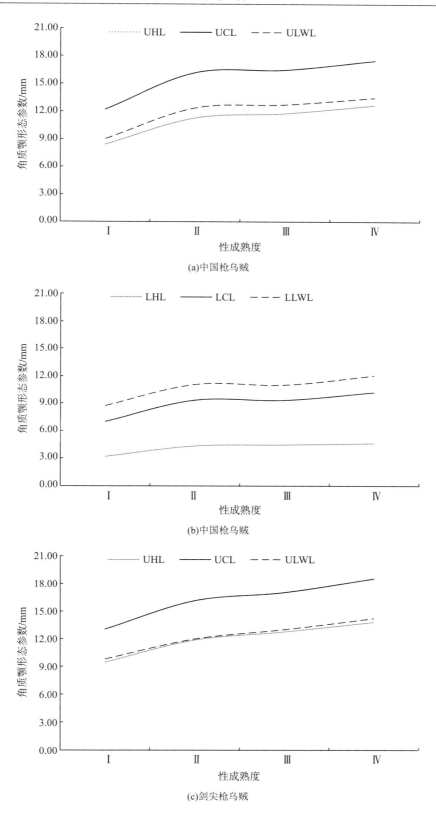

(a)中国枪乌贼

(b)中国枪乌贼

(c)剑尖枪乌贼

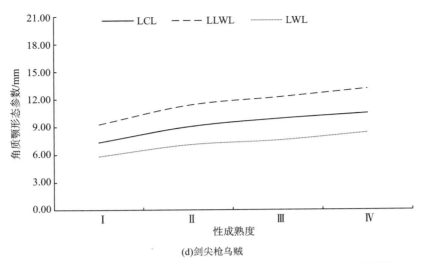

(d)剑尖枪乌贼

图 5-5　中国枪乌贼和剑尖枪乌贼不同性成熟度间角质颚形态参数差异

　　角质颚形态参数与性成熟度密切相关，角质颚形态变化发生在不同性成熟度中(Fang et al.，2015)。本研究认为，同样的结论也适用于不同胴长组的角质颚形态变化。由已选择的角质颚形态参数的 ANOVA 和 LSD 可知，不同胴长组及性成熟度下，角质颚形态存在差异。各胴长组和性成熟度间角质颚形态参数的差异可能与生长过程中食性的变化及生殖系统的变化有关(Fang et al.，2015)。头足类食性常在性未成熟(Ⅰ期和Ⅱ期)时出现波动，在性成熟后趋于稳定(Ⅲ期到Ⅴ期)(刘必林和陈新军，2009)。在鱿鱼生长初期，其身体和生殖器官生长需要大量能量，角质颚快速生长可以保证获取食物，为鱿鱼的快速生长提供足够的能量。

第6章　南海北部秋季杜氏枪乌贼
角质颚形态及生长特征

已有相关报道认为，处于不同性成熟度的头足类，由于摄食种类存在差异，其角质颚的形态和生长规律也有差异，因此角质颚的形态可以用于表征头足类性成熟度的特征(Wolff，1984)。已有针对多种大洋性头足类及近海头足类角质颚形态和生长特性的研究，但尚未见对杜氏枪乌贼角质颚形态和生长的研究。本章根据我国拖网船在2015 年 9～10 月在我国南海北部海域进行渔业生产期间采集的杜氏枪乌贼样本，测定其角质颚形态参数，通过比较不同胴长组和不同性成熟度角质颚的形态参数，分析性成熟度对杜氏枪乌贼角质颚形态和生长的影响，为其种群区分和资源可持续利用提供技术支撑。

最终共捕获杜氏枪乌贼样本 512 尾(雌性 281 尾，雄性 231 尾)。捕获的样本在船上直接冷冻，运回实验室进行后续分析。基础生物学测量和角质颚测量方法与第 2 章相同。采用频度分析法，分雌雄分析渔获物胴长及体重组成，组间距分别为 20mm 和20g。

由于不同性别和性成熟度的个体差异较大，因此将不同性别和性成熟度的个体分开分析。首先检验数据的正态性，不满足正态分布的则进行平方根转化的标准化处理(管于华，2005)；然后利用方差分析(ANOVA)对雌雄个体的胴长、体重以及角质颚形态参数进行差异性检验，以检测是否存在性别差异。同时建立胴长与体重的生长方程，其公式为(方舟等，2012)：

$$W = a\mathrm{ML}^b$$

式中，W 为体重(g)；ML 为胴长(mm)；a、b 为估算参数。

参考韩青鹏等(2017)，利用不同的生长模型(线性函数、幂函数、指数函数、对数函数)拟合角质颚形态参数与胴长的关系。

利用赤池信息量准则，选取值最小的为最适生长模型，计算公式为：

$$\mathrm{AIC} = 2 \times k + n \times \ln\left(\frac{R_{SS}}{n}\right)$$

式中，k 为方程中参数常数的数量，n 为样本量，R_{SS} 为观测值与估算值的残差平方和。

为检验不同胴长组和不同性成熟度对雌性个体角质颚形态差异的影响，运用方差分析对不同胴长组和不同性成熟度雌性个体的角质颚各项参数进行差异性检验。对于存在极显著性差异($P<0.01$)的，采用 Tukey 法进行组间多重比较，以便分析胴长和性成熟度对角质颚形态的影响。

所有统计分析采用 SPSS 19.0 软件进行。

6.1 胴长和体重组成及其关系

统计表明，雌性未成熟个体胴长、体重分别为 36～110mm、4～51g，对应的优势胴长和体重为 60～120mm、0～20g，占总数的 92.55%、72.34%；雌性成熟个体胴长、体重分别为 36～134mm、15～104g，对应的优势胴长和体重为 60～120mm、0～40g，占总数的 89.02%、88.41%；雄性未成熟个体胴长、体重分别为 36～164mm、3～84g，对应的优势胴长、体重为 60～120mm、0～40g，占总数的 85.32%、88.58%。以上三组个体的胴长（ANOVA，$F=10.654$，$P<0.01$）和体重（ANOVA，$F=4.79$，$P<0.01$）均存在显著差异（图 6-1）。通过多重比较发现，仅不同性别未成熟个体间胴长存在显著差异（$P<0.01$）；仅不同雌性成熟个体间体重存在显著差异（$P<0.01$）。

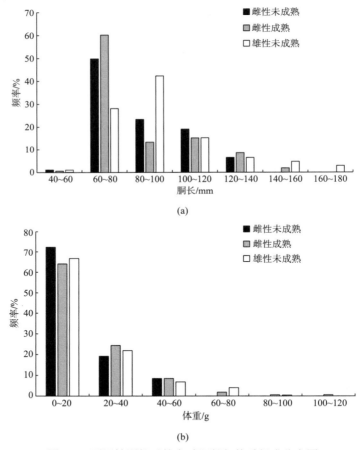

图 6-1　不同性别杜氏枪乌贼胴长与体重组成分布图

根据上述方差分析（ANOVA）的结果，本研究将不同性别和性成熟度个体分开讨论（图 6-2）。经过拟合，不同性别和性成熟度胴长与体重关系为：

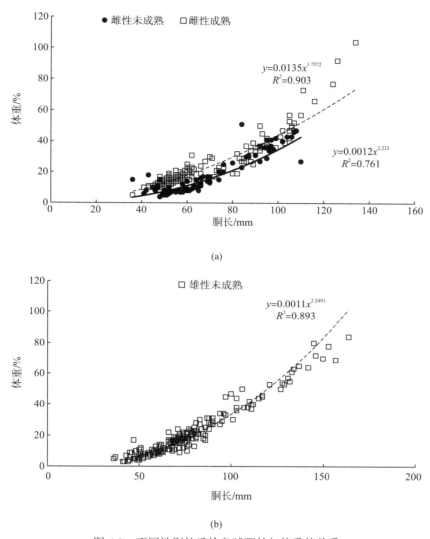

图 6-2　不同性别杜氏枪乌贼胴长与体重的关系

雌性未成熟：$W = 1.2 \times 10^{-3} ML^{2.223}$（$n = 94$，$R^2 = 0.761$，$P < 0.01$）

雌性成熟：$W = 1.35 \times 10^{-2} ML^{1.7572}$（$n = 164$，$R^2 = 0.902$，$P < 0.01$）

雄性未成熟：$W = 1.1 \times 10^{-3} ML^{2.2491}$（$n = 219$，$R^2 = 0.893$，$P < 0.01$）

在我国东海和南海的相关渔业资源调查中，杜氏枪乌贼在头足类渔获物中所占比例较大，是重要的优势种（朱文斌等，2014；黄梓荣，2008），因此了解其基础生物学对开发该资源有着重要的意义。本研究所采集的样本，雌雄比例较为接近，总体雄性个体的胴长和体重大于雌性个体，雌性在个体较小时也已经达到性成熟。目前该种类在国内公开发表的基础生物学报道较少，对比国外同种类的研究发现，印度孟买沿岸（Karnik and Chakraborty，2001）和红海北部海域（Sabrah et al.，2015）所捕获的杜氏枪乌贼均发现有胴长超过 200mm 的个体，平均胴长也都在 100mm 以上，平均体重也在 40g 以上，本章中个体相对较小，这与其所处环境的饵料和营养物有着较大的关系（刘维达，2011）。从胴长与体重关系来看，其中未成熟个体的系数 b 在 2.22～2.25，而雌性成熟个体仅为1.75，这在头足类的生长中属于较慢类型。对比其他海域的生长系数，埃及沿岸（Sabrahet al.，2015）和泰国沿岸（Sukramongkol et al.，2007）的雄性个体，以及印度西海岸的雌雄个体（Mishra et al.，2012）均出现系数低于 2（1.61～1.95）的情况。性成熟与未成熟个体生长存在差异也直接说明了枪乌贼生长的策略，即幼体期间保持个体较快生长，当性成熟后，能量主要供给于性腺发育。总体而言，由于近岸海洋环境的影响，杜氏枪乌贼胴长和体重的关系处于一种较为平缓的异速生长模式（Sabrah et al.，2015）。

6.2　不同性别和性成熟度下个体角质颚形态差异

不同性别杜氏枪乌贼角质颚形态参数如表 6-1 所示。其中雌性成熟个体角质颚形态参数的均值整体上大于其他两组，而不同性别未成熟个体的角质颚形态较为相似，雄性整体上略大于雌性。

表 6-1　不同性别和性成熟度杜氏枪乌贼角质颚形态参数　　　　　　　（单位：mm）

参数	雌性未成熟		雌性成熟		雄性未成熟	
	极值	均值±标准差	极值	均值±标准差	极值	均值±标准差
UHL	2.49～8.69	5.22±1.47	3.62～9.58	6.07±1.11	2.67～10.87	5.53±1.44
UCL	4.44～11.91	7.33±1.90	4.23～14.09	8.38±1.54	4.25～13.03	7.73±1.83
URL	0.98～3.04	1.68±0.44	1.17～2.90	1.96±0.30	0.45～2.86	1.76±0.43
ULWL	3.47～9.05	5.67±1.35	4.09～10.92	6.48±1.24	3.07～9.89	5.95±1.35
UWL	1.17～3.67	2.24±0.56	1.27～5.94	2.45±0.69	1.08～5.03	1.34±0.65
LHL	1.32～4.00	2.09±0.49	1.47～3.89	2.32±0.44	1.21～3.87	2.13±0.50
LCL	2.31～6.38	4.00±1.07	1.38～7.76	4.73±0.90	1.30～7.17	4.18±1.13
LRL	0.59～2.26	1.52±0.34	0.79～2.95	1.55±0.45	0.45～4.93	1.56±0.47
LLWL	1.51～8.00	4.82±1.37	3.30～9.71	5.79±1.05	1.69～8.68	5.06±1.33
LWL	1.13～5.58	3.37±0.86	2.28～7.56	3.64±0.95	1.18～6.26	3.64±0.89

通过方差分析可以发现，除下喙长（LRL）外，不同性别和性成熟个体间的各项角质颚参数均存在显著差异（$P<0.05$）。利用多重比较分析（Tukey-HSD）发现，除下喙长（LRL）和下翼长（LWL）外，不同性成熟雌性个体间的各项角质颚参数均存在显著差异（$P<0.05$），雌性成熟个体与雄性未成熟个体间也有类似的关系。在不同性别未成熟个体间，所有的角质颚形态参数均不存在差异（$P>0.05$）（表 6-2）。

表 6-2　不同性别和性成熟度杜氏枪乌贼角质颚形态参数方差分析

参数	整体比较		Tukey-HSD					
			雌未-雌成熟		雌未-雄未		雌成熟-雄未	
	F	P	SE	P	SE	P	SE	P
UHL	13.68	<0.01	0.17	<0.01	0.16	>0.05	0.14	<0.01
UCL	11.97	<0.01	0.23	<0.01	0.22	>0.05	0.19	<0.01
URL	18.77	<0.01	0.05	<0.01	0.04	>0.05	0.04	<0.01
ULWL	13.45	<0.01	0.17	<0.01	0.16	>0.05	0.13	<0.01
UWL	3.32	<0.05	0.08	<0.05	0.08	>0.05	0.06	>0.05
LHL	9.17	<0.01	0.06	<0.01	0.06	>0.05	0.05	<0.01
LCL	19.03	<0.01	0.13	<0.01	0.13	>0.05	0.11	<0.01
LRL	0.254	>0.05	0.06	>0.05	0.05	>0.05	0.04	>0.05
LLWL	23.22	<0.01	0.16	<0.01	0.15	>0.05	0.13	<0.01
LWL	3.38	<0.05	0.12	>0.05	0.11	<0.05	0.09	>0.05

注：F 为 F 值；SE 为标准误；雌未为雌性未成熟个体，雄未为雄性未成熟个体，雌成熟为雌性成熟个体；P 为显著性参数，其中<0.01 为存在极显著差异，<0.05 为存在显著差异，>0.05 为不存在差异

　　头足类的角质颚是主要的摄食器官，其形态差异可以反映个体的生长情况和摄食习性。本研究对角质颚各项形态参数方差分析的结果表明，不同性成熟度雌性角质颚形态存在显著差异。头足类在生长过程中，由于个体生长发育的需要，食性会发生一定的变化，摄食对象往往是从较小的甲壳类变为与其体型相似的鱼类，甚至同类(Rodhouse and Nigmatullin，1996)。因此在个体从性未成熟向性成熟转变的过程中，角质颚的形态也会发生较大的变化，这在柔鱼、阿根廷滑柔鱼等种类中也有所发现。两性异形(sexual dimorphism)在头足类中较为常见，其中角质颚的形态也有类似的特征(Mercer et al.，1980；Bolstada，2006)。本章中对比未成熟个体，雌雄间角质颚形态不存在差异，这与其他的大洋性头足类角质颚特征有所不同(方舟等，2014a；胡贯宇等，2016；陆化杰等，2013)。产生此情况的原因有如下两点：①杜氏枪乌贼栖息于沿岸海域，无论何种性别，其栖息范围均处于一个相似的环境中，因此摄食对象和影响的环境因子均相似，这样雌雄个体间角质颚形态则不会产生较大的差异；②从个体大小来看，在同一环境中，雌性性成熟与未成熟个体均存在，而雄性则未发现性成熟个体，可以认为雄性和雌性在相同时间处于不同的生长阶段，成熟个体由于食性改变，角质颚形态也发生了变化，而未成熟个体仍然保持相对稳定的形态。

6.3　角质颚形态参数与胴长的关系

　　结合上述差异分析，本研究选取了头盖长(UHL 和 LHL)、脊突长(UCL 和 LCL)和侧壁长(ULWL 和 LLWL)分别与胴长进行拟合分析。用不同的模型拟合后发现，根据 AIC，所有上颚参数与胴长的关系符合线性模型(图 6-3)，拟合方程如下：

雌性未成熟：UHL＝0.0666ML+0.7716（$n=94$，$R^2=0.763$，$P<0.01$）

　　　　　　　UCL＝0.0860ML+1.5872（$n=94$，$R^2=0.762$，$P<0.01$）

　　　　　　　ULWL＝0.0610ML+1.5900（$n=94$，$R^2=0.761$，$P<0.01$）

雌性成熟：UHL＝0.0439ML+3.1882（$n=164$，$R^2=0.697$，$P<0.01$）

　　　　　UCL＝0.0599ML+4.4408（$n=164$，$R^2=0.669$，$P<0.01$）

　　　　　ULWL＝0.0459ML+3.4682（$n=164$，$R^2=0.610$，$P<0.01$）

雄性未成熟：UHL＝0.0502ML+1.7337（$n=219$，$R^2=0.893$，$P<0.01$）

　　　　　　　UCL＝0.0650ML+2.8201（$n=219$，$R^2=0.774$，$P<0.01$）

　　　　　　　ULWL＝0.0424ML+2.7412（$n=219$，$R^2=0.608$，$P<0.01$）

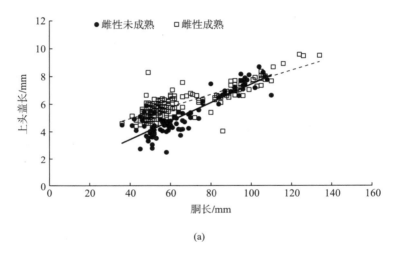

(a)

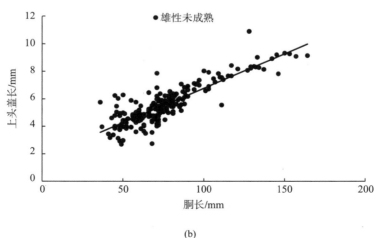

(b)

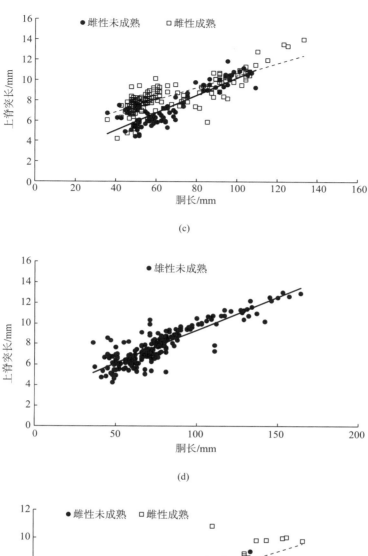

(c)

(d)

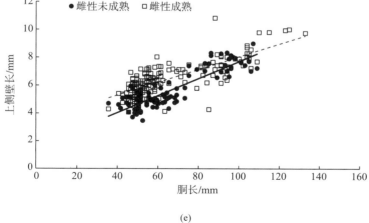

(e)

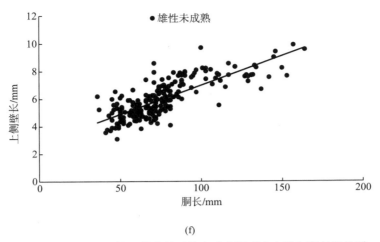

(f)

图6-3 不同性别和性成熟度杜氏枪乌贼上颚形态参数与胴长的关系

注：虚线为成熟个体与胴长关系，实线为未成熟个体与胴长关系

与上颚和胴长的关系相同，根据 AIC，所有下颚形态参数与胴长的关系符合线性模型（图6-4），拟合方程如下：

雌性未成熟：$LHL=0.0189ML+0.8330$（$n=94$，$R^2=0.545$，$P<0.01$）

$\qquad LCL=0.0464ML+0.8996$（$n=94$，$R^2=0.694$，$P<0.01$）

$\qquad LLWL=0.0550ML+1.1432$（$n=94$，$R^2=0.599$，$P<0.01$）

雌性成熟：$LHL=0.0126ML+1.4935$（$n=164$，$R^2=0.356$，$P<0.01$）

$\qquad LCL=0.0324ML+2.6008$（$n=164$，$R^2=0.573$，$P<0.01$）

$\qquad LLWL=0.0404ML+3.1359$（$n=164$，$R^2=0.653$，$P<0.01$）

雄性未成熟：$LHL=0.0161ML+0.9182$（$n=219$，$R^2=0.639$，$P<0.01$）

$\qquad LCL=0.0382ML+1.2866$（$n=219$，$R^2=0.696$，$P<0.01$）

$\qquad LLWL=0.0442ML+1.7223$（$n=219$，$R^2=0.681$，$P<0.01$）

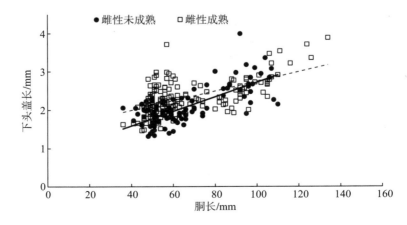

(a)

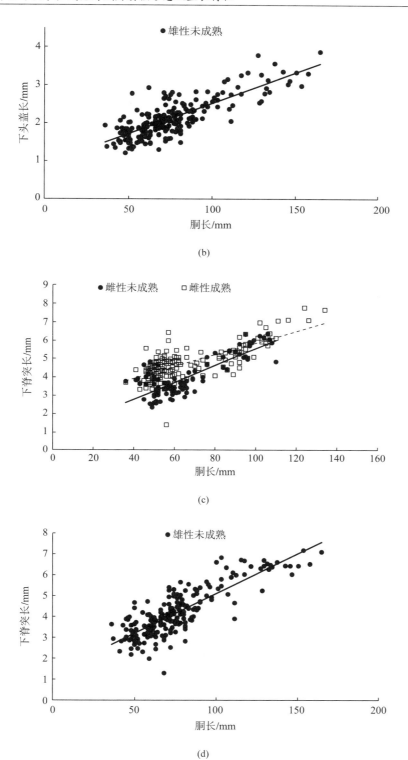

(b)

(c)

(d)

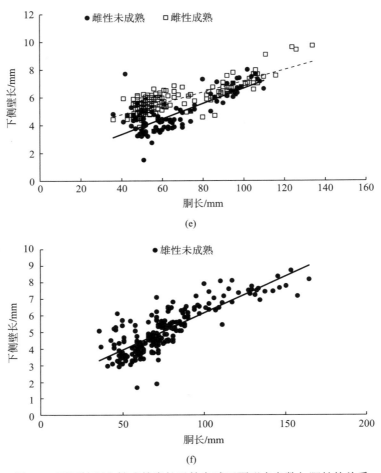

图6-4 不同性别和性成熟度杜氏枪乌贼下颚形态参数与胴长的关系

注：虚线为成熟个体与胴长关系，实线为未成熟个体与胴长关系

研究发现，角质颚的各项形态参数与胴长的关系均符合线性模型，不同性成熟度雌性角质颚的生长也各有不同。该种生长模型较为常见，在其他种类中也有类似的发现（方舟等，2014a；胡贯宇等，2016；陆化杰等，2013；韩青鹏等，2017）。其生长模型在不同性别中无差异，而在雌性不同性成熟度个体间则表现出明显的差别。在头足类个体发育阶段，个体唯有依靠大量摄食以保证个体和角质颚的生长，因此该阶段无论是个体本身还是角质颚都生长迅速；随着个体的性成熟，所摄入的能量主要供给性腺发育，因此个体和角质颚的生长逐渐趋缓。本研究中，雌性个体表现出两种不同的生长模式，这应该与其生殖策略有关。Rocha 等（2001）介绍了不同头足类的生殖策略，其中多数大洋性经济头足类（如柔鱼、茎柔鱼、鸢乌贼）和枪乌贼类均属于单循环产卵，再次细分发现大洋性头足类为多次产卵，个体在不同的产卵季节间仍旧保持生长，而枪乌贼类为间歇性产卵，个体在不同的产卵季节间不再继续生长。正是因为上述原因，雌性个体在相似的情况下，性成熟度大不相同，角质颚形态也存在差异。

6.4　不同胴长组和不同性成熟度对雌性角质颚形态的影响

由于雌性个体差异较大，因此本研究根据胴长分布，以 20mm 为间距，将胴长分为八个组。同时也将性成熟度细化分为 I 期、II 期、III 期和 IV 期四个等级，利用双因素方差分析(Two-way ANOVA)来分析雌性个体大小和性成熟度以及其交互作用对角质颚形态的影响。在剔除上文方差分析结果中差异不显著的形态参数后，其余形态参数无论是上颚还是下颚，在不同的胴长组间均存在显著差异($P<0.01$)。在结合性成熟度分析后，结果认为除了下翼长(LWL)，其余形态参数均受胴长和性成熟度交互作用的影响($P<0.01$)(表 6-3)。

表 6-3　不同胴长组和性成熟度对雌性杜氏枪乌贼角质颚形态的影响

参数	胴长组		性成熟度		交互作用	
	F	P	F	P	F	P
UHL	108.05	<0.01	3.57	<0.01	4.57	<0.01
UCL	90.57	<0.01	3.18	<0.01	3.75	<0.01
URL	9.72	<0.01	4.75	<0.01	2.50	<0.01
ULWL	76.10	<0.01	5.10	<0.01	3.13	<0.01
UWL	36.72	<0.01	1.25	<0.05	1.81	<0.05
LHL	35.80	<0.01	0.31	<0.05	4.33	<0.01
LCL	70.64	<0.01	3.59	<0.01	2.76	<0.01
LLWL	72.51	<0.01	5.94	<0.01	3.34	<0.01
LWL	39.06	<0.01	1.04	>0.05	1.89	>0.05

注：F 为 F 值；P 为显著性参数，其中<0.01 为存在极显著差异，<0.05 为存在显著差异，>0.05 为不存在差异

根据多重比较进一步发现，在不同胴长组中，除了 40～60mm 与 60～80mm 的上喙长(URL)外，其余组在上颚形态参数间均存在显著差异($P<0.01$)；除了 40～60mm 与 60～80mm 的下头盖长(LHL)外，其余组在下颚形态参数间均存在显著差异($P<0.01$)。在不同的性成熟度中，所有上颚形态参数仅在 III 期和 IV 期间不存在差异($P>0.05$)，其余性成熟度间均存在显著差异($P<0.01$)，其中上喙长(URL)在 II 期与 III 期间也不存在差异($P>0.05$)；下颚与上颚有所不同，所有下颚形态参数仅在 I 期和 II 期间存在显著差异($P<0.01$)，其余性成熟度间均不存在差异($P>0.05$)。

雌性杜氏枪乌贼个体不同胴长组之间，角质颚的形态参数均存在差异，结合上述性成熟度差异分析后也发现，大多数角质颚形态参数受胴长和性成熟度交互作用的影响。以往的相似研究中均分胴长组和性成熟度进行分析，均发现个体和性成熟度对头足类角质颚的影响(方舟等，2014；胡贯宇等，2016；陆化杰等，2013；韩青鹏等，2017)，但是并没有将两个原因综合考虑。本研究发现相似雌性个体呈现出完全不同的性成熟情况，

经过分析也发现，个体大小(胴长)和性成熟度存在交互作用，共同影响角质颚形态参数。这也与上述枪乌贼类的产卵策略有很大的关系(Rocha et al.，2001)。因此，针对杜氏枪乌贼，不能仅从角质颚的大小推断胴长大小或性成熟度的高低。多数学者往往通过建立胴长和角质颚形态参数的关系来推算未知个体的大小(Jackson，1997a；Gröger et al.，2000；Lefkaditou and Bekas，2004)。而本章中出现的特殊情况，采样原有的估算方法往往会造成较大的误差，需要在今后的研究中进一步分析。

第7章 基于几何形态学方法的三种
常见枪乌贼的种类鉴定

已有研究利用基于一种硬组织的传统方法对不同种类头足类进行了差异分析，但极少有利用不同组织外形轮廓法进行种类鉴定。本章的目的在于探索利用几何形态学方法对耳石和角质颚进行分析，以区分三种常见的头足类，并比较两种组织及其组合(包括耳石、上颚、下颚及耳石和角质颚的组合)的鉴定效果。本章的鉴定方法可为今后几种头足类渔业生物学和生态学的研究提供有力保障。

杜氏枪乌贼、火枪乌贼和剑尖枪乌贼由 5 艘拖网渔船于 2015 年 3~5 月在南海采集，共采集样本 256 尾，其中剑尖枪乌贼 131 尾，杜氏枪乌贼 63 尾，火枪乌贼 62 尾(表 7-1)，于-18℃冷冻保存。

表 7-1 南海三种常见枪乌贼采样信息

种类	采样位置	样本量/尾	胴长/mm	体重/g
杜氏枪乌贼		63	55~128	18~93
火枪乌贼	109°~116°E，21°~23°N	62	34~77	4~37
剑尖枪乌贼		131	112~284	61~490

解冻后，首先根据其形态特征进行分类(陈新军等，2009)。随后，测量其胴长和体重，测量精度分别为 1mm 和 1g。提取耳石和角质颚，清洗干净，保存于 75%酒精中。处理角质颚前，需在蒸馏水中浸泡数小时以恢复原状(Perales-Raya et al.，2010)。随后，将角质颚(上颚和下颚)沿头盖、侧壁和喙部的纵轴用装有 0.3mm 刀片的切割机对称切割(Liu et al.，2015b)。由于耳石和角质颚的组合需要同一样本的匹配，因此耳石或者角质颚的缺失会导致分析过程中样本量存在差异。

将耳石置于×100 倍(物镜×10 倍，目镜×10 倍)光学显微镜下拍照。将角质颚置于单反相机(Nikon D7200)下拍照。三种枪乌贼的耳石、上颚和下颚形态如图 7-1 所示。将耳石和角质颚的图像利用 Photoshop CS5.0 处理，使其在外形轮廓分析软件 SHAPE 中便于识别和处理。图像在使用 SHAPE 软件处理前需转换成 bmp 格式。SHAPE 软件是一个基于椭圆傅里叶方法估算生物外形轮廓的程序包(Iwata and Ukai，2002)。本章中，使用 SHAPE 程序包中的 Chain Coder 程序提取耳石和角质颚图像中的外形轮廓，并将相关信息存储为编码链，以备椭圆傅里叶分析。

利用 SHAPE 程序包中的 Chain Coder 程序为每一幅图像产生 20 组傅里叶谐值。每一组谐值由 4 个形态系数组成，即每一幅图像的轮廓特征由 80 项系数组成。由于傅里叶形态特征值对耳石图形的位置、大小和方向都比较敏感（Tracey et al.，2006），因此求得的傅里叶谐值需要经过标准化处理用于后续分析。标准化处理后，前三个系数为常数（A1=1，B1=C1=0）。最终每幅耳石图像外部轮廓特征由 77 项系数组成，用于逐步判别分析。

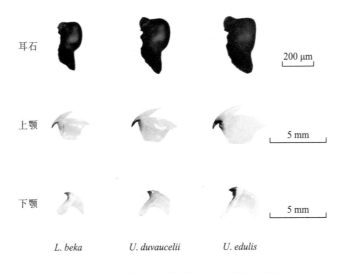

耳石

上颚

下颚

L. beka　　　　U. duvaucelii　　　　U. edulis

图 7-1　三种枪乌贼的耳石、上颚和下颚

利用主成分分析对各图像产生的 77 项系数进行分析，选出可以解释耳石和角质颚变量的系数，再进一步利用逐步判别分析得到判别方程式。最后，利用留一交叉验证获取三个种类不同组织的判别正确率。值得注意的是，在进行耳石和角质颚的主成分分析和判别分析后，需要选出显著的系数形成耳石、上颚和下颚的组合。

7.1　基于耳石的种类鉴定

对三个种类总体进行主成分分析和逐步判别分析。主成分分析结果表明，耳石 20个主成分的累计贡献率为 72.57%。根据 77 项系数与第一主成分（PC1）和第二主成分（PC2）的相关关系（载荷因子绝对值大于 0.5），选择 20 项系数做进一步分析。根据主成分分析的因子 1 和因子 2，三个种类的散点图重叠区域较大，而每个种类的散点图均由四部分组成[图 7-2(a)]。逐步判别分析结果表明，77 项系数中的 10 项系数可用于区分三个种类耳石的外形特征，三个种类的判别函数参数值见表 7-2。交叉判别正确率较原始判别正确率稍低（表 7-3）。根据逐步判别分析中的函数 1 和函数 2，能基本区分三个种类[图 7-3(a)]。

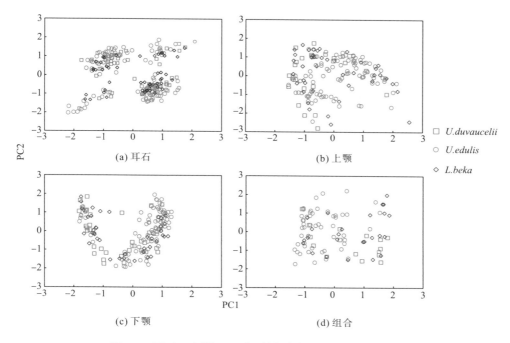

(a) 耳石　　(b) 上颚　　(c) 下颚　　(d) 组合

图 7-2　耳石、上颚、下颚及其组合的主成分分析散点图

表 7-2　逐步判别分析的判别函数参数值

步骤	组合				耳石				上颚				下颚			
	系数	duv	bek	edu	系数	duv	beka	edu	系数	duv	bek	edu	系数	duv	bek	edu
1	D1	690	611	726	D1	802	763	830	A3	213	225	280	B2	-4	-1	13
2	A3	94	356	-72	A3	1737	1877	1510	A11	688	490	409	D13	174	-43	208
3	B2	11	1	34	D5	245	155	405	C4	1	-11	-54	A5	168	171	265
4	D5	434	284	626	D9	60	107	316	D19	-1610	-1164	-1355	B5	-86	-37	-180
5	C17	-1039	-633	-1424	A5	-1538	-1516	-1407	D1	690	685	705	C7	-117	-207	5
6	A11	511	301	150	B6	-8	-147	42	A10	892	999	1035	A19	-258	-19	-438
7	A3	47	114	101	A9	237	144	515	—	—	—	—	—	—	—	—
8	A10	356	614	493	C6	319	241	248	—	—	—	—	—	—	—	—
9	A9	631	377	917	D19	758	557	381	—	—	—	—	—	—	—	—
10	D19	369	111	-366	C17	171	222	-65	—	—	—	—	—	—	—	—
	Constant	-227	-202	-253	Constant	-298	-281	-308	Constant	-267	-264	-286	Constant	-4	-4	-7

注：*duv*. 杜氏枪乌贼；*bek*. 火枪乌贼；*edu*. 剑尖枪乌贼。

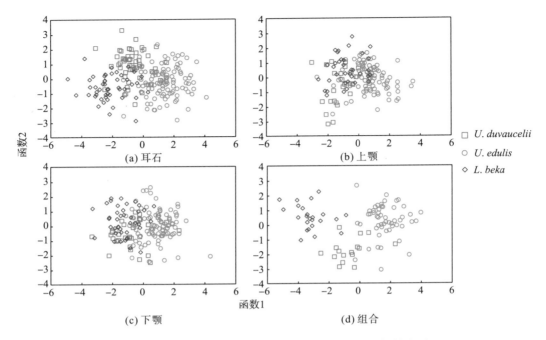

图 7-3　耳石、上颚、下颚及其组合的逐步判别分析散点图

表 7-3　种类判别的样本量及判别正确率

分组		样本量			OV /%	CV/%
		duv	*bek*	*edu*		
耳石	*duv*	41	9	10	75.9	72.2
	bek	6	40	2	80.0	80.0
	edu	7	1	94	88.7	87.7
	合计	54	50	106	81.5	80.0
上颚	*duv*	15	10	9	60.0	60.0
	bek	10	22	15	55.0	50.0
	edu	0	8	71	74.7	73.7
	合计	25	40	95	63.2	61.2
下颚	*duv*	17	11	13	53.1	46.9
	bek	11	27	9	65.9	58.5
	edu	4	3	71	76.3	75.3
	合计	32	41	93	65.1	60.2
组合	*duv*	14	1	4	87.5	75.0
	bek	0	23	0	95.8	87.5
	edu	2	0	49	92.5	88.7
	合计	16	24	53	91.9	83.7

注：*duv*. 杜氏枪乌贼；*bek*. 火枪乌贼；*edu*. 剑尖枪乌贼；OV. 原始判别正确率；CV. 交叉判别正确率

7.2　基于角质颚的种类鉴定

主成分分析中，上颚和下颚 20 个主成分的累计贡献率分别为 86.22% 和 79.57%。根据 77 项系数与第一主成分(PC1)和第二主成分(PC2)的相关关系(上颚载荷因子绝对值大于 0.6，下颚载荷因子绝对值大于 0.5)，上颚选择 19 项系数，下颚选择 18 项系数进一步分析。根据主成分分析的因子 1 和因子 2，三个种类上颚[图 7-2(b)]和下颚[图 7-2(c)]的散点图重叠区域较大。下颚各种类的散点图被分为两部分，而上颚并无此现象。逐步判别分析结果表明，角质颚各有 6 项系数可用于区分三个种类上颚和下颚的外形特征(表 7-2)。与耳石相似，交叉判别正确率略低于原始判别正确率(表 7-3)。与耳石相比，上颚[图 7-3(b)]和下颚[图 7-3(c)]逐步判别分析中函数 1 和函数 2 的散点图有较大重叠。

7.3　基于耳石和角质颚组合的种类鉴定

在利用耳石和角质颚组合进行种类鉴定前，需要对耳石和角质颚样本进行匹配，只对耳石和角质颚来自同一个体的样本进行分析，所以此部分的样本量远低于总样本量。根据主成分分析结果，分别选择 20 项耳石系数、19 项上颚系数和 18 项下颚系数进行组合作进一步分析。主成分分析结果表明，组合系数中 10 个主成分的累计贡献率为 77.80%。类似地，主成分分析中各种类因子 1 和因子 2 散点图的重叠较大[图 7-2(d)]。逐步判别分析中，选择 10 项耳石系数、6 项上颚系数和 6 项下颚系数进行组合作进一步分析。根据判别方程式，各种类组合中的 10 项系数可用来进行种类判别。杜氏枪乌贼、火枪乌贼和剑尖枪乌贼原始判别正确率分别为 87.5%、95.8% 和 92.5%，交叉判别正确率分别为 75.0%、87.5% 和 88.7%(表 7-3)。主成分分析函数 1 和函数 2 的散点图能有效地将三个种类分开[图 7-3(d)]。

种类鉴定是进行有效渔业管理的重要一环，渔业管理者可通过正确的种类鉴定控制过度捕捞并促进渔业的可持续发展(Cadrin and Silva，2005)。当使用几何方法进行种类和群体鉴定时，头足类柔软的身体并不是有效的材料(Martínez et al.，2002)，因此本章选择形态稳定的耳石和角质颚两种硬组织进行种类鉴定(Bizikov and Arkhipkin，1997；Guerra et al.，2010；Ruiz-Cooley et al.，2013)。传统的线性测量通常是耳石和角质颚形态测量的主要方法。虽然传统形态学方法易于操作、便于测量，但线性测量只能反映两点间直线距离的差异，而忽视了肉眼难以观察到的细微形态变化(Adams et al.，2004)，因此本章最终选择几何形态学方法进行种类鉴定。

在数据收集和处理方面，几何形态学方法比传统形态方法复杂。在利用传统形态方法进行分析前，耳石的操作步骤为提取、拍照和测量，角质颚的操作步骤为提取和测量(Fang et al.，2014)。在利用几何形态学方法进行分析前，需要更多的准备工作，包括：使用数码相机对角质颚拍照或使用显微镜对耳石拍照(Viscosi and Cardini，2011)，使用

Photoshop 进行图像处理，使用 SHAPE 程序包获取椭圆傅里叶分析数据。尤其图像处理过程较为烦琐。因此，今后需要对使用几何形态方法进行种类鉴定的必要性进行探索。

本章研究发现，主成分分析中耳石的前 20 个主成分的累计贡献率低于角质颚，这说明耳石的形态可能比角质颚更多变。已有研究利用传统形态方法对北太平洋柔鱼的研究有类似的结果。马金等(2009)发现，耳石前 4 个主成分的累计贡献率为 85.55%，第一主成分占总贡献率的 57.57%。金岳(2015)发现，角质颚前 4 个主成分的累计贡献率超过 98%，仅第一主成分就占总贡献率的 90%以上，而方舟等(2012)发现，角质颚第一主成分贡献率所占比例低于耳石，这可能与其在主成分分析时未将上颚和下颚分开有关。

几何形态学方法使用了更多变量表征外形变化，可能会提高种类鉴定的精确度。根据耳石和角质颚的判别分析结果，耳石的交叉判别正确率最高。方舟等(2014a)认为，使用更多的变量可以提高判别正确率，同时通过保留高度相关的变量可提高判别正确率。耳石具有较高判别正确率的另一原因是耳石具有更为规则的形状，耳石的边缘较为圆滑，而角质颚则有多处突出部分，这可能使角质颚并不适于椭圆傅里叶分析。

在本章考虑的四种方式中，即耳石、上颚、下颚及耳石和角质颚的组合，发现耳石和角质颚的组合在利用主成分分析和逐步判别分析的过程中得到了鉴定三个种类最为可靠的结果。本章中，仅使用主成分分析的因子 1 和因子 2 进行鉴定较为困难，因此需要逐步判别分析中函数 1 和函数 2 的辅助进行种类鉴定。利用耳石和角质颚的组合得到了较高的种类鉴定精确度，同时耳石的判别正确率比角质颚高。由于耳石和角质颚组合选择了各组织中相关性最大的系数进行种类鉴定，因此使用组合得到了最好的鉴定结果是较为合理的。方舟等(2014a)利用传统形态方法分析发现，耳石和角质颚的判别正确率分别在 50%左右，而使用组合则使判别正确率增加至 70%左右。耳石是位于平衡囊内的钙化组织，由文石和方解石组成(Arkhipkin and Bizikov，2000；Hanlon and Messenger，1996)，在大多数情况下不易变形，而角质颚则是位于柔软的口球中，在从鱿鱼口中提取后容易变形(Miserez et al.，2008)，这可能是耳石适合进行种类鉴定的原因。但样本数量和质量也可能是判别正确率产生差异的原因，因此在今后的研究中，需要提高所测量样本的数量和质量。同时，本章只对外形轮廓法进行了分析，今后的研究应将传统形态学和几何形态学(外形轮廓法和地标点法)进行比较分析，以选出头足类种类鉴定的最适方法。

当头足类使用角质颚进食时，上颚运动而下颚固定(Uyeno and Kier，2007)，食物的组成可以影响角质颚的活动和形态，可以此进行种类鉴定。已有研究表明，与其他组织结构相比，下颚是进行种类鉴定的可靠材料(Xavier and Cherel，2009；Ogden et al.，1998)。本章利用逐步判别分析发现，上颚和下颚有相似的交叉判别正确率，这可能与研究种类栖息在相同的环境中有关(方舟等，2014a)，而本章采集的三种枪乌贼的样本均来自南海的同一区域，即生活在相同的环境中。

第8章　中国枪乌贼硬组织微结构的比较研究

年龄鉴定是了解头足类个体生活史及进行渔业管理的基本生物学信息。体长频率法是建立年龄模型最简单直接的方法，但头足类个体间生长率存在较大差异，且存在较长的产卵季节，从而存在多个"微群体"。因此，利用传统的体长频率法鉴定头足类的年龄较为困难。头足类具有记录其整个生活史过程的硬组织（如耳石、角质颚、眼球和内壳），并将整个生活史过程以周期性生长纹的方式记录下来，这类生长纹可用于年龄鉴定（Lipinski，2001）。本章主要目标为对三种硬组织（耳石、角质颚和眼球）的微结构进行比较，建立个体大小与轮纹数量的关系，及验证中国枪乌贼角质颚和眼球轮纹的日周期性。

中国枪乌贼样本于 2016 年 4 月在南海北部采集（表 8-1）。本章共使用 169 尾样本进行轮纹计数。样本在实验室解冻后，测量胴长和体重，分别精确至 1mm 和 1g。将耳石、角质颚和眼球取出，浸泡在蒸馏水中清洗干净，并保存在 75%的乙醇中进一步分析。

表 8-1　中国枪乌贼采集信息

捕捞日期	捕捞位置	样本量/尾	胴长/mm	体重/g
2016 年 4 月 26 日	115°～115.5°E，22°～22.5°N	24	82～142	22～67
2016 年 4 月 6 日	108.5°～109°E，20°～20.5°N	9	138～199	54～178
2016 年 4 月 2 日	117.5°～118°E，22°～22.5°N	46	154～286	53～327
2016 年 4 月 17 日	111°～111.5°E，20.5°～21°N	17	66～115	14～49
2016 年 4 月 14～15 日	113°～114°E，21°～21.5°N	73	150～475	63～767

由于耳石沿三个不同的方向生长，且生长率各不相同，因此选择易于识别的研磨切面是至关重要的（Arkhipkin and Shcherbich，2012）。不同的种类，清晰轮纹所在的位置有所不同：柔鱼科（Ommastrephidae）和爪乌贼科（Onychoteuthidae）的清晰轮纹位于耳石背区（Dawe et al.，1985；Arkhipkin，2004），枪乌贼科则位于耳石侧区（Jackson，1994；Lipinski，1986）。耳石不同区域具有不同的结构模式，在选择研磨切面时也需将其考虑在内（Arkhipkin and Shcherbich，2012）。最终，选择耳石纵切面作为轮纹读取切面。将耳石放入长方形塑料模具中，加入固化剂和冷埋树脂进行包埋，并放置在阴凉处 24h 待其硬化（Liu et al.，2017）。研磨过程中，利用 240 目、600 目、1200 目、2000 目防水耐磨砂纸沿耳石纵切面研磨至核心，此过程中不断在显微镜下检查，以免磨过核心。如此完成一面研磨，然后重复以上过程完成另外一面。最后，使用氧化铝水绒布抛光研磨好的耳石切片并保存。

在角质颚中，与侧壁相比，喙部矢状切面（rostrum sagittal section，RSS）的年龄鉴定结果较为准确（Perales-Raya et al.，2010），且上颚喙部的腐蚀程度小于下颚（Fang et al.，

2016)，因此最终选择上颚 RSS 进行研磨。上颚研磨方法参照 Liu 等(2017)，如下：首先，将上颚沿脊突和头盖后缘向前切割至喙部，将其切割为对称的两部分，切割过程中要使切割线轻微偏向一侧，以完整保存中心切面中的所有轮纹；将较大部分上颚的喙部割下并包埋在长方形塑料模具中，并加入固化剂和冷埋树脂放置在阴凉处 24h 待其硬化(切割剖面向下放置)；随后的处理过程与耳石相似。需要注意的是，角质颚研磨过程中并不会出现核心，因此需要将第一面研磨至矢状切面完全暴露在空气中才能对第二面进行研磨。

由于眼球为球形，各个方向基本对称，因此眼球的研磨比其他两种组织容易得多，眼球的任意方向均可研磨至最大切面，研磨过程与其他两种组织相似。

将研磨好的硬组织切片放在光学显微镜下放大 400 倍进行拍照，随后利用 Photoshop CS5.0 图像处理软件对图片进行叠加处理，得到耳石、角质颚和眼球微结构的完整图像。每张图像由有经验的观察者计数三次，若每张图像每次计数的值与三次计数的均值之比大于 90%，则认为计数准确，否则计数无效(Jackson et al.，1997b)。

8.1 耳石微结构

本章对耳石三个区域(侧区、背区和吻区)的微结构进行了观察(图 8-1)。受处理方式的影响，只有少数耳石的吻区可观察到轮纹。耳石各区轮纹的形成均是从核心到各区边缘，生长纹由明暗相间的轮纹组成。在核心区内(诞生轮以内的区域)，发现有多个生长纹[图 8-2(d)]。在耳石样本中，发现有一个形状较为怪异的耳石[图 8-2(b)]。

根据耳石背区轮纹的间距，将背区分为核心区、后核心区、暗区和外围区[图 8-2(a)]。耳石暗区的轮纹间距最大，其次为后核心区，外围区的轮纹间距最小。亚日轮在背区较为常见，同时在背区发现多种标记轮[图 8-2(d)，(e)，(f)]。诞生轮在各耳石样本中均有发现[图 8-2(d)，标记轮 1]。标记轮出现在耳石背区的不同区域，但并非出现在所有耳石中，暗区不常出现标记轮，而后核心区和外围区则经常出现。耳石侧区轮纹比背区规则，且两个区的轮纹间距相近。耳石侧区轮纹较其他区域清晰，且没有亚日轮出现。本章中，只有少数耳石样本发现了清晰的轮纹，表明选择的切面并不适合读取吻区轮纹。

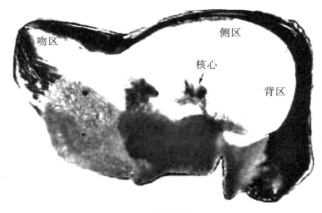

(a) 研磨前

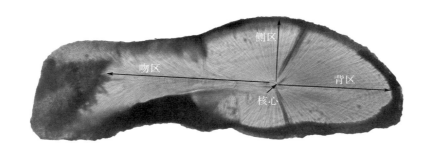

(b) 研磨后

图 8-1　中国枪乌贼耳石分区

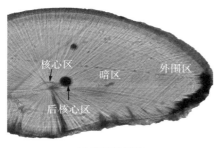

(a) 背区微结构

(b) 异常耳石结构

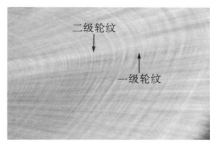

(c) 一级轮纹和二级轮纹

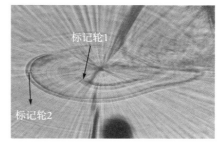

(d) 标记轮

(e) 标记轮

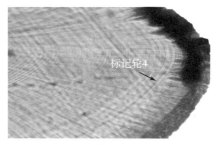

(f) 标记轮

图 8-2　中国枪乌贼耳石微结构

　　学者通常使用耳石侧区轮纹鉴定中国枪乌贼的年龄（Bat et al.，2009；Sukramongkol et al.，2007）。根据本章选择的研磨切面，在耳石三个区域观察到了轮纹。耳石侧区和背区的轮纹比吻区清晰，且只在少数耳石吻区中观察到清晰轮纹。因此，本章对耳石侧区和背区的轮纹进行比较，以选出适合年龄鉴定的轮纹。Natsukari 等(1988)、王凯毅(2009)利用耳石吻区轮纹分别对中国枪乌贼和剑尖枪乌贼的年龄进行了鉴定，研究表明若选择正确的研磨切面，则可用其进行年龄鉴定。因此，在今后的研究中应尝试使用耳石吻区轮纹进行年龄鉴定。

对于耳石背区的微结构，根据轮纹宽度将其化为不同区域。与柔鱼科鱿鱼类似(Arkhipkin，2005)，暗区轮纹宽度最大，其次为后核心区，外围区轮纹宽度最小[图 8-2(a)]，这与生活史过程中的个体发育变化有关(Arkhipkin，2005)。后核心区被认为与个体发育过程中的仔鱼期密切相关(Balch et al.，1988；Laptikhovsky et al.，1993)，而暗区和外围区的形成可能与摄取的食物类型和性成熟过程有关(Morris and Aldrich，1984)。标记轮分布在耳石背区的不同区域，诞生轮也是标记轮的一种[标记轮 1，图 8-2(d)]，但标记轮并不是中国枪乌贼耳石的第一轮纹，在诞生轮内部已有轮纹存在。Morris(1989)认为闭眼亚目在胚胎阶段轮纹已开始沉积。第二类生长纹通常沉积在外围区和暗区[标记轮2，图 8-2(d)]，这也是个体发育变化的重要时期。第三类生长纹[标记轮 3，图 8-2(e)]只出现在少量耳石中，表明在此发育过程中较少出现个体发育变化。在耳石外围区观察到较多第四类生长纹[标记轮 4，图 8-2(f)]，这可能与交配次数有关(Arkhipkin et al.，1999；Arkhipkin，2005)。耳石背区轮纹主要分为一级轮纹和二级轮纹[图 8-2(c)]。Arkhipkin 等(1996)认为贝乌贼(*Berryteuthis magister*)的一级轮纹为亚日轮或显微镜产生的光学效应，仅对二级轮纹进行了计数。因此，在利用耳石背区的轮纹进行年龄鉴定时，需要谨慎处理这一问题。

与耳石背区的轮纹不同，侧区轮纹具有相近的轮纹宽度且没有一级轮纹，因此侧区轮纹更容易读取，且更容易推断不清晰轮纹处的轮纹数量。因此，理论上来说，侧区轮纹数量更接近中国枪乌贼的真实年龄(耳石背区和侧区的轮纹比较见下文)，即中国枪乌贼侧区微结构的应用比背区广泛。本章中，耳石吻区轮纹清晰度较差，且有大量模糊区域，妨碍了轮纹计数[图 8-1(b)]。与耳石背区类似，吻区不同区域的轮纹宽度不同。由于吻区存在大面积的模糊区域，无法证实是否存在一级轮纹，即本章所选择的研磨切面并不适合读取吻区轮纹。另外，本章研究发现一尾中国枪乌贼耳石结构异常，这可能是由于其在生活史初期受强烈撞击，耳石从主听斑完全脱落，随后又以某种方式重新附着(Arkhipkin and Bizikov，2000)。

8.2 角质颚微结构

本章对上颚的轮纹微结构进行了研究，发现喙部矢状切面的轮纹由喙部截面纵轴分开，轮纹明显成"V"形[图 8-3(b)]。由于色素沉着存在差异，头盖一侧的颜色深于脊突一侧[图 8-3(a)]。与耳石轮纹类似，上颚也由明暗相间的轮纹组成[图 8-3(a)，(c)，(d)]，轮纹始于头盖与脊突连接处，即由后向前计数[图 8-3(a)]。由于在摄食过程中，喙部顶端常被腐蚀，此处生长纹通常会缺失，因此需通过观察头盖背侧边缘的生长纹来消除此影响。喙部矢状切面中部的轮纹间隔最大，而喙部顶端的轮纹间隔则最小。另外，在上颚喙部矢状切面中常常观察到比正常轮纹明亮的标记轮[图 8-3(d)]。在两尾中国枪乌贼的上颚中发现了异常结构[图 8-3(e)，(f)]。

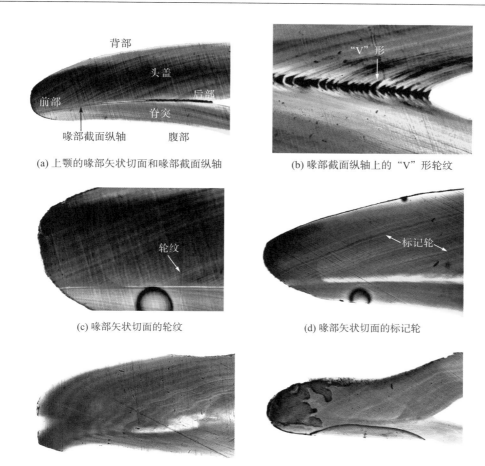

(a) 上颚的喙部矢状切面和喙部截面纵轴　　　(b) 喙部截面纵轴上的 "V" 形轮纹

(c) 喙部矢状切面的轮纹　　　　　　　　(d) 喙部矢状切面的标记轮

(e) 上颚的特殊喙部矢状切面　　　　　　(f) 上颚的特殊喙部矢状切面

图 8-3　中国枪乌贼角质颚微结构

　　与耳石相比，角质颚尺寸较大且易于提取，但研磨的准备和处理过程更为复杂，且容易磨过最适切面，因此角质颚的研磨成功率低于耳石。到目前为止，Fang 等 (2016)、Hu 等 (2016)、Liu 等 (2015b，2017) 已对鱿鱼角质颚的微结构进行了分析，且角质颚轮纹的日周期性已在蛸 (Canali et al.，2011；Perales-Raya et al.，2014；Rodríguez-Domínguez et al.，2013；Bárcenas et al.，2014) 及部分大洋性鱿鱼仔鱼 (Sakai et al.，2007) 中得到证实，但枪乌贼角质颚轮纹的日周期性尚未得到证实。因此，在使用中国枪乌贼角质颚作为年龄鉴定工具时需谨慎。

　　上颚喙部矢状切面的轮纹由喙部截面纵轴分成两部分 (头盖部分和脊突部分)。分析发现，头盖一侧的轮纹颜色深于脊突一侧，表明头盖色素沉着程度大于脊突 [图 8-3(a)]。因此，头盖一侧轮纹的辨识度和可读性均高于脊突一侧，这与已有研究一致 (Fang et al.，2016；Hu et al.，2016；Liu et al.，2015b，2017)。角质颚轮纹宽度与耳石有类似的模式，中间部分宽度最大 [图 8-3(b)，(c)]。Perales-Raya 等 (2010) 认为这一现象与不同个体发育阶段生长率有关，而 Arkhipkin (2005) 对耳石轮纹作了类似的解释。头盖和脊突轮纹在喙部截面纵轴处交叉形成"V"形［图 8-3(b)］，与茎柔鱼得到的结果一致(Liu et al.，2017)。由于头盖和脊突轮纹一一对应，理论上说两者均可用于轮纹计数，但脊突轮纹较为模糊，难以辨别，实际上只有头盖一侧轮纹可用于读取轮纹。鱿鱼在摄食过程中喙部顶端易腐蚀，因此在使用喙部顶端进行轮纹计数时需谨慎，取而代之的是使用远离喙部顶端的轮纹进行计数。

标记轮位于上颚喙部矢状切面的不同部分。标记轮主要由几个颜色较深或较浅的轮纹组成，形成带状［图 8-3(d)］。在蛸(Canali et al.，2011；Perales-Raya et al.，2014；Franco-Santos et al.，2015)和大洋性鱿鱼(Fang et al.，2016；Hu et al.，2016；Liu et al.，2015b，2017)的角质颚微结构研究中，学者发现了类似的标记轮。有学者认为，角质颚中的标记轮可能与个体的生理变化或周围的环境变化有关(Perales-Raya et al.，2014；Franco-Santos et al.，2015)。鉴于耳石和角质颚均有标记轮，今后研究中应基于化学方法证实耳石轮纹与角质颚轮纹的关系。本章中，同样发现了喙部矢状切面的异常微结构［图 8-3(e)，(f)］。明显看出，图中的两尾中国枪乌贼角质颚经历了未知事件，这是未来的研究方向之一。

8.3　眼球微结构

眼球轮纹为同心轮纹，较容易读取［图 8-4(a)，(b)］，轮纹宽度由核心向眼球边缘减小且轮纹形状逐渐规则［图 8-4(a)］。与耳石和角质颚不同，眼球微结构并没有不同的区域。在部分眼球中，存在同心轮纹扭曲的现象［图 8-4(c)］，同时观察到类似于耳石和角质颚的标记轮 ［图 8-4(d)］。

(a)眼球所有轮纹

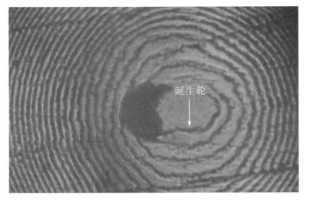

(b)诞生轮

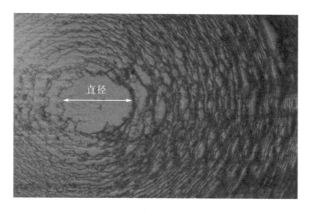

(c) 孵化时眼球直径

(d) 标记轮

图 8-4　中国枪乌贼眼球微结构

　　眼球最初形成的轮纹宽度最大，随后轮纹宽度趋于稳定［图 8-4(a)，(b)］，这与耳石和角质颚有所不同，表明眼球在孵化后经历了较为快速的生长。在一些眼球中发现了异常的轮纹［图 8-4(c)］，这可能是个体在生长过程中发生了像前文中讨论的未知事件或眼球在研磨过程中遭到了挤压。尽管在眼球中发现了周期性轮纹，但已有学者（Rodríguez-Domínguez et al.，2013）证实眼球轮纹的形成周期存在个体间差异，并不适宜使用眼球进行年龄鉴定。尽管眼球轮纹可在不同厚度切片下观察，但掌握研磨的最大截面较为困难，这可能是造成轮纹数量差异的另一原因。在眼球中发现了与耳石和角质颚类似的标记轮，且较为常见，其中部分轮纹可能是光学效应引起的黑色裂缝。

8.4　各硬组织轮纹比较

　　本章共处理和计数 169 尾中国枪乌贼的硬组织，各硬组织间及耳石各区域间轮纹数量有所差异（表 8-2）。胴长与体重（或硬组织轮纹）的关系如表 8-3 和图 8-5 所示。本章使用耳石侧区轮纹进行年龄估算，同时建立年龄与耳石背区、角质颚和眼球轮纹的关系（表 8-3 和图 8-6）。

表8-2 中国枪乌贼各硬组织轮纹比较

硬组织	样本量/尾	轮纹数
耳石背区	138	75~171
耳石侧区	150	86~169
角质颚	23	54~136
眼球	26	287~842

表8-3 胴长与体重、轮纹与胴长及耳石侧区轮纹与其他组织轮纹关系

y	x	样本量	方程	参数 a	参数 b	R^2
体重	胴长	169	$y=ax^b$	0.0017	2.144	0.944
胴长	耳石背区轮纹数	138	$y=ax^b$	2.71	0.868	0.074
胴长	耳石侧区1轮纹数	112	$y=ae^{bx}$	36.16	0.013	0.426
胴长	耳石侧区2轮纹数	38	$y=ae^{bx}$	36.11	0.008	0.413
胴长	角质颚轮纹数	23	$y=ae^{bx}$	44.52	0.016	0.762
胴长	眼球轮纹数	26	$y=b\ln x+a$	-1040	204.5	0.364
耳石背区轮纹数	耳石侧区轮纹数	135	$y=ax^b$	12.30	0.481	0.200
角质颚轮纹数	耳石侧区轮纹数	18	$y=bx+a$	-33.28	0.970	0.431
眼球轮纹数	耳石侧区轮纹数	15	$y=ae^{bx}$	106.60	0.011	0.338

注：耳石侧区1：样本采集于115°~115.5°E，22°~22.5°N和111°~111.5°E，20.5°~21°N；耳石侧区2：样本采集于108.5°~109°E，20°~20.5°N和117.5°~118°E，22°~22.5°N和113°~114°E，21°~21.5°N

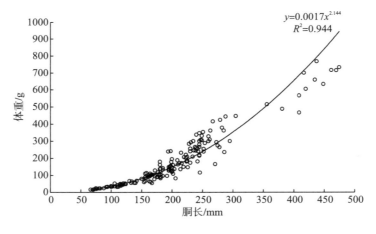

$$y=0.0017x^{2.144}$$
$$R^2=0.944$$

(a)

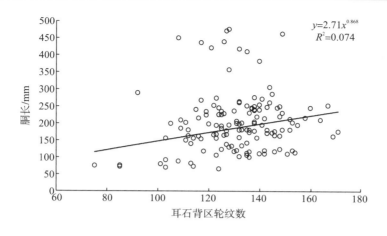

(b)

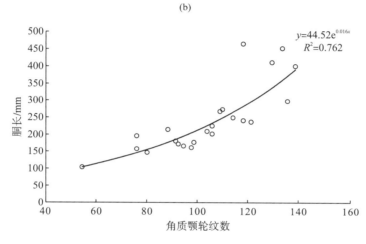

(c)

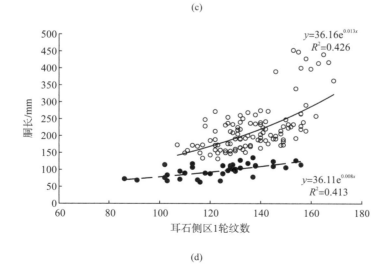

(d)

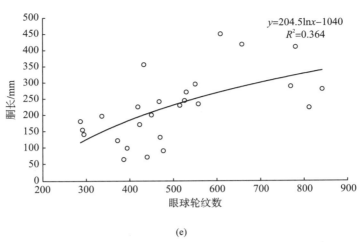

(e)

图 8-5　胴长与体重关系、各硬组织轮纹数与胴长关系

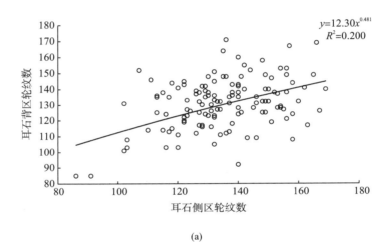

(a)

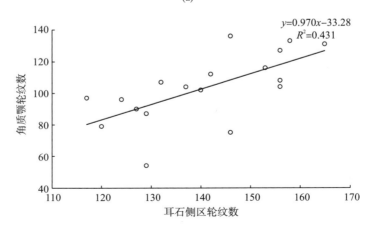

(b)

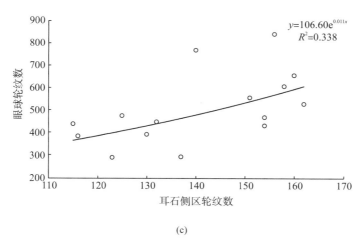

(c)

图 8-6　耳石侧区轮纹数与其他组织轮纹数的关系

Jackson(1990)利用四环素染色法对两尾雄性中国枪乌贼的耳石日周期性进行了验证。尽管角质颚轮纹的日周期性已在部分蛸(Canali et al.，2011；Rodríguez-Domínguez et al.，2013)中得到验证，但在鱿鱼中仍没得到时间验证。至于眼球，已确定其轮纹为亚日轮(Rodríguez-Domínguez et al.，2013)。综上所述，本章使用耳石的侧区轮纹作为最终的年龄鉴定标准。本章中，中国枪乌贼的最大日龄为 169d，这与已有研究一致(Bat et al.，2009；Sukramongkol，2007)。Jackson(2004)认为 200d 日龄应为热带鱿鱼寿命的上限(夜光尾枪乌贼 *Loliolus noctiluca* 和圆鳍枪乌贼 *Lolliguncula brevis* 除外)，与本章结果一致。与耳石侧区相比，耳石背区的轮纹数量差异较大，角质颚轮纹数较少，眼球轮纹数是其数倍(表 8-2)。

本章胴长与体重的关系与已有研究一致(Yan et al.，2013；Jin et al.，2018)。各硬组织轮纹数与胴长存在较大差异(表 8-3 和图 8-5)。Sukramongkol 等(2007)利用耳石侧区轮纹数建立了其与胴长的关系，结果与本章一致；而 Bat 等(2009)得到的关系则为幂函数。本章中，耳石背区轮纹数与胴长的关系拟合最差，表明其不适于建立生长方程，这可能与耳石背区有严重的光学效应有关(Arkhipkin and Shcherbich，2012)。本章建立耳石侧区轮纹数与胴长的关系时发现，样本可拟合出两个不同的方程，说明样本可能存在两个群体。在各硬组织轮纹数与胴长的关系中，拟合最好的是角质颚。由于只对 23 尾样本进行了分析，因此结果并不十分可信。另外，在耳石侧区轮纹数与角质颚轮纹数的关系中，其方程为线性，且斜率为 0.97，因此中国枪乌贼的角质颚轮纹可能像蛸(Canali et al.，2011；Perales-Raya et al.，2014；Franco-Santos et al.，2015)和部分大洋性柔鱼(Fang et al.，2016；Hu et al.，2016；Liu et al.，2015b)一样，存在日周期性。

第9章 基于中国枪乌贼和剑尖枪乌贼
耳石的年龄与生长研究

Jackson(2004)综述了枪乌贼的年龄后，认为可将其分为三类：少于 200d(短生命周期)、200d 至 1 年(中生命周期)、大于 1 年(长生命周期)。基于以上分类，Jackson(2004)将中国枪乌贼归到短生命周期种类，将剑尖枪乌贼归到中生命周期种类。Sukramongkol 等(2007)、Bat 等(2009)根据耳石侧壁轮纹发现中国枪乌贼的寿命少于 200d，而黄培宁(2006)根据耳石吻区轮纹发现中国枪乌贼的寿命约为 1 年。中国枪乌贼和剑尖枪乌贼的年龄与生长已被研究数十年(王凯毅，2009；Natsukari et al.，1988)，但不同研究间仍存在较大差异，至今没有合理的解释。本章尝试为不同研究得出的差异性结果提供合理的解释。同时，本章的另一目的为比较两个重要经济种类在不同季节和不同海域的年龄与生长差异，即建立年龄与胴长的关系，推算孵化日期，拟合生长曲线及计算生长率。

中国枪乌贼和剑尖枪乌贼样本由拖网船捕捞，于 2015 年 9 月至 2016 年 8 月在南海和东海采集(表 9-1)。样本在实验室解冻后，测定其胴长和体重，分别精确至 1mm 和 1g，并鉴定性别。将耳石从头部软骨平衡囊中取出并用蒸馏水冲洗干净，随后使用 75% 酒精保存以备分析。本章共收集 262 尾样本进行年龄估算。

表 9-1 中国枪乌贼和剑尖枪乌贼采样信息

种类	捕捞日期	捕捞季节	捕捞区域	样本量/尾	胴长/mm		体重/g	
					范围	平均值±标准差	范围	平均值±标准差
中国枪乌贼	2015 年 9 月	秋季	南海	33	87～395	187.4±60.3	16～637	161.2±112.8
	2016 年 4 月	春季	南海	150	66～475	199.7±87.4	14～767	184.9±165.2
剑尖枪乌贼	2016 年 4 月	春季	南海	44	90～241	173.6±37.7	29～370	150.6±78.0
	2016 年 8 月	夏季	东海	35	81～183	111.9±25.2	20～145	53.0±33.9

耳石的研磨方法详见第 8 章。由于耳石侧区的轮纹日周期性已被证实，且已被应用，因此本章使用耳石侧区鉴定年龄(图 9-1)。由于耳石侧区边缘轮纹清晰度较差，因此使用外推法对其轮纹数进行估算(Natsukari et al.，1988)。每张图像由有经验的观察者计数三次，若每张图像每次计数的值与三次计数的均值之比大于 90%，则认为计数准确，否则计数无效。

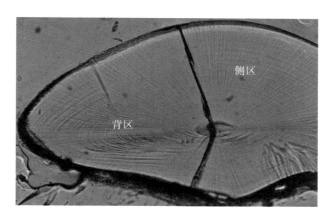

图 9-1　中国枪乌贼耳石侧区轮纹（胴长 107mm，年龄 128d）

海洋环境数据为海面温度（sea surface temperature，SST），时间分辨率为月份，空间分辨率为经纬度 0.5°×0.5°。根据中国枪乌贼和剑尖枪乌贼在不同季节的孵化日期，收集 2015 年 3 月至 2016 年 4 月的数据（表 9-2）。其中，由于 2015 年 7 月数据无法获得，本章使用 2014 年 7 月数据代替。

表 9-2　研究区域的海面温度

时间	南海（15°~25°N，106°~122°E）/℃	东海（25°~30°N，120°~125°E）/℃
2015 年 3 月	24.6	17.5
2015 年 4 月	26.3	19.3
2015 年 5 月	28.6	22.3
2015 年 6 月	30.0	26.4
2014 年 7 月	29.9	28.8
2015 年 8 月	29.8	28.5
2015 年 9 月	29.6	27.3
2015 年 10 月	28.3	25.3
2015 年 11 月	27.5	23.6
2015 年 12 月	25.5	20.3
2016 年 1 月	24.2	17.5
2016 年 2 月	22.9	16.6
2016 年 3 月	23.7	16.8
2016 年 4 月	26.1	18.9

胴长和体重的关系由幂函数表示：$BW = aML^b$，年龄与胴长的关系由指数函数表示：$ML = ae^{bAge}$。为检验各种类不同季节的差异性，对方程进行对数转换，即 lnML-lnBW 和 Age-lnML（Bat et al.，2009；Sukramongkol et al.，2007）。利用协方差分析（ANCOVA）检测方程斜率和截距的同质性，若各方程间斜率不存在显著差异，则检验截距间是否存在显著差异（Bat et al.，2009）。根据捕捞日期及估算的年龄逆推孵化日期。

利用日龄 5d 组胴长的五项移动平均值计算逻辑斯谛曲线。对于数据缺失的组，则根据相邻已知的平均胴长进行插值估算（Natsukari et al.，1988）。随后，根据本章数据，使用逻辑斯谛曲线对整个生活史的胴长与年龄关系进行预测（黄培宁，2006；Natsukari et al.，1988）。

$$L = L_\infty / (1 + e^{a - r Age})$$

其中，L 为胴长，L_∞ 为极限体长，a 和 r 为参数。

利用日增长率（DGR，mm/d 或 g/d）和瞬时增长率（G，%）估算中国枪乌贼和剑尖枪乌贼的生长速度，时间间隔为 20d，方程如下（Forsythe et al.，1987）。

$$DGR = (S_2 - S_1)/T$$
$$G = [(\ln S_2 - \ln S_1)/T] \times 100\%$$

其中，S_1 和 S_2 为时间间隔 T（T=20d）开始和结束时的胴长（或体重）。

所有统计分析由 R 执行，所有图表由 Microsoft Excel 2013 绘制。

9.1 胴长与体重关系

捕捞于不同季节和海区的中国枪乌贼和剑尖枪乌贼胴长-体重方程如下（图 9-2）：
中国枪乌贼（春季，南海）：$BW = 1.8 \times 10^{-3} ML^{2.14}$（$n$=150，$r^2$=0.940）
中国枪乌贼（秋季，南海）：$BW = 1.3 \times 10^{-3} ML^{2.21}$（$n$=33，$r^2$=0.925）
剑尖枪乌贼（春季，南海）：$BW = 0.2 \times 10^{-3} ML^{2.58}$（$n$=44，$r^2$=0.932）
剑尖枪乌贼（夏季，东海）：$BW = 0.3 \times 10^{-3} ML^{2.56}$（$n$=35，$r^2$=0.964）

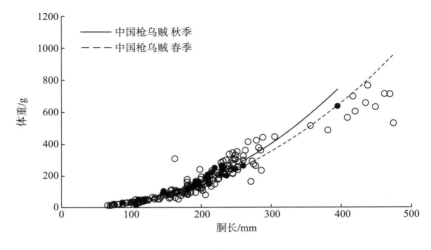

(a)中国枪乌贼

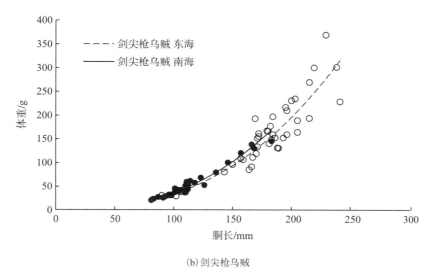

(b) 剑尖枪乌贼

图 9-2 中国枪乌贼和剑尖枪乌贼胴长与体重关系

根据 ANCOVA 结果，对中国枪乌贼的方程进行对数转换后，不同季节斜率($F_{(1,179)}$ = 0.294，P=0.589)和截距($F_{(1,180)}$=3.650，P=0.061)不存在显著差异；剑尖枪乌贼的斜率不存在显著差异($F_{(1,75)}$=0.033，P=0.856)，而截距存在显著差异($F_{(1,76)}$=4.092，$P<$0.05)。另外，ANCOVA 表明，两个种类间的截距($F_{(1,258)}$=14.380，$P<$0.01)和斜率($F_{(1,258)}$=14.380，$P<$0.01)均存在显著差异。

两个季节中国枪乌贼样本均采集于南海北部(站点位置几近相同)，且两个群体具有重叠的栖息地和生活史。因此，中国枪乌贼 BW-ML 关系不存在季节差异(图 9-2)。Bat 等(2009)对不同季节的中国枪乌贼群体进行了研究，但并未比较群体间的差异，而是像其他研究一样进行了性别间的差异比较。对于剑尖枪乌贼，样本采集于不同海域和季节(东海夏季和南海春季)，这可能是 BW-ML 关系存在差异的主要原因。结果表明，SST 在南海各月间只存在轻微差异(最大差值 7.1℃)；而 SST 在南海和东海间的最大差异为13.4℃(表 9-2)，这可能也是东海和南海剑尖枪乌贼存在差异的原因。与中国枪乌贼的已有研究类似，王凯毅(2009)在建立剑尖枪乌贼 BW-ML 的关系时主要对性别差异进行了分析。根据 BW-ML 方程的斜率，同一胴长的剑尖枪乌贼明显大于中国枪乌贼，即剑尖枪乌贼性成熟早于中国枪乌贼。

9.2 年龄与孵化日期

9.2.1 中国枪乌贼

估算的中国枪乌贼日龄为 86d 到 179d：秋季捕捞群体为 102d(胴长为 87mm)到179d(胴长为 395mm)；春季捕捞群体为 86d(胴长为 76mm)到 169d(胴长为 381mm)。年龄与胴长关系如下(图 9-3)：

中国枪乌贼(春季，南海)：$ML=16.49e^{0.0179Age}$($n=150$，$r^2=0.426$)

中国枪乌贼(秋季，南海)：$ML=30.81e^{0.0119Age}$($n=33$，$r^2=0.500$)

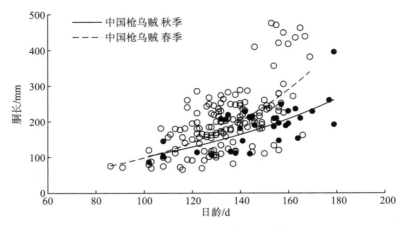

图 9-3　中国枪乌贼指数生长曲线

ANCOVA 表明，对数转换后方程的斜率间不存在显著差异($F_{(1,179)}=3.226$，$P=0.07$)，而截距存在显著差异($F_{(1,180)}=13.164$，$P<0.01$)。根据推算的孵化日期，发现春季(2016 年 4 月)采集的中国枪乌贼孵化发生在 2015 年 10 月至 2016 年 1 月(图 9-4)，11 月和 12 月为孵化高峰期；秋季(2015 年 9 月)采集的中国枪乌贼孵化发生在 2016 年 3 月至6 月，4 月为孵化高峰期。

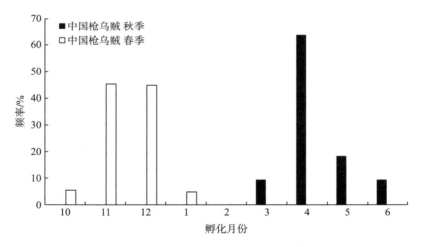

图 9-4　中国枪乌贼孵化日期

9.2.2　剑尖枪乌贼

估算的剑尖枪乌贼年龄为 100d 到 165d：夏季东海捕捞群体为 100d(胴长为 91mm)到 156d(胴长为 123mm)；春季南海捕捞群体为 102d(胴长为 110mm)到 165d(胴长为

215mm）。年龄与胴长关系如下（图 9-5）：

剑尖枪乌贼（春季，南海）：$ML = 44.69e^{0.0105Age}$（$n = 44$，$r^2 = 0.450$）

剑尖枪乌贼（夏季，东海）：$ML = 37.20e^{0.0087Age}$（$n = 35$，$r^2 = 0.411$）

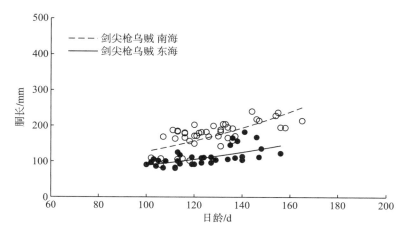

图 9-5　剑尖枪乌贼指数生长曲线

ANCOVA 表明，对数转换后方程的斜率间不存在显著差异（$F_{(1,75)} = 0.473$，$P = 0.494$），而截距存在显著差异（$F_{(1,76)} = 106.061$，$P < 0.01$）。根据推算的孵化日期，发现春季（2016 年 4 月）采集的剑尖枪乌贼孵化发生在 2015 年 11 月至 2016 年 1 月（图 9-6），12 月为孵化高峰期；夏季（2016 年 8 月）采集的中国枪乌贼孵化发生在 2016 年 3 月至 5 月，4 月为孵化高峰期。

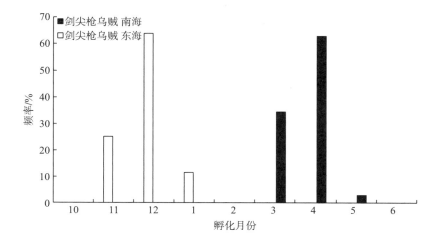

图 9-6　剑尖枪乌贼的孵化日期

ANCOVA 还表明，两个种类间年龄与胴长关系的斜率不存在显著差异（$F_{(1,258)} = 2.336$，$P = 0.128$），而截距存在显著差异（$F_{(1,259)} = 6.322$，$P < 0.05$）。

虽然剑尖枪乌贼的样本量和胴长范围较小，但两个种类具有相近的年龄范围。本章中，根据耳石侧区轮纹结果，认为两个种类的寿命均小于 200d，Bat 等(2009)和 Sukramongkol 等(2007)在中国枪乌贼中得到了类似的结果。而其他研究则发现，中国枪乌贼的寿命约为 1 年(黄培宁，2006)，剑尖枪乌贼的寿命约为 1 年(Natsukari et al.，1988)或 270d(王凯毅，2009)。以上不同研究间的差异可能是使用耳石不同部位进行年龄鉴定导致的。利用耳石侧区进行年龄鉴定的研究及本章认为两个种类的寿命小于 200d，而使用耳石吻区进行年龄鉴定的研究认为两个种类的寿命远大于 200d。Jackson(1990)已证实了中国枪乌贼耳石背区和吻区的日周期性；Natsukari 等(1988)利用间接方法证实了剑尖枪乌贼的日周期性，即研究中所获得的剑尖枪乌贼最大生长率与标记重捕实验所获得的生长率一致。Jackson(1990)的研究虽然声称耳石背区和吻区轮纹存在日周期性，但只给出了耳石侧区轮纹的图片。因此，本章认为耳石侧区轮纹的日周期性应已被证实。本章认为，Natsukari 等(1988)基于间接方法验证轮纹日周期性的说法无法得到证明，这是异速生长特性决定的，两个种类中，耳石侧区和吻区间的轮纹数有所不同。因此，在今后的研究中，需要通过实验验证耳石不同区域的轮纹日周期性来证明这一推断。

本章中，中国枪乌贼与剑尖枪乌贼的孵化日期相近。结果表明，春季捕捞的中国枪乌贼在秋季和冬季孵化，秋季捕捞的中国枪乌贼在春季孵化，春季捕捞的剑尖枪乌贼在冬季孵化，夏季捕捞的剑尖枪乌贼在春季孵化，因此推断两个种类为全年连续产卵种类。全年连续繁殖和产卵已在其他种类中有所报道，如杜氏枪乌贼(Chotiyaputta，1990)、中国枪乌贼(黄培宁，2006；Chotiyaputta，1990)、剑尖枪乌贼(王凯毅，2009)、枪乌贼(Sauer and Smale，1993)和福氏枪乌贼(Pierce et al.，1994)。Bat 等(2009)利用 4 月到 10 月北部湾的中国枪乌贼推算孵化日期，发现其孵化月份为 10～12 月和 3～8 月。类似地，Sukramongkol 等(2007)分析了 4～8 月在泰国附近捕捞的中国枪乌贼，发现其孵化月份为 11 月到翌年 6 月。

9.3 逻辑斯谛生长曲线

由于未能从逻辑斯谛方程得到合理的极限胴长，最终使用本章中的最大胴长进行逻辑斯谛曲线拟合。根据日龄 5d 组胴长的五项移动平均值得到的最小方差，计算于不同季节采集的中国枪乌贼和剑尖枪乌贼逻辑斯谛生长方程(表 9-3、表 9-4 和图 9-7)，方程如下：

中国枪乌贼(春季，南海)：$L=475/(1+e^{4.612-0.032t})$

中国枪乌贼(秋季，南海)：$L=395/(1+e^{3.546-0.023t})$

剑尖枪乌贼(春季，南海)：$L=241/(1+e^{4.849-0.047t})$

剑尖枪乌贼(夏季，东海)：$L=183/(1+e^{3.603-0.033t})$

表 9-3 基于耳石的中国枪乌贼日龄 5d 组胴长的五项移动平均值

日龄组	秋季南海捕捞				春季南海捕捞			
	样本量	胴长平均值	标准差	五项移动平均值	样本量	胴长平均值	标准差	五项移动平均值
88					1	76.0	0	
93					1	72.0	0	
98					0	(80.6)	-	86.3
103	1	87	0		4	89.5	21.6	98.8
108	2	124	29.7		6	113.5	44.5	115.8
113	0	(117.3)	-	112.6	6	138.2	42.6	132.6
118	0	(120.6)	-	116.6	10	157.4	63.5	148.7
123	1	114	0	134.0	12	164.3	57.9	166.1
128	1	107	0	137.8	22	170.2	53.62	178.5
133	3	211	7	150.1	20	200.4	48.7	188.1
138	3	136.3	38.7	165.3	19	200.0	56.7	198.9
143	5	182	51.3	184.2	11	205.7	50.1	222.6
148	1	190	0	182.2	12	218.3	70.4	241.0
153	3	201.7	13.6	194.8	9	288.7	118.8	278.9
158	6	200.8	35.1	204.2	11	292.3	99.7	303.1
163	3	199.7	42.5	217.4	3	389.3	103.4	
168	1	229	0	233.5	3	327.0	145.7	
173	0	(255.7)	-					
178	3	282.3	103.3					

注：括号内数据为内插值

表 9-4 基于耳石的剑尖枪乌贼日龄 5d 组胴长的五项移动平均值

日龄组	春季南海捕捞				夏季东海捕捞			
	样本量	胴长平均值	标准差	五项移动平均值	样本量	胴长平均值	标准差	五项移动平均值
98					1	91.0	0.0	
103	2	104.0	8.5		4	98.3	8.2	
108	3	122.3	41.4		2	91.5	13.4	96.0
113	6	156.0	38.9	145.1	6	100.3	18.4	98.9
118	8	163.9	29.8	160.3	3	98.7	11.5	99.6
123	4	179.2	5.0	172.7	3	105.7	8.4	106.5
128	3	180.3	17.0	176.3	4	102.0	7.7	112.5
133	7	184.0	22.6	191.8	2	126.0	28.3	129.4
138	3	174.3	17.2	199.3	5	130.2	29.0	136.0
143	1	241.0	0.0	210.0	1	183.0	0.0	140.2
148	2	217.0	2.8	212.3	3	138.7	28.1	
153	2	233.5	6.4	220.4	1	123.0	0.0	
158	2	195.5	0.7					
163	1	215.0	0.0					

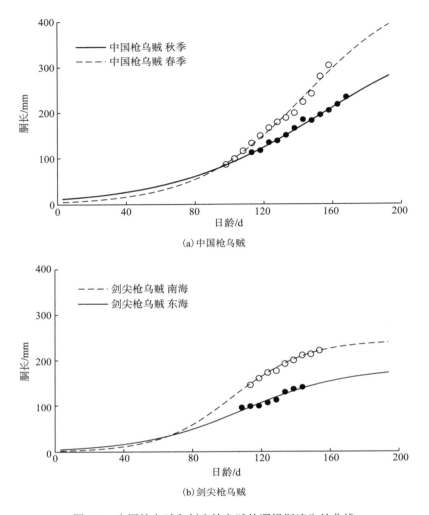

(a) 中国枪乌贼

(b) 剑尖枪乌贼

图 9-7　中国枪乌贼和剑尖枪乌贼的逻辑斯谛生长曲线

　　与 Sukramongkol 等 (2007) 的研究相比，本章使用指数方程建立年龄与胴长的关系较好，而 Bat 等 (2009) 使用幂函数建立了年龄与胴长的关系。在相同年龄下，春季捕捞的中国枪乌贼胴长最大，这与其有较大的样本量有关。同一年龄下的胴长差异随年龄而增长，即个体间生长率存在较大差异 (Natsukari et al.，1988)。两个种类不同季节间的生长方程的截距均存在显著差异，表明不同季节同一年龄的个体有不同的胴长。不同季节捕捞的中国枪乌贼的斜率在 110d 后开始分离，而剑尖枪乌贼的斜率则是在 100d 前开始分离。对于中国枪乌贼，Bat 等 (2009) 发现春季-夏季孵化群体和秋季-冬季孵化群体在同一年龄具有完全不同的胴长，而本章则存在重叠，这可能与 SST 等环境因子的变化有关。

　　本章使用最大胴长用来拟合逻辑斯谛方程。Natsukari 等 (1988) 估算了剑尖枪乌贼的最大胴长，与实际值相比较小，因此不适宜进行逻辑斯谛生长曲线拟合。本章中，中国枪乌贼最大胴长比剑尖枪乌贼大，这与已有研究结果不一致 (Jereb et al.，2010)。因此，今后的研究同样需要增加样本量，以获取更加准确的逻辑斯谛生长曲线。根据本章的逻辑斯谛生长曲线，中国枪乌贼胴长在 200d 后仍有生长趋势，而剑尖枪乌贼胴长在 160d 后趋于稳定。对于不同季节，中国枪乌贼和剑尖枪乌贼的逻辑斯谛生长曲线与指数曲线类似，即 4 月捕捞的中国枪乌贼生长快于 9 月捕捞的中国枪乌贼，4 月于南海捕捞的剑尖枪乌贼生长快于 8 月于东海捕捞的剑尖枪乌贼。黄培宁 (2006) 发现雄性中国枪乌贼生长快于雌性，且最大胴长大于雌性。Natsukari 等 (1988) 在剑尖枪乌贼中发现了类似的结果，同时发现温暖季节群体的胴长大于寒冷季节，这与本章结果一致。根据胴长五项移动平均值，中国枪乌贼的年龄为 98～168d，胴长为 113～303mm，剑尖枪乌贼的年龄为 108～158d，胴长为 96～220mm。

9.4　生　长　率

根据胴长的日增长率，秋季中国枪乌贼、春季中国枪乌贼、春季剑尖枪乌贼和夏季剑尖枪乌贼的最高生长率分别为 120～140d 的 2.310mm/d、160～180d 的 5.475mm/d、140～160d 的 1.925mm/d 和 120～140d 的 0.900mm/d；根据体重的日增长率，最高生长率分别为 160～180d 的 4.820g/d、160～180d 的 12.595g/d、140～160d 的 5.640g/d 和 120～140d 的 1.640g/d（表 9-5）。

根据胴长的瞬时增长率，秋季中国枪乌贼、春季中国枪乌贼、春季剑尖枪乌贼和夏季剑尖枪乌贼的最高生长率分别为 120～140d 的 1.73%、100～120d 的 2.91%、120～140d 的 0.98% 和 120～140d 的 0.84%；根据体重的瞬时增长率，最高生长率分别为 120～140d 的 3.80%、100～120d 的 7.70%、140～160d 的 2.84% 和 120～140d 的 3.27%（表 9-5）。

春季剑尖枪乌贼 160～180d 胴长组和夏季剑尖枪乌贼 140～160d 体重组存在生长率的负增长（表 9-5）。

表 9-5　中国枪乌贼和剑尖枪乌贼生长率

种类，季节	日龄组/d	样本量	胴长			体重		
			平均值/mm	DGR/(mm/d)	G/%	平均值/g	DGR/(g/d)	G/%
中国枪乌贼，秋季	80～100	0	-	-	-	-	-	-
	100～120	3	111.7	-	-	53.3	-	-
	120～140	8	157.9	2.310	1.73	114.0	3.035	3.80
	140～160	15	194.0	1.805	1.03	162.5	2.425	1.77
	160～180	7	239.3	2.265	1.05	258.9	4.820	2.33
中国枪乌贼，春季	80～100	2	74.0	-	-	17.5	-	-
	100～120	26	132.4	2.920	2.91	81.7	3.210	7.70
	120～140	73	185.3	2.645	1.68	152.0	3.515	3.10
	140～160	43	248.7	3.170	1.47	264.8	5.640	2.78
	160～180	6	358.2	5.475	1.82	516.7	12.595	3.34

续表

种类，季节	日龄组/d	样本量	胴长			体重		
			平均值/mm	DGR/(mm/d)	G/%	平均值/g	DGR/(g/d)	G/%
剑尖枪乌贼，春季	80～100	0	-	-	-	-	-	-
	100～120	19	148.5	-	-	106.4	-	-
	120～140	17	180.5	1.600	0.98	147.6	2.060	1.64
	140～160	7	219.0	1.925	0.97	260.4	5.640	2.84
	160～180	1	215.0	-0.200	-0.09	270.0	0.480	0.18
剑尖枪乌贼，夏季	80～100	1	91.0	-	-	25.0	-	-
	100～120	15	98.3	0.365	0.39	35.5	0.525	1.75
	120～140	14	116.3	0.900	0.84	68.3	1.640	3.27
	140～160	1	123.0	0.335	0.28	68.0	-0.015	-0.02
	160～180	0	-	-	-	-	-	-

由日生长率和瞬时生长率发现，中国枪乌贼的胴长和体重生长快于剑尖枪乌贼。同时，本章秋季捕捞的中国枪乌贼和剑尖枪乌贼出现了生长率的异常值（表 9-5），这可能与样本量较小有关（各组少于 50 尾样本，表 9-1）。Natsukari 等（1988）发现个体间生长率差异较大，尤其在成鱼生活史阶段。本章中，一些年龄组的样本数量较少（各年龄组少于10 尾），因此需要增加样本量及胴长范围来抵消个体差异的部分影响。

总体来说，关于利用不同耳石区域估算中国枪乌贼和剑尖枪乌贼年龄的各研究结果间存在较大差异，在今后的研究中需制定读取年龄的标准。中国枪乌贼生长快于剑尖枪乌贼；南海春季捕捞的剑尖枪乌贼生长快于东海夏季捕捞群体，这可能与海洋环境不同有关，如 SST。本章样本中，中国枪乌贼为春季孵化群，剑尖枪乌贼为秋季孵化群。今后的研究需增加样本量和胴长范围来获得更加精确的生长曲线和生长率。

第10章 基于硬组织的枪乌贼
微化学组成比较研究

头足类硬组织包括角质颚、耳石和眼球等，可保存其生活史过程中的生态信息，它们具有稳定的形态特征和抗腐蚀等特点(刘必林和陈新军，2009)，因此是头足类生态学研究的良好材料。利用生物体硬组织中的微量元素和同位素等微化学成分进行种群结构和栖息环境与洄游的研究，已成为海洋生物生态学研究的新手段(Thorrold et al.，2002)。本章将对中国枪乌贼和剑尖枪乌贼的耳石、角质颚和眼球的微量元素进行分析，比较各组织间微量元素组成的差异、同一组织不同生活史阶段的微量元素差异及各微量元素间的差异。

中国枪乌贼和剑尖枪乌贼样本于 2016 年 4 月在南海北部采集。样本在实验室解冻后测量胴长和体重，分别精确至 1mm 和 1g，鉴定性别并划分性成熟度。将耳石、角质颚和眼球小心取出，浸泡在蒸馏水中清洗干净，并保存在 75%的酒精中进一步分析。最终选择 59 个耳石(中国枪乌贼 29 个，剑尖枪乌贼 30 个)、59 个角质颚(中国枪乌贼 30 个，剑尖枪乌贼 29 个)和 59 个眼球(中国枪乌贼 31 个，剑尖枪乌贼 28 个)进行微量元素的分析。对 83 尾样本的耳石进行切片制作，读取个体年龄。

在耳石、角质颚和眼球的切片制作完成后，用去离子水冲洗并晾干。在进行耳石微量元素测定时，从核心到边缘选取 5 个点进行测定，即核心区内为点 1，代表孵化期；后核心区为点 2，代表仔鱼期；暗区为点 3，代表稚鱼期；外围区中部为点 4，代表亚成鱼期；边缘为点 5，代表成鱼期(Zumholz et al.，2007)[图 10-1(a)]。角质颚喙部因摄食而腐蚀，且其轮纹日周期性并未得到验证，因此最终等距离选择 4 个点进行角质颚微量元素的测定，分别代表孵化期、仔鱼期、亚成鱼期和成鱼期[图 10-1(b)]。类似地，在进行眼球微量元素测定时，等距离选择 4 个点进行测定[图 10-1(c)]。

耳石、角质颚和眼球微量元素的测定利用激光剥蚀电感耦合等离子体质谱仪(laser ablation inductively coupled plasma mass spectrometer，LA-ICP-MS)完成。激光剥蚀系统为 GeoLas 2005，ICP-MS 为 Agilent 7700e，激光剥蚀直径分别为耳石 30μm、角质颚和眼球 44μm，以氦作为载气、氩作为补偿气来进行灵敏度的调节(Hu et al.，2008)。各取样点包含 20s 空白信号和 50s 样本信号，详见表 10-1。以 USGS 参考玻璃(如 BCR-2G、BIR-1G 和 BHVO-2G)为校正标准，采用多外标、无内标法对元素含量进行定量计算(Liu et al.，2008)。对分析数据的离线处理(包括对样本和空白信号的选择、仪器灵敏度漂移校正、元素含量计算)采用软件 ICPMSDataCal 完成。

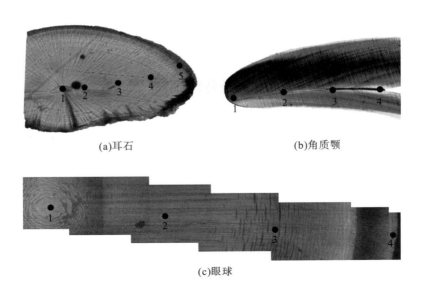

(a)耳石   (b)角质颚

(c)眼球

图 10-1　中国枪乌贼和剑尖枪乌贼不同生长阶段硬组织微量元素取样点

表 10-1　LA-ICP-MS 工作参数

GeoLas 2005 激光剥蚀系统		Agilent 7700e ICP-MS	
波长	193nm	射频功率	1350W
脉冲	400	等离子体气	氩(14.0L/min)
能量密度	6.0J/cm^2	辅助气	氩(0.9L/min)
载气	氦(0.7L/min)	补偿气	氩(0.92L/min)
剥蚀孔径	耳石 30μm，角质颚和眼球 44μm	采样深度	5mm
频率	8Hz	检测器模式	Dual
剥蚀方式	单点		

10.1　微量元素种类及含量组成

对 59 个耳石各打样点的元素分析发现，在检测限以上的元素有 9 种，分别为 B、Na、Mg、P、K、Ca、Fe、Sr 和 Ba。其中，Ca 含量最高，其次为 Sr、Na、P、K、Fe、Mg、B 和 Ba(表 10-2)。对 59 个角质颚各打样点的元素分析发现，检测率大于 80%且含量平均值超过 10.00ppm(1ppm=1×10^{-6})的元素有 13 种，分别为 B、Na、Mg、P、K、Ca、Cu、Zn、Rb、Sr、Mo、Pb 和 U。其中，Ca 含量最高，其次为 Mg、P、K、Na、B、Cu、Sr、Zn、Mo、Rb、Pb 和 U(表 10-3)。对 59 个眼球各打样点的元素分析发现，检测率大于 80%且含量平均值超过 10.00ppm 的元素有 8 种，分别为 Na、Mg、P、K、Ti、Cu、Zn 和 Sr。其中 P 含量最高，其次为 Na、K、Mg、Zn、Ti、Cu 和 Sr(表 10-4)。比较耳石、角质颚和眼球检测率大于 80%且含量平均值超过 10.00ppm 的元素，发现耳石元素的检测率最高，均为 100%。

表 10-2　中国枪乌贼和剑尖枪乌贼耳石元素组成及含量　　　　　单位：ppm

元素	中国枪乌贼				剑尖枪乌贼			
	平均值	标准差	最大值	最小值	平均值	标准差	最大值	最小值
Ca	702900.30	2448.00	705746.48	676594.49	702918.55	1484.34	705973.30	696790.49
Sr	11305.11	648.98	12799.67	10017.57	11416.24	803.35	13549.68	9677.48
Na	6522.07	388.10	7455.16	5415.14	6523.95	477.08	7449.10	5330.98
P	1156.88	1245.29	15493.24	564.32	1017.19	462.48	3786.51	485.92
K	311.56	85.41	753.71	110.86	311.83	80.20	554.36	84.43
Fe	193.36	24.54	304.36	132.57	198.06	21.82	253.38	145.91
Mg	105.27	140.39	1667.33	32.61	93.23	70.80	587.37	35.34
B	14.11	2.66	21.13	9.67	14.64	2.76	22.18	9.28
Ba	11.75	5.09	50.80	5.67	10.58	4.14	47.35	5.68

表 10-3　中国枪乌贼和剑尖枪乌贼角质颚元素组成及含量　　　　　单位：ppm

元素	中国枪乌贼				剑尖枪乌贼			
	平均值	标准差	最大值	最小值	平均值	标准差	最大值	最小值
Ca	192689.69	54532.02	308219.62	10657.71	203047.05	57080.43	330801.28	12358.75
Mg	130450.39	42514.77	205676.41	404.40	141719.52	44601.14	226596.18	332.33
P	76347.13	46996.74	244244.53	17256.34	61264.03	37609.35	229854.26	9051.62
K	67024.07	28224.24	141190.90	4264.22	70772.79	38253.74	173544.41	7072.83
Na	62404.88	29459.99	155957.68	4021.95	64643.16	34710.62	167694.86	2557.41
B	20199.37	12092.54	55245.59	117.30	19776.05	10718.26	47602.11	1999.48
Cu	7402.46	3096.15	15929.12	334.94	9500.39	7951.62	59732.11	196.87
Sr	2211.81	660.65	5143.84	103.49	2274.92	607.82	3491.58	19.92
Zn	1776.41	2521.80	17199.49	361.07	1803.94	4837.17	46897.42	429.13
Mo	271.84	467.68	2712.30	14.15	258.13	305.33	1704.46	11.73
Rb	46.29	29.64	137.47	0.21	47.14	28.77	151.17	1.92
Pb	29.54	19.28	100.10	1.34	28.50	25.21	140.16	3.05
U	12.70	13.68	71.29	0.45	9.99	10.47	78.30	0.91

表 10-4　　中国枪乌贼和剑尖枪乌贼眼球元素组成及含量　　　　　　　单位：ppm

元素	中国枪乌贼				剑尖枪乌贼			
	平均值	标准差	最大值	最小值	平均值	标准差	最大值	最小值
P	355313.69	87760.41	411689.44	2756.74	365587.35	72886.82	412096.06	4695.92
Na	12132.95	11315.05	54199.17	202.90	13213.03	14290.16	58952.49	868.48
K	11594.48	10792.16	53626.46	316.13	11239.84	11359.04	74478.12	457.89
Mg	9201.75	6946.85	36950.01	543.04	10472.04	8466.85	48125.55	544.12
Zn	987.06	618.29	4104.44	144.41	1248.66	1837.81	19435.63	292.12
Ti	809.55	865.70	6872.97	12.48	702.80	687.76	7050.04	65.87
Cu	393.59	864.40	7066.20	5.87	348.48	659.32	4580.31	10.61
Sr	93.22	90.20	433.29	6.09	99.08	107.12	516.24	9.65

　　本章使用近年来被广泛应用的 LA-ICP-MS 法进行各组织的元素分析。LA-ICP-MS 法具有样本制备及测试简单、空间分辨率高、检测限低、可进行时间序列分析等优点（Zumholz et al.，2007，2006；Doubleday et al.，2008；Warner et al.，2009）。在本章利用 LA-ICP-MS 测定的元素中，部分元素检测率较低，即只有部分样本中存在此类元素；部分元素检测率虽然较高，但含量较低，此类元素的测定存在较大误差，不建议使用。最终，本章选择检测率大于 80% 且含量平均值超过 10.00ppm 的元素进行分析，耳石中有 9 种元素、角质颚中有 13 种元素及眼球中有 8 种元素达到标准。

　　在耳石的 9 种元素中，金属元素有 7 种，非金属元素仅 2 种。这与耳石成分密切相关，鞘亚纲耳石由无机矿物质和有机物组成，而耳石的无机矿物质含量在 95% 以上（刘必林等，2011）。含量较小的元素称为微量元素，微量元素又可分为少量元素（≥100ppm）和痕量元素（<100ppm）（刘必林等，2011）。马金（2010）利用酸溶法对柔鱼耳石整体进行元素测定，发现少量元素有 Ca、Na、Sr、K、Fe 和 Mg；痕量元素有 Zn、Cu、Ba 和 Ni，这与本章耳石微量元素组成有所不同，造成不同的原因可能有两种：①研究方法有所不同，本章使用激光剥蚀法进行局部取样，而马金（2010）则使用酸溶法对耳石进行整体取样；②研究种类有所不同，本章使用的中国枪乌贼和剑尖枪乌贼为近海种类，环境的人为影响较大，而柔鱼是大洋性种类，环境几乎不会受人为影响。Ikeda 等（1996）利用质子 X 射线荧光分析（proton-induced X-ray emission，PIXE）法对近海性和大洋性柔鱼耳石的 Sr 含量进行比较，发现大洋性柔鱼 Sr 含量较高，近海性柔鱼 Sr 含量较低，其中剑尖枪乌贼 Sr 含量（约 9000ppm）高于中国枪乌贼（约 8500ppm），而本章认为中国枪乌贼和剑尖枪乌贼 Sr 含量并无显著差异（约 11000ppm）。这可能与采样位置或微量元素的分析方法有关，本章中的中国枪乌贼和剑尖枪乌贼均采集于中国南海北部，具有相同的栖息环境，使用 LA-ICP-MS 进行微量元素分析；而 Ikeda 等（1996）研究中，中国枪乌贼采集于泰国湾和安德曼海，剑尖枪乌贼仅采集于安德曼海，使用 PIXE 法进行微量元素分析，而刘必林（2012）对茎柔鱼耳石微量元素的研究发现 Sr 含量约为 6000ppm。

　　在角质颚的 13 种元素中，金属元素有 11 种，非金属元素仅 2 种。与耳石相比，角质颚 Ca 含量较低，这可能是因为耳石的主要成分为 $CaCO_3$（刘必林等，2011），而角质颚的主要成分为几丁质和蛋白质(Miserez et al.，2008)。在耳石与角质颚共有的元素中，除 Ca 和 Sr 在耳石中含量较高外，其他元素均为角质颚中含量高。方舟(2016)对柔鱼角质颚的微量元素进行分析，发现柔鱼角质颚中 Ca 含量最高，占 45%～50%，其次为 Mg、Na、K 和 P，并认为 Mg、Na 和 K 等金属元素主要控制角质颚细胞合成与生长，而 P 在有机物合成中起着至关重要的作用，也促进了角质颚的生长。这与本章中元素顺序有所不同，其中 Ca 含量最高，其次为 Mg、P、K 和 Na，这可能与枪乌贼为近海性种类，受大陆沉积物影响较大，而柔鱼为大洋性种类，不受污染物影响有关。Guerra 等(2010)在分析大王乌贼(*Architeuthis dux*)角质颚的微量元素后发现 P 和 Se 与水深有很大关系。而本章中并未发现 Se 的存在，但具有较高的 P 含量。Ichihashi 等(2001)利用 ICP-MS 法对鸢乌贼角质颚的微量元素进行了分析，发现 V 和 U 积聚较多。而本章发现，中国枪乌贼和剑尖枪乌贼中没有检测到 Se，V 检测率较低，而 U 则含量较少。这说明不同种类的同一硬组织微量元素含量及组成可能存在较大差异(方舟，2016)。

在眼球的 8 种元素中，金属元素有 7 种，非金属元素仅 1 种。与耳石和角质颚不同，眼球中 P 含量最高，而 Ca 含量检测率较低。与耳石和角质颚类似的是，Na、K 和 Mg 含量较高。学者在鱼类眼球中检测到 Ba、Co、Cu、Fe、Hg、Mn、Pb、Rb 和 Sr 等(Kuck，1975)，其微量元素含量和组成与耳石等组织有很大不同(Dove，1997；Dove and Kingsford，1998)。另外，Gillander(2001)研究认为鱼类眼球的微量元素可用作种群判定。

10.2　不同生长阶段各硬组织元素差异

对耳石 8 种元素与 Ca 的比值(含量，不同)进行分析，发现中国枪乌贼和剑尖枪乌贼的 6 种元素(Na、Mg、P、K、Sr 和 Ba)与 Ca 的比值有近乎一致的变化趋势，而 B 与 Ca、Fe 与 Ca 比值的变化趋势则有差异(图 10-2)。在 Na 与 Ca 的比值中，其值随生长有先升高后降低的趋势，在稚鱼期出现最大值。与 Na 相反，Mg、P、Sr 和 Ba 则有整体上先降低后升高的趋势，且在亚成鱼期(剑尖枪乌贼的 Sr 在稚鱼期)出现最小值。ANOVA 分析结果认为，在中国枪乌贼耳石中，除 B 外($P>0.05$)，其他 7 种元素与 Ca 的比值在各生长阶段存在显著差异($P<0.05$)；在剑尖枪乌贼耳石中，除 B 和 Fe 外($P>0.05$)，其他 6 种元素与 Ca 的比值在各生长阶段存在显著差异($P<0.05$)。

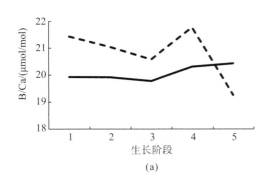

(a)

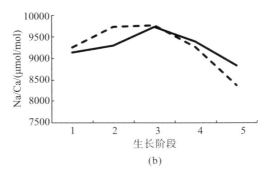

(b)

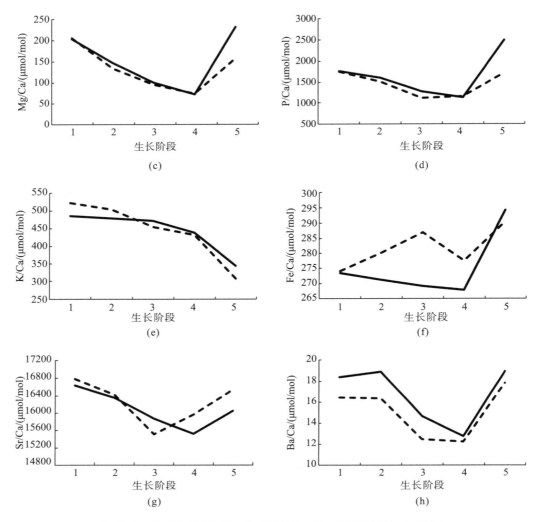

图 10-2 中国枪乌贼和剑尖枪乌贼各生长阶段耳石元素与 Ca 比值

1.孵化期；2.仔鱼期；3.稚鱼期；4.亚成鱼期；5.成鱼期

——*U.chinensis* ···*U.edulis*

对角质颚 9 种元素与 Ca 的比值进行分析（Pb、Mo、U 未分析），发现中国枪乌贼和剑尖枪乌贼的 6 种元素（B、Mg、K、Cu 和 Sr）与 Ca 的比值有一致的变化趋势，而其他 4 种元素（Na、P、Zn 和 Rb）与 Ca 的比值变化趋势则有差异。由图 10-3 可知，在 B 与 Ca 的比值中，其值随生长有先升高后降低的趋势，在仔-稚鱼期出现最大值。在 Mg、Sr 与 Ca 的比值中，其值随生长整体上有持续升高的趋势（剑尖枪乌贼 Sr 成鱼期略微下降）；与此相反，K 和 Cu 随生长整体上有持续下降的趋势（剑尖枪乌贼 K 成鱼期略微升高）。在 Mg、Cu 与 Ca 的比值中，发现剑尖枪乌贼各生长阶段的值均高于中国枪乌贼；而在 B 与 Ca 的比值中，中国枪乌贼各生长阶段的值均高于剑尖枪乌贼。ANOVA 分析结果认为，在中国枪乌贼角质颚中，除 B 外（$P<0.05$），其他 8 种元素与 Ca 的比值在各生长阶

段不存在显著差异（$P>0.05$）；在剑尖枪乌贼角质颚中，除 B、Na、K 和 Rb 外（$P<0.05$），其他 5 种元素与 Ca 的比值在各生长阶段不存在显著差异（$P>0.05$）。

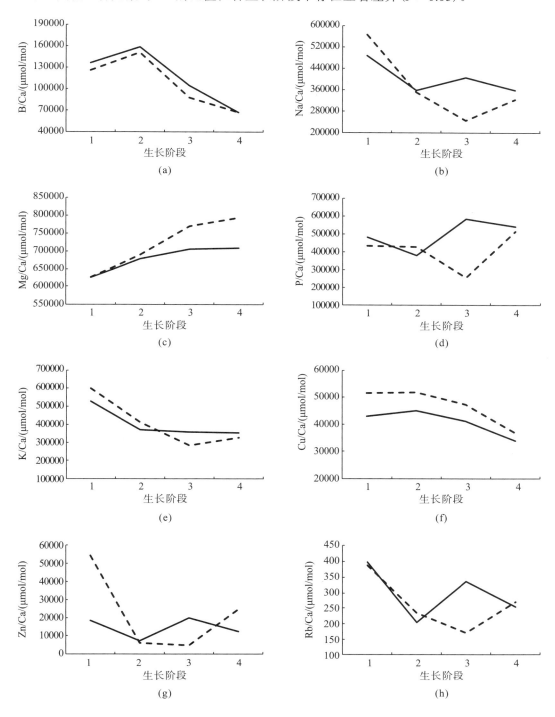

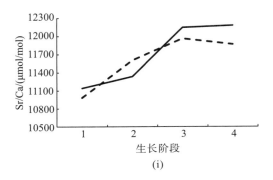

(i)

图 10-3　中国枪乌贼和剑尖枪乌贼各生长阶段角质颚元素与 Ca 比值

1.孵化期；2.仔-稚鱼期；3.亚成鱼期；4.成鱼期

—— *U.chinensis*　　---*U.edulis*

对眼球 7 种元素与 P 的比值进行分析，发现中国枪乌贼和剑尖枪乌贼的 4 种元素（Na、Mg、K 和 Sr）与 P 的比值有较一致的变化趋势，而其他 3 种元素（Ti、Cu 和 Zn）与 P 比值的变化趋势则有明显差异（图 10-4）。在 Na、Mg、K、Sr 与 P 的比值中，其值随生长整体上有逐渐升高的趋势。在 Mg、Sr 与 P 的比值中，发现中国枪乌贼各生长阶段的值基本上高于剑尖枪乌贼。ANOVA 分析结果认为，在中国枪乌贼眼球中，除 Sr 外（$P<0.05$），其他 6 种元素与 P 的比值在各生长阶段不存在显著差异（$P>0.05$）；在剑尖枪乌贼眼球中，除 Na、K、Cu 和 Sr 外（$P<0.05$），其他 3 种元素与 P 的比值在各生长阶段不存在显著差异（$P>0.05$）。

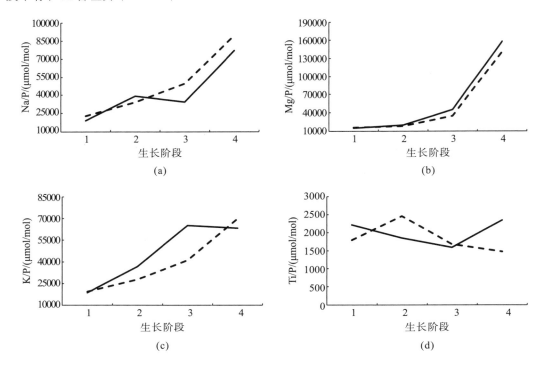

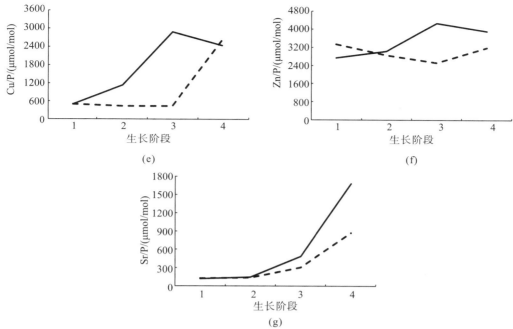

图 10-4　中国枪乌贼和剑尖枪乌贼各生长阶段眼球元素与 P 比值

1.孵化期；2.仔-稚鱼期；3.亚成鱼期；4.成鱼期

——*U.chinensis*　---*U.edulis*

在耳石中，除 B 和 Fe 外，中国枪乌贼和剑尖枪乌贼其他 6 种元素具有一致的变化趋势。这与中国枪乌贼和剑尖枪乌贼有相同的栖息环境有关，本章采集的两种枪乌贼样本均来自中国南海北部，且采集时间和采集站点相同。Mg、P、Sr 和 Ba 与 Ca 的比值在生长过程中均有整体上先下降后上升的趋势，且在亚成鱼期(剑尖枪乌贼 Sr 为稚鱼期)达到最小值。胡贯宇(2016)在分析茎柔鱼耳石微量元素时发现，Mg、Sr 与 Ca 的比值在生长过程中一直呈下降趋势，而 Ba 则呈上升趋势。刘必林(2012)通过分析茎柔鱼耳石微量元素则发现，Sr、Ba 与 Ca 的比值在生长过程中有先下降后升高的趋势，而 Mg 则一直呈下降趋势。Sr 被认为是头足类耳石沉积的关键元素，且 Sr/Ca 与水温成反比(Arkhipkin et al.，2004)。由此可推测，在中国枪乌贼和剑尖枪乌贼生长过程中，水温逐渐升高，在亚成鱼期(剑尖枪乌贼为稚鱼期)达到最大值，随后水温逐渐下降。研究区域的 SST 在两种枪乌贼孵化后逐渐降低，表明两种枪乌贼在其生活史过程中存在水平或垂直洄游。Chan 等(1977)认为 Ba 的浓度随水深的增加而增大，而头足类耳石中的 Ba 被认为是上升流的指标元素(Lea et al.，1989)。Zacherl 等(2003)研究认为，耳石中 Ba/Ca 与海水中的 Ba/Ca 呈正相关关系，与温度呈负相关关系。另外，Ba/Ca 也被看作是头足类垂直移动的指标元素(Arkhipkin et al.，2004)。刘必林(2012)认为茎柔鱼耳石仔鱼至成鱼期耳石 Ba/Ca 逐渐增加，表明其由表层下潜至深层水域活动的生活史过程。Zumholz(2005)也在黵乌贼中进行了验证。因此，Sr/Ca 和 Ba/Ca 结果均表明，中国枪乌贼和剑尖枪乌贼在生活史初期生活在深层，在生长过程中上升至表层，并在性成熟以后回到深层，这与中国枪乌贼和剑尖枪乌贼产卵于海底关系密切(陈新军等，2013)。

与耳石相比，中国枪乌贼和剑尖枪乌贼角质颚和眼球中微量元素的变化趋势不稳定，差异较耳石大。角质颚中，中国枪乌贼和剑尖枪乌贼仅 B/Ca、Mg/Ca、Cu/Ca、K/Ca 和 Sr/Ca 的变化趋势一致，其他元素与 Ca 的比值均存在较大差异。在眼球中，两种枪乌贼的 Mg/P 和 Sr/P 具有极为一致的变化趋势。对比耳石和角质颚 Mg/Ca 和 Sr/Ca 生长过程中的变化趋势发现，耳石均呈先下降后上升的"V"形，而角质颚则呈上升的趋势，这极有可能是硬组织间微量元素形成机理不同导致的（胡贯宇，2016）。因此，在使用各硬组织微量元素进行生态学研究时需要谨慎。刘必林（2012）利用耳石微量元素，结合海面温度进行茎柔鱼洄游路线的分析，而方舟（2016）则利用角质颚微量元素，结合环境数据进行柔鱼洄游分析。

10.3   种类判别分析

利用中国枪乌贼和剑尖枪乌贼的各生长阶段耳石元素进行种类判别，发现在利用孵化期判别时，B/Ca 和 K/Ca 对判别的贡献率较大；在利用仔鱼期进行判别时，Na/Ca 和 Ba/Ca 对判别的贡献率较大；在利用稚鱼期进行判别时，P/Ca 和 Ba/Ca 对判别的贡献率较大；在利用亚成鱼期进行判别时，Sr/Ca 和 Ba/Ca 对判别的贡献率较大；在利用成鱼期进行判别时，Mg/Ca 和 P/Ca 对判别的贡献率较大（表 10-5）。比较不同生长阶段耳石元素的判别正确率发现，利用成鱼期的耳石元素判别分析的正确率最高，其次为仔鱼期、稚鱼期、亚成鱼期和孵化期（表 10-6）。中国枪乌贼和剑尖枪乌贼各生长阶段的判别函数系数见表 10-7。

表 10-5   不同种类各生长阶段耳石元素判别贡献率

	孵化期	仔鱼期	稚鱼期	亚成鱼期	成鱼期
B/Ca	0.69	0.21	−0.24	0.54	0.31
Na/Ca	−0.17	0.52	−0.01	−0.51	0.99
Mg/Ca	−0.04	−0.18	−0.19	0.15	−1.72
P/Ca	0.38	−0.34	0.84	−0.23	2.49
K/Ca	0.74	0.27	0.04	−0.11	0.001
Fe/Ca	0.04	0.24	−0.31	0.26	−0.38
Sr/Ca	0.31	0.44	−0.40	0.83	−0.16
Ba/Ca	−0.63	−0.59	0.72	−0.58	−0.20

表 10-6   不同种类各生长阶段耳石元素交叉验证判别正确率

取样区域	观察种类	预测种类		判别正确率
		中国枪乌贼	剑尖枪乌贼	
孵化期	中国枪乌贼	48.28%	51.72%	45.80%
	剑尖枪乌贼	56.67%	43.33%	
仔鱼期	中国枪乌贼	65.52%	34.48%	64.40%
	剑尖枪乌贼	36.67%	63.33%	

取样区域	观察种类	预测种类		判别正确率
		中国枪乌贼	剑尖枪乌贼	
稚鱼期	中国枪乌贼	51.72%	48.28%	62.70%
	剑尖枪乌贼	26.67%	73.33%	
亚成鱼期	中国枪乌贼	62.07%	37.93%	55.90%
	剑尖枪乌贼	50.00%	50.00%	
成鱼期	中国枪乌贼	72.41%	27.59%	69.50%
	剑尖枪乌贼	33.33%	66.67%	

表 10-7　不同种类各生长阶段耳石元素判别函数系数

	孵化期		仔鱼期		稚鱼期		亚成鱼期		成鱼期	
	种 1	种 2	种 1	种 2	种 1	种 2	种 1	种 2	种 1	种 2
B/Ca	1.865	2.017	0.710	0.778	0.406	0.476	0.054	0.175	1.430	1.295
Na/Ca	0.022	0.021	0.033	0.034	0.078	0.078	0.054	0.053	0.090	0.085
Mg/Ca	−0.020	−0.020	−0.058	−0.065	0.191	0.202	0.719	0.732	−0.051	−0.042
P/Ca	0.006	0.006	−0.006	−0.008	−0.032	−0.036	−0.005	−0.006	0.010	0.009
K/Ca	0.023	0.028	0.025	0.029	−0.091	−0.092	0.060	0.059	−0.038	−0.038
Fe/Ca	0.211	0.212	0.250	0.259	0.233	0.243	0.377	0.385	0.080	0.097
Sr/Ca	0.016	0.016	0.037	0.038	0.027	0.028	0.015	0.016	0.015	0.016
Ba/Ca	1.059	0.938	−0.248	−0.390	0.418	0.106	2.809	2.591	−0.862	−0.834
常量	−295.7	−302.4	−493.3	−516.9	−601.7	−604.9	−473.8	−476.8	−538.4	−502.5

注：种 1.中国枪乌贼；种 2.剑尖枪乌贼

利用中国枪乌贼和剑尖枪乌贼各生长阶段的角质颚元素进行种类判别，发现在利用孵化期判别时，Zn/Ca 对判别的贡献率最大；在利用仔-稚鱼期进行判别时，Na/Ca 对判别的贡献率最大；在利用亚成鱼期进行判别时，Zn/Ca 对判别的贡献率最大；在利用成鱼期进行判别时，Mg/Ca 对判别的贡献率最大（表 10-8）。比较不同生长阶段角质颚元素的判别正确率发现，利用亚成鱼期的角质颚元素判别分析的正确率最高，其次为孵化期、成鱼期和仔-稚鱼期（表 10-9）。中国枪乌贼和剑尖枪乌贼各生长阶段的判别函数系数见表 10-10。

表 10-8　不同种类各生长阶段角质颚元素判别贡献率

	孵化期	仔-稚鱼期	亚成鱼期	成鱼期
B/Ca	−0.05	−0.50	0.77	−0.87
Na/Ca	−0.26	−1.94	5.10	−0.62
Mg/Ca	−0.11	0.44	0.77	1.01
P/Ca	0.08	0.13	−2.25	0.08
K/Ca	−0.11	1.15	−2.81	0.03
Cu/Ca	−0.49	0.42	0.34	0.15

续表

	孵化期	仔-稚鱼期	亚成鱼期	成鱼期
Zn/Ca	0.55	0.45	-8.14	0.55
Rb/Ca	-0.01	-0.04	-1.63	0.30
Sr/Ca	-0.02	-0.31	0.04	-0.72

表 10-9　不同种类各生长阶段角质颚元素交叉验证判别正确率

取样区域	观察种类	预测种类		判别正确率
		中国枪乌贼	剑尖枪乌贼	
孵化期	中国枪乌贼	47.83%	52.17%	63.30%
	剑尖枪乌贼	23.08%	76.92%	
仔-稚鱼期	中国枪乌贼	66.67%	33.33%	54.50%
	剑尖枪乌贼	56.52%	43.48%	
亚成鱼期	中国枪乌贼	75.00%	25.00%	66.70%
	剑尖枪乌贼	40.91%	59.09%	
成鱼期	中国枪乌贼	52.00%	48.00%	56.30%
	剑尖枪乌贼	39.13%	60.87%	

表 10-10　不同种类各生长阶段角质颚元素判别函数系数

	孵化期		仔-稚鱼期		亚成鱼期		成鱼期	
	种 1	种 2	种 1	种 2	种 1	种 2	种 1	种 2
B/Ca	-4.04×10^{-5}	-3.96×10^{-5}	-1.01×10^{-5}	-1.96×10^{-5}	-1.13×10^{-4}	-9.85×10^{-5}	5.91×10^{-5}	3.05×10^{-5}
Na/Ca	2.44×10^{-5}	2.61×10^{-5}	2.25×10^{-5}	1.55×10^{-5}	7.86×10^{-5}	9.26×10^{-5}	2.90×10^{-6}	-6.24×10^{-7}
Mg/Ca	1.02×10^{-5}	1.13×10^{-5}	-5.46×10^{-5}	-5.19×10^{-5}	1.52×10^{-6}	1.10×10^{-5}	7.79×10^{-6}	1.61×10^{-5}
P/Ca	-2.69×10^{-6}	-3.14×10^{-6}	-2.35×10^{-5}	-2.32×10^{-5}	-1.86×10^{-5}	-2.81×10^{-5}	-2.18×10^{-5}	-2.14×10^{-5}
K/Ca	-4.14×10^{-6}	-3.52×10^{-6}	-1.41×10^{-5}	-8.80×10^{-6}	-4.89×10^{-5}	-6.09×10^{-5}	-9.54×10^{-6}	-9.33×10^{-6}
Cu/Ca	3.06×10^{-5}	5.29×10^{-5}	-4.15×10^{-5}	-2.66×10^{-5}	3.02×10^{-5}	5.23×10^{-5}	-2.74×10^{-6}	7.61×10^{-6}
Zn/Ca	2.24×10^{-4}	1.88×10^{-4}	0	0	-6.67×10^{-4}	-9.31×10^{-4}	4.35×10^{-5}	5.80×10^{-5}
Rb/Ca	-1.35×10^{-2}	-1.35×10^{-2}	3.10×10^{-2}	3.00×10^{-2}	3.60×10^{-2}	2.98×10^{-2}	1.83×10^{-2}	2.00×10^{-2}
Sr/Ca	3.18×10^{-3}	3.20×10^{-3}	8.00×10^{-3}	8.00×10^{-3}	6.27×10^{-3}	6.31×10^{-3}	3.88×10^{-3}	3.42×10^{-3}
Mo/Ca	-1.76×10^{-4}	-1.02×10^{-4}	1.00×10^{-3}	2.00×10^{-3}	3.48×10^{-3}	5.08×10^{-3}	-1.25×10^{-3}	-3.51×10^{-4}
Pb/Ca	8.42×10^{-3}	-7.54×10^{-4}	3.60×10^{-2}	2.80×10^{-2}	1.03×10^{-2}	1.08×10^{-2}	-3.61×10^{-3}	2.58×10^{-3}
U/Ca	-3.08×10^{-2}	-3.47×10^{-2}	-6.80×10^{-2}	-6.90×10^{-2}	-1.68×10^{-1}	-1.74×10^{-1}	2.41×10^{-2}	7.23×10^{-3}
常量	-22.46	-23.33	-25.34	-25.47	-34.17	-40.17	-25.08	-25.04

注：种 1.中国枪乌贼；种 2.剑尖枪乌贼

利用中国枪乌贼和剑尖枪乌贼各生长阶段的眼球元素进行种类判别，发现在利用孵化期判别时，Zn/P 对判别的贡献率最大；在利用仔-稚鱼期进行判别时，K/P 对判别的贡献率最大；在利用亚成鱼期进行判别时，K/P 对判别的贡献率最大；在利用成鱼期进行判别时，Mg/P 对判别的贡献率最大（表 10-11）。比较不同生长阶段眼球元素的判别正确率发现，利用成鱼期的眼球元素判别分析的正确率最高，其次为亚成鱼期、孵化期和仔-稚鱼期(表 10-12)。中国枪乌贼和剑尖枪乌贼各生长阶段的判别函数系数见表 10-13。

表 10-11　不同种类各生长阶段眼球元素判别贡献率

	孵化期	仔-稚鱼期	亚成鱼期	成鱼期
Na/P	-0.55	-1.32	2.55	1.26
Mg/P	-0.03	0.37	0.58	1.76
K/P	0.55	1.71	-3.01	-1.59
Ti/P	-0.51	-0.50	0.04	-0.96
Cu/P	0.55	0.68	-0.62	-0.22
Zn/P	0.72	0.05	0.47	1.25
Sr/P	-0.23	-0.72	0.07	-1.50

表 10-12　不同种类各生长阶段眼球元素交叉验证判别正确率

取样区域	观察种类	预测种类		判别正确率
		中国枪乌贼	剑尖枪乌贼	
孵化期	中国枪乌贼	56.67%	43.33%	49.10%
	剑尖枪乌贼	59.26%	40.74%	
仔-稚鱼期	中国枪乌贼	40.00%	60.00%	45.60%
	剑尖枪乌贼	48.15%	51.85%	
亚成鱼期	中国枪乌贼	61.54%	38.46%	57.70%
	剑尖枪乌贼	46.15%	53.85%	
成鱼期	中国枪乌贼	58.33%	41.67%	59.20%
	剑尖枪乌贼	40.00%	60.00%	

表 10-13　不同种类各生长阶段角质颚元素判别函数系数

	孵化期		仔-稚鱼期		亚成鱼期		成鱼期	
	种 1	种 2	种 1	种 2	种 1	种 2	种 1	种 2
Na/P	-4.18×10^{-4}	-4.30×10^{-4}	-2.64×10^{-5}	-4.36×10^{-6}	9.80×10^{-6}	7.19×10^{-5}	-1.73×10^{-5}	6.43×10^{-6}
Mg/P	5.48×10^{-4}	5.45×10^{-4}	1.79×10^{-4}	1.64×10^{-4}	1.06×10^{-4}	1.32×10^{-4}	5.08×10^{5}	1.09×10^{-4}
K/P	5.29×10^{-4}	5.47×10^{-4}	4.75×10^{-5}	1.59×10^{-5}	-1.06×10^{-5}	-1.02×10^{-4}	2.76×10^{-5}	-5.51×10^{-6}
Ti/P	1.35×10^{-3}	1.10×10^{-3}	2.28×10^{-4}	3.61×10^{-4}	1.02×10^{-3}	1.05×10^{-3}	1.71×10^{-4}	-1.85×10^{-4}
Cu/P	5.75×10^{-3}	7.02×10^{-3}	-8.25×10^{-4}	-9.82×10^{-4}	8.35×10^{-5}	-3.00×10^{-4}	-9.48×10^{-5}	-1.62×10^{-4}
Zn/P	3.31×10^{-3}	3.65×10^{-3}	1.16×10^{-3}	1.14×10^{-3}	1.03×10^{-3}	1.32×10^{-3}	1.64×10^{-5}	4.78×10^{-4}
Sr/P	-2.98×10^{-3}	-5.20×10^{-3}	1.46×10^{-3}	5.03×10^{-3}	-3.02×10^{-3}	-2.81×10^{-3}	3.70×10^{-4}	-3.49×10^{-3}
常量	-13.01	-13.86	-4.51	-4.61	-3.77	-4.41	-2.41	-3.23

注：种 1.中国枪乌贼；种 2.剑尖枪乌贼

根据耳石判别分析结果，发现通过成鱼期微量元素进行种类判别时，判别正确率最高，而此时 Mg/Ca 和 P/Ca 的贡献率最大，这与耳石各生长阶段元素与 Ca 的比值结果一致。在耳石各生长阶段中，孵化期两种枪乌贼的判别正确率最低，表明此时两种枪乌贼耳石微量元素差别最小。头足类孵化前的营养主要来自母体卵黄囊补给，并不与外界接触，胚胎表面的保护膜可以阻止金属元素进入胚胎(Bustamante et al., 2002)，因此孵化期耳石中的微量元素受母体影响，而与外界环境无关(Zumholz, 2005)。由此可推测，两种枪乌贼的产卵场相同，而索饵场可能不同。Arkhipkin 等(2004)对巴塔哥尼亚枪乌贼耳石的微量元素分析发现，不同地理和产卵种群间存在显著差异。Ashford 等(2006)认为耳石整体不适宜进行群体判别，即若个体在不同地理区域栖息后，在产卵时回到同一海区产卵，此时仍利用耳石微量元素来判定种群就可能出现错误。本章通过使用不同生长阶段的耳石微量元素进行种类判别，避免了这一问题。与耳石微量元素判别结果不同，角质颚亚成鱼期的判别正确率最高，其次为孵化期。眼球微量元素判别结果则与耳石类似，成鱼期最高，孵化期和仔-稚鱼期较低。这进一步说明不同硬组织的微量元素形成机理各不相同。目前，对于耳石微量元素的研究相对较多且全面，而对角质颚和眼球等其他硬组织的研究则少之又少。因此，今后的研究需加强对其他硬组织微量元素的研究，以便提供更为全面的头足类生态信息。

第11章 基于耳石微化学的枪乌贼洄游分布推测

耳石记录了头足类整个生活史的生态信息，其微量元素含量与环境因子的关系密切，因此可建立微量元素与环境因子的关系，以此推断和预测头足类的洄游路径。本章通过分析中国枪乌贼和剑尖枪乌贼耳石的 Sr/Ca 和 Ba/Ca，推测两者的洄游路线。首先利用 Ba/Ca 推测栖息水层，然后结合假设的洄游路径，选取栖息水层的水温，建立 Sr/Ca 与水温的关系，以验证假设洄游路线的正确性。

根据第 8 章所测定的样本，对同一月份孵化的中国枪乌贼和剑尖枪乌贼进行分类，并作后续分析。本章使用各生活史时期对应的 0m、50m、100m、150m 和 200m 水温数据，时间分辨率为天，空间分辨率为 0.5°×0.5°。数据来自上海海洋大学海洋科学学院。对 58 尾枪乌贼进行年龄鉴定，方法详见第 9 章。孵化日期 = 捕捞日期-日龄。微量元素测定详见第 10 章。

经查阅文献，本章对南海北部两种枪乌贼的栖息水层、洄游速度及微量元素与环境关系作如下假设：中国枪乌贼和剑尖枪乌贼为浅海性种类，一般栖息在 170m 以上水域，而两种枪乌贼又在南海北部海南岛以东 100～200m 水深的海域形成聚集带（陈新军等，2013）。因此，本章假设两种枪乌贼在南海北部分布的南边界为 200m 大陆架附近。

Natsukari 和 Tashiro（1991）整理发现，剑尖枪乌贼的洄游速度有所差异，但不超过 7.4km/h，进行长距离（>92.6km）洄游的个体，其游泳速度为 0.18～0.55km/h。因此，本章假设两种枪乌贼的最大游泳速度为 0.55km/h。前人对头足类耳石 Sr/Ca 与环境的关系进行了大量研究（Arkhipkin et al.，2004；马金，2010；刘必林，2012；Yamaguchi et al.，2015，2017），发现在部分头足类耳石中，Sr/Ca 与水温呈负相关。因此，本章假设两种枪乌贼 Sr/Ca 与水温呈负相关。Chan 等（1977）认为，海面层 Ba 含量较低，而深水层 Ba 含量较高。因此，在珊瑚中 Ba 被看作是上升流事件的指标元素（Lea et al.，1989）。学者将这一理论应用到头足类中，并得到了合理的推论（Arkhipkin et al.，2004；Zumholz et al.，2007）。因此，本章假设两种枪乌贼耳石中的 Ba/Ca 与水深有关，即 Ba/Ca 随水深的增加而增加。

实施方案：推算各取样点对应日期（刘必林，2012）。公式如下：$Date_i = Hdate + Age_i$，式中：$Date_i$ 为每个样本各取样点处所处的日期，i 为 1～3；Hdate 为样本的孵化日期；Age_i 为每个样本各取样点处的日龄，i 为 1～3，$Age_1 = 20d$、$Age_2 = 30d$ 和 $Age_3 = 30d$。推算枪乌贼栖息水层。根据 Ba/Ca 与水深的关系，推测两种枪乌贼各生长阶段的栖息水层。建立 Sr/Ca 与水温的关系。水温数据为 0m、50m、100m、150m 和 200m 的水温。结合历史资料，推测两种枪乌贼在南海北部的洄游路线。

11.1　各生活史时期年龄及对应日期

在微量元素测定样本中，根据捕捞日期和日龄推算，发现中国枪乌贼孵化时间为2015 年 10 月至 2016 年 1 月，剑尖枪乌贼孵化时间为 2015 年 11 月至 2016 年 2 月。分别选取距耳石核心处 0d、20d、30d 和 40d 作为孵化期、仔鱼期、稚鱼期和亚成鱼期，而捕捞日期则作为成鱼期。

11.2　各生活史时期 Sr/Ca 和 Ba/Ca

11.2.1　Sr/Ca

对于中国枪乌贼，10 月孵化个体，Sr/Ca 在孵化期最高，在仔鱼期骤降，随后变化并不显著。11 月孵化个体，Sr/Ca 在孵化期和仔鱼期相近，在稚鱼期骤降，在亚成鱼期达到最低，成鱼期有所回升。12 月孵化个体，Sr/Ca 在孵化期最高，随后逐渐下降，在亚成鱼期达到最低，成鱼期有所回升。1 月孵化个体，Sr/Ca 变化趋势与 12 月变化趋势基本一致(图 11-1)。

对于剑尖枪乌贼，11 月孵化个体，Sr/Ca 在孵化期最高，随后逐渐下降，在稚鱼期达到最低，亚成鱼期有所回升且与成鱼期相近。12 月孵化个体，Sr/Ca 在孵化期和仔鱼期相近，在稚鱼期达到最低，亚成鱼期和成鱼期迅速回升。1 月孵化个体，Sr/Ca 在孵化期和仔鱼期相近，在稚鱼期骤降且与亚成鱼期相近，在成鱼期又大幅回升。2 月孵化个体，Sr/Ca 在孵化期最高，随后逐渐下降，在亚成鱼期达到最小值，成鱼期有所回升(图 11-2)。

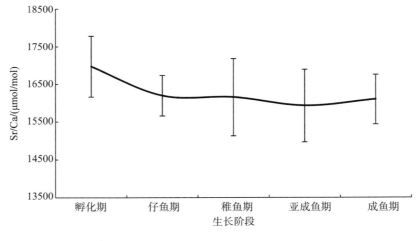

(a) 10 月孵化

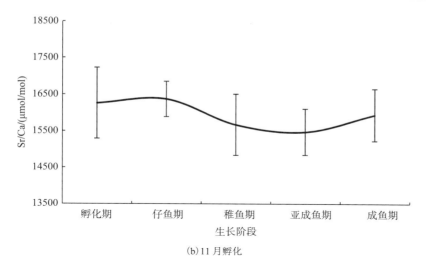

(b)11 月孵化

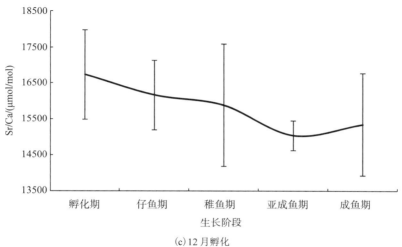

(c)12 月孵化

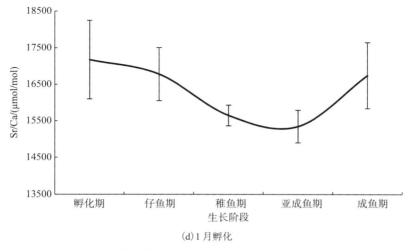

(d)1 月孵化

图 11-1　中国枪乌贼不同孵化月份各生长阶段 Sr/Ca

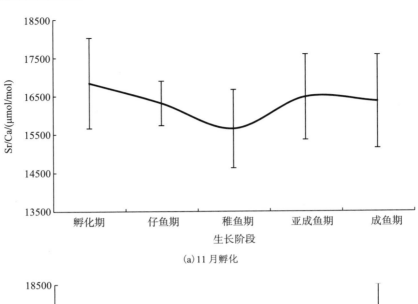

(a)11月孵化

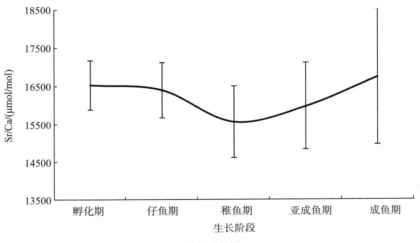

(b)12月孵化

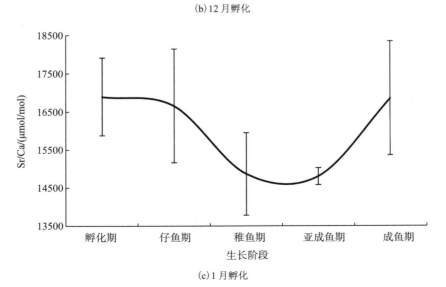

(c)1月孵化

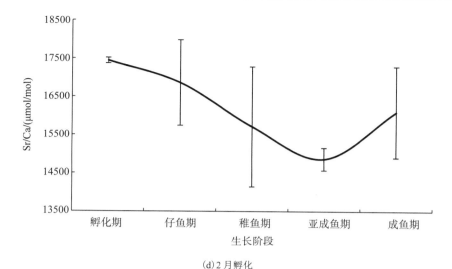

(d) 2 月孵化

图 11-2　剑尖枪乌贼不同孵化月份各生长阶段 Sr/Ca

　　总体来看，Sr/Ca 在孵化期有最大值，在稚鱼期或亚成鱼期有最小值。

11.2.2　Ba/Ca

　　对于中国枪乌贼，10 月孵化个体，Ba/Ca 总体变化不大，在孵化期最高，随后缓慢下降，在亚成鱼期达到最小值，成鱼期稍有回升。11 月孵化个体，Ba/Ca 在孵化期到仔鱼期逐渐升高，在仔鱼期最高，随后逐渐下降，亚成鱼期达到最小值，成鱼期有所回升。12 月孵化个体，Ba/Ca 变化趋势与 11 月孵化个体基本一致。1 月孵化个体，Ba/Ca 从孵化期逐渐降低，在亚成鱼期达到最小值，随后在成鱼期急剧升高 (图 11-3)。

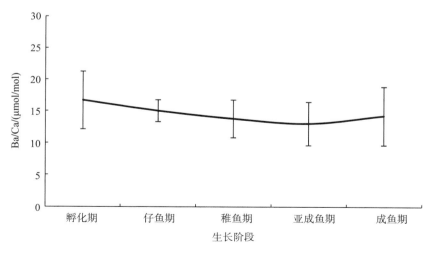

(a) 10 月孵化

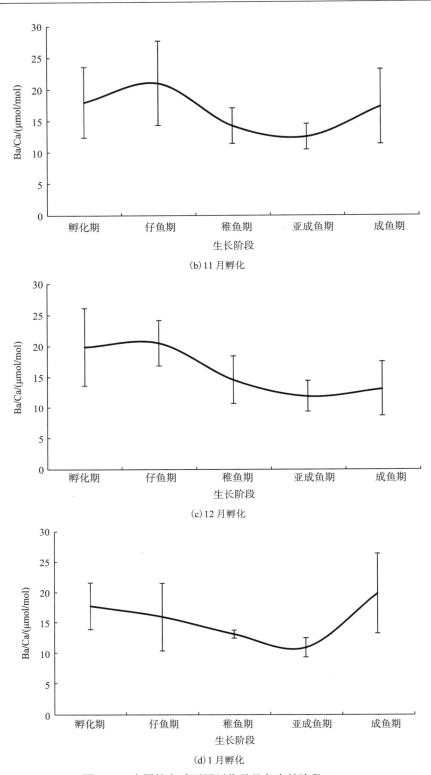

(b) 11 月孵化

(c) 12 月孵化

(d) 1 月孵化

图 11-3　中国枪乌贼不同孵化月份各生长阶段 Ba/Ca

　　对于剑尖枪乌贼，11 月至翌年 2 月孵化个体具有类似的变化趋势，即 Ba/Ca 在孵化期与仔鱼期相近，随后逐渐下降，成鱼期有所回升(图 11-4)。

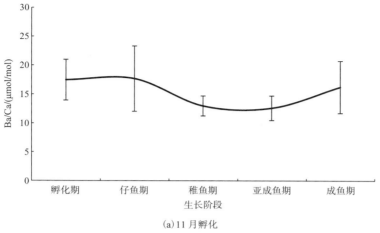

(a) 11 月孵化

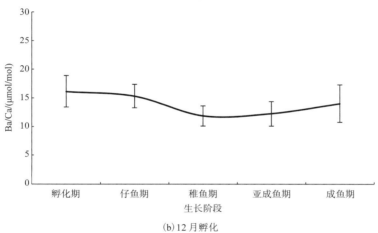

(b) 12 月孵化

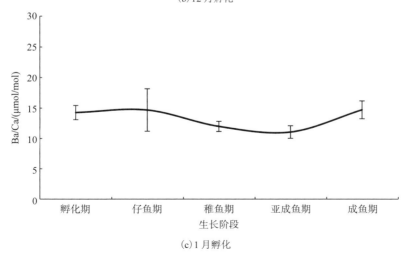

(c) 1 月孵化

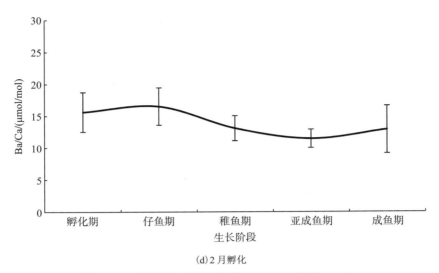

(d) 2月孵化

图 11-4　剑尖枪乌贼不同孵化月份各生长阶段 Ba/Ca

总体看来，Ba/Ca 在孵化期或仔鱼期有较大值，在稚鱼期或亚成鱼期有最小值。

Sr 是头足类耳石形成过程中的重要元素，其含量仅次于 Ca。Sr/Ca 通常被认为与个体的生活水温有较大关系。Ikeda 等(1996)使用 PIXE 法对太平洋褶柔鱼耳石的微量元素进行了测量，发现 Sr 含量与水温呈负相关。Yatsu 等(1998)对柔鱼耳石核心至背区边缘的 Sr/Ca 进行了测量，发现不同位置的 Sr/Ca 存在差异，即核心和外围部分的 Sr/Ca 较高，而中间部分较低，并认为这一差异与柔鱼经历从产卵场至索饵场的季节性洄游有关，在洄游过程中其生活水温发生了较大变化。Ikeda 等(1999)对日本海水蛸耳石的微量元素进行测定，发现 Sr 含量与其生活的底层水温呈明显的负相关。Yamaguchi 等(2015)通过暂养日本海的剑尖枪乌贼，验证了 Sr/Ca 与水温的负相关关系。因此，本章做出合理假设，即中国南海的中国枪乌贼和剑尖枪乌贼与水温存在负相关关系。

Ba 在海洋中的分布被认为与水深有关，即其浓度随水深而增加(Lea et al.，1989)。Arkhipkin 等(2004)对巴塔哥尼亚枪乌贼耳石的 Ba/Ca 进行分析，发现秋季产卵群的未成熟个体和春季产卵群的成熟个体具有较大的 Ba/Ca，这可能是冬天马尔维纳斯群岛(英国称福克兰群岛)附近大陆架海域的上升流加剧或个体向深水洄游造成的。Zumholz 等(2007)利用 LA-ICP-MS 分析了黵乌贼不同生活史时期的 Ba/Ca，发现黵乌贼稚鱼期 Ba/Ca 最低，而亚成鱼期和成鱼期最高，由此认为黵乌贼稚鱼期生活在表层，亚成鱼期和成鱼期生活在深海区。因此，本章做出合理假设，即 Ba/Ca 越大，中国枪乌贼和剑尖枪乌贼的生活水层越深。

耳石微量元素与钙元素比值，尤其 Sr/Ca 已被广泛应用到头足类洄游路线的推测和重建中。Ikeda 等(2003)对太平洋褶柔鱼耳石背区的 Sr/Ca 进行分析，发现 Sr/Ca 存在群体间差异，并认为这一差异反映了两个群体不同的产卵场和洄游路径。Liu 等(2016)利用耳石 Sr/Ca、Ba/Ca 与海面温度的关系，重建了东南太平洋智利专属经济区内的茎柔鱼的洄游路径，发现稚鱼在智利北部沿岸保育，1 月向南洄游至智利中部沿岸，2 月向西洄游，9～10 月向北洄游。Yamaguchi 等(2015，2017)通过暂养实验建立了剑尖枪乌贼耳石 Sr/Ca 与生活水温的关系，并通过 Sr/Ca 的变化趋势推测其生活水温，结合剑尖枪乌贼的栖息水层，最终推测出日本海捕捞的剑尖枪乌贼的洄游路径，即剑尖枪乌贼的孵化场在东海南部，而日本海南部则是其索饵场。因此，本章根据 Sr/Ca 与水温的关系、Ba/Ca 与水深的关系推测南海海域中国枪乌贼和剑尖枪乌贼的洄游路径是较为合理的。

陈新军等(2013)整理发现，中国枪乌贼栖息水深为 15～170m，其产卵场一般为水深 30～50m 的礁石或砂质海底。南海北部中国枪乌贼作深浅定向移动和南北洄游。在 7 月至 9 月，在海南岛以东 100～200m 水深的海域形成了一条明显的鱿鱼密集带。剑尖枪乌贼的栖息水深为 30～170m，其产卵场位于水深 30～100m 的砂质海底，主要分布在海南岛南部以东至珠江口外海 60～200m 水深的带状水域。结合本章推算的孵化日期及实际的捕捞时间，假设中国枪乌贼和剑尖枪乌贼秋冬生群体有类似的洄游路线，其路线为：10 月至翌年 2 月，枪乌贼在 30～100m 水深的海底孵化；孵化后至 3 月，向南洄游，在底层水深为 200m 的海域附近过冬；3 月底至 6 月，向北洄游，在中国大陆近岸索饵；7 月至 9 月，向南洄游，在底层水深为 100～200m 的海域聚集交配；交配后雌性向北移动，下潜至 30～100m 的海底进行产卵。

根据各孵化月份的 Ba/Ca，发现枪乌贼稚鱼期和亚成鱼期具有较低的 Ba/Ca，而其他生长阶段的 Ba/Ca 相对较高，说明中国枪乌贼和剑尖枪乌贼早期的生活水层较深，随后向浅水区移动，在成鱼以后则又向深水区移动。根据 Ba/Ca 的结果，本章最终选择 100m 水温作为孵化期生活水温，0～50m 水温作为仔鱼期生活水温，0m 水温作为稚鱼期、亚成鱼期和成鱼期(捕捞前)生活水温。根据本章结果，发现中国枪乌贼 10 月至 12 月孵化个体耳石的 Sr/Ca 与假设水温呈正相关，仅 1 月孵化个体耳石的 Sr/Ca 与假设水温呈负相关。因此，秋季孵化的中国枪乌贼个体的洄游路径与假设不符，这可能是由于其生活阶段北部水温过低，中国枪乌贼向更南面的温暖深水区移动(陈新军等，2013)。而剑尖枪乌贼 11 月至翌年 2 月孵化个体耳石的 Sr/Ca 与假设水温均呈负相关。因此秋冬季孵化的剑尖枪乌贼个体的洄游路径与假设基本相符。Yamaguchi 等(2017)对在日本海捕捞的剑尖枪乌贼耳石的 Sr/Ca 进行分析，重建了剑尖枪乌贼生活的历史水温，认为其生活水温为 17～21℃，与本章推测的 21～27℃生活水温有很大不同，说明两个群体有截然不同的栖息环境。综上所述，本章认为，1 月孵化的中国枪乌贼和 11 月至翌年 2 月孵化的剑尖枪乌贼的洄游路径与本章中的假设一致。

11.3　水温与 Sr/Ca 的关系

根据 Ba/Ca 的变化趋势，最终选定 100m 水温作为孵化期温度，0～50m 水温作为仔鱼期温度，海面温度作为稚鱼期、亚成鱼期和成鱼期温度(表 11-1 和表 11-2)。结果表明，10 月至翌年 2 月孵化的两种枪乌贼的生活水温均在 21℃以上，最高温度为 27℃。

表 11-1　假设条件下中国枪乌贼各生长阶段水温(℃)

	孵化期	仔鱼期	稚鱼期	亚成鱼期	成鱼期
10 月孵化	26.0	27.0	25.6	24.7	21.7
11 月孵化	25.0	26.2	24.0	23.8	22.0
12 月孵化	23.8	24.2	23.4	23.2	22.9
1 月孵化	22.5	23.0	23.4	26.0	23.0

表 11-2 假设条件下剑尖枪乌贼各生长阶段水温(℃)

	孵化期	仔鱼期	稚鱼期	亚成鱼期	成鱼期
11 月孵化	23.0	25.1	24.8	23.2	21.9
12 月孵化	24.8	24.1	23.9	23.0	21.9
1 月孵化	22.2	22.7	23.6	26.8	24.1
2 月	21.9	22.6	24.5	23.4	-

利用不同孵化月份的枪乌贼各生长阶段耳石的 Sr/Ca，建立其与生活水温的关系
(图 11-5 和图 11-6)。结果表明，对于中国枪乌贼，只有 1 月份孵化个体的 Sr/Ca 与水温呈
负相关，而其他月份孵化个体则呈正相关；在剑尖枪乌贼中，所有月份孵化个体的 Sr/Ca
均与水温呈负相关。其中，中国枪乌贼 1 月孵化个体 Sr/Ca 与水温呈显著负相关(R^2 =
0.6926)；剑尖枪乌贼 1 月和 2 月孵化个体 Sr/Ca 与水温呈显著负相关(1 月：R^2=0.4619；
2 月：R^2=0.5636)。

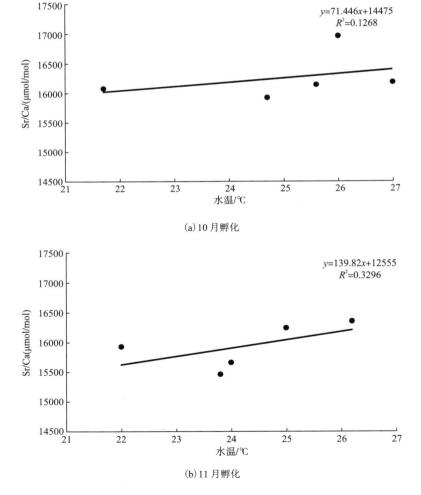

(a) 10 月孵化

(b) 11 月孵化

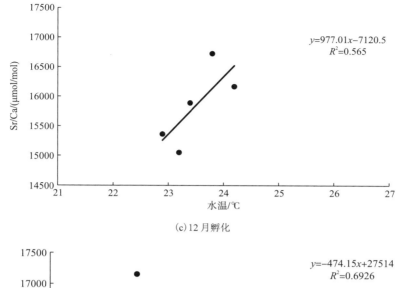

$y=977.01x-7120.5$
$R^2=0.565$

(c) 12 月孵化

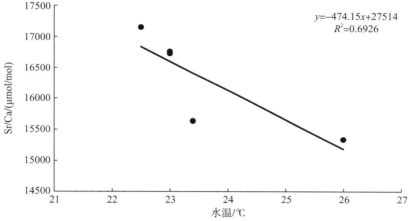

$y=-474.15x+27514$
$R^2=0.6926$

(d) 1 月孵化

图 11-5　不同孵化月份中国枪乌贼耳石 Sr/Ca 与水温的关系

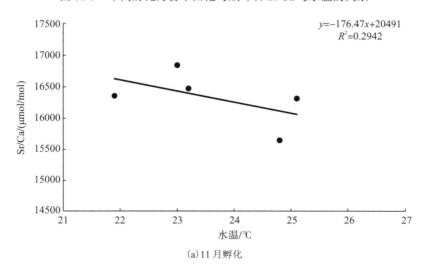

$y=-176.47x+20491$
$R^2=0.2942$

(a) 11 月孵化

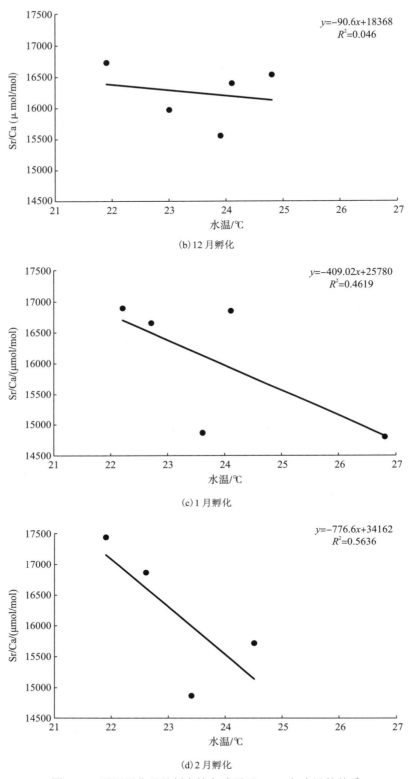

图 11-6　不同孵化月份剑尖枪乌贼耳石 Sr/Ca 与水温的关系

第12章 主要结论与展望

12.1 主 要 结 论

12.1.1 东黄海常见头足类鉴定与分类

1.渔业生物学特性

中国枪乌贼胴长为120~250mm，平均胴长为180mm；体重为69~529g，平均体重为185g。杜氏枪乌贼胴长为41~120mm，平均胴长为89mm；体重为7~58g，平均体重为31g。长蛸胴长为29~102mm，平均胴长为73mm；体重为12~209g，平均体重为98g。短蛸胴长为36~90mm，平均胴长为66mm；体重为44~198g，平均体重为112g。虎斑乌贼胴长为98~133mm，平均胴长为119mm；体重为90~241g，平均体重为167g。神户乌贼胴长为55~94mm，平均胴长为75mm；体重为23~74g，平均体重为45g。只有杜氏枪乌贼和短蛸在不同性别间，胴长和体重存在显著差异。

2.基于角质颚的东黄海常见头足类科类判别

利用角质颚长度的原始数据对枪乌贼科、乌贼科和蛸科进行判别分析，蛸科的判别正确率最高，为100%；乌贼科其次，为91.0%；枪乌贼科的判别正确率最低，为86.3%。三个科总的判别正确率为92.8%。利用标准化的角质颚长度数据再进行判别分析，蛸科的判别正确率仍然最高，为100%；乌贼科的判别正确率提高到97.0%；枪乌贼科的判别正确率也提高到96.9%。三个科总的判别正确率提高到98.1%。

3.基于角质颚的乌贼类种类判别

神户乌贼和虎斑乌贼的角质颚长度参数比较，除了下头盖长都存在极显著差异（$P<0.01$）。两种乌贼主成分分析得到的结果都显示脊突和喙部集中体现了角质颚的生长情况。神户乌贼上脊突长和胴长、体重的方程分别为 $ML=5.968UCL+5.507$（$R^2=0.532$）和 $BW=11.488UCL-87.938$（$R^2=0.808$）。虎斑乌贼和神户乌贼共有15个角质颚不同部位的比值既不受生长的影响，又在两个种类间存在显著差异。两种乌贼利用逐步判别分析得到的判别正确率要比利用主成分分析得到的判别正确率高。基于逐步判别分析的结果：虎斑乌贼的判别正确率为95.7%，神户乌贼判别正确率为94.3%；基于主成分分析的判别结果：虎斑乌贼的判别正确率为83.0%，神户乌贼的判别正确率为83.9%。

4.基于角质颚的蛸类种类判别

长蛸和短蛸的长度参数比较，除了上脊突长和上喙长都存在极显著的差异（$P<0.01$）。两种蛸主成分分析得到的结果都显示侧壁、喙部和翼部集中体现了角质颚的生长情况。长蛸下侧壁长和胴长、体重的方程分别为 ML＝10.764LLWL-1.135（R^2＝0.613）和 BW＝32.316LLWL-124.06（R^2＝0.647）。短蛸上侧壁长和胴长、体重的方程分别为 ML＝7.651ULWL+13.176（R^2＝0.549）和 BW＝36.352ULWL-137.34（R^2＝0.556）。长蛸和短蛸共有 5 个角质颚不同部位的比值既不受生长的影响，又在两个种类间存在显著差异，分别为上头盖长/上脊突长、上头盖长/上侧壁长、下翼长/下侧壁长、下脊突长/下侧壁长和下喙宽/下侧壁长。两种蛸利用逐步判别分析得到的判别正确率要比利用主成分分析的判别正确率高。基于逐步判别分析的结果：长蛸的判别正确率为 80.5%，短蛸的判别正确率为 83.9%；基于主成分分析的判别分析的结果：长蛸的判别正确率为 73.2%，短蛸的判别正确率为 78.8%。

5.基于角质颚的枪乌贼类种类判别

中国枪乌贼和杜氏枪乌贼的长度参数比较，所有指标都存在极显著的差异（$P<0.01$）。中国枪乌贼上头盖长和胴长、体重的方程分别为 ML＝10.017UHL+62.918（R^2＝0.513）和 BW＝43.503UHL-321.92（R^2＝0.770）。雌性杜氏枪乌贼下侧壁长和胴长、体重的方程分别为 ML＝11.856LLWL+3.448（R^2＝0.656）和 BW＝11.442LLWL-50.2（R^2＝0.670）。雄性杜氏枪乌贼上脊突长和胴长、体重的方程分别为 ML＝9.151UCL+2.707（R^2＝0.519）和 BW＝6.824UCL-33.568（R^2＝0.494）。两种枪乌贼共有 11 个角质颚不同部位的比值既不受生长的影响，又在两个种类间存在显著差异。两种枪乌贼利用主成分分析的判别正确率要高于利用逐步分析得到的判别正确率。基于逐步判别分析的结果：中国枪乌贼的判别正确率为 92.4%，杜氏枪乌贼的判别正确率为 85.3%。基于主成分分析的结果：中国枪乌贼的判别正确率为 98.5%，杜氏枪乌贼的判别正确率为 84.2%。

6.基于角质颚的头足类分类体系建立

通过对中国枪乌贼、杜氏枪乌贼、长蛸、短蛸、虎斑乌贼和神户乌贼的研究，建立了基于角质颚的东海、黄海近海常见头足类分类与鉴定的检索表。

1（8）上颚、下颚喙部、头盖、脊突、翼部、侧壁等各部分均有色素沉着

2（5）上颚喙部和头盖均甚短，下颚喙部也甚短

3（4）UHL/UCL（0.19～0.57）、UHL/ULWL（0.23～0.64）、LWL/LLWL（0.40～0.93）、LCL/LLWL（0.57～1.25）、LRW/LLWL（0.14～0.54）……………………………………… 短蛸

4（3）UHL/UCL（0.20～0.43）、UHL/ULWL（0.23～0.50）、LWL/LLWL（0.25～0.78）、LCL/LLWL（0.54～1.19）、LRW/LLWL（0.15～0.44）……………………………………… 长蛸

5（2）上颚头盖长度超过脊突长度的一半

6（7）满足判别方程 Y=688.292UCL/ML+417.508URL/ML+559.483LCL/ML+98.117LRW/ML-78.644
………………………………………………………………………………………… 虎斑乌贼

7 (6) 满足判别方程 $Y=841.342UCL/ML+449.057URL/ML+509.590LCL/ML+256.852LRW/ML-102.879$

.... 神户乌贼

8 (1) 上颚、下颚只有喙部、肩部等一小部分具有色素沉着

9 (10) 满足判别方程 $Y=296.968URL/ML+446.726\times LLWL/ML-16.528$ .... 中国枪乌贼

10 (9) 满足判别方程 $Y=561.601URL/ML+560.299\times LLWL/ML-30.266$ .... 杜氏枪乌贼

12.1.2　南海常见头足类鉴定与分类

1.渔业生物学特性

研究认为，在 6 种常见头足类中，中国枪乌贼胴长为 70～395mm，平均胴长为 179mm，体重为 22～637g，平均体重为 140g；杜氏枪乌贼胴长 5～164mm，平均胴长为 70mm，体重 3～104g，平均体重为 21g；苏门答腊小枪乌贼胴长 42～122mm，平均胴长为 79mm，体重 7～81g，平均体重为 25g；鸢乌贼胴长 95～170mm，平均胴长为 134mm，体重 32～228g，平均体重为 96g；短蛸胴长 28～67mm，平均胴长为 44mm，体重 9～124g，平均体重为 41g；膜蛸胴长 2～75mm，平均胴长为 49mm，体重 11～85g，平均体重为 31g。不同种类的胴长及体重组成存在显著差异 ($P<0.05$)。

中国枪乌贼、苏门答腊小枪乌贼、鸢乌贼和短蛸胴长与体重的关系适合用幂函数表示，杜氏枪乌贼、膜蛸的胴长与体重满足指数函数关系。

以Ⅲ期为性成熟标准，除膜蛸以外的其他种类，绝大多数个体处于未成熟阶段，膜蛸样本以Ⅳ期为主，所有样本均未发现Ⅴ期个体。

除鸢乌贼外的其他种类，胃饱满度等级以 0、1 级为主，基本处于空胃状态；鸢乌贼样本则以 1、2 级为主。

2.角质颚生长特性研究

主成分分析结果表明，中国枪乌贼 UHL、UCL 和 LLWL，杜氏枪乌贼 UCL、ULWL 和 LLWL，苏门答腊小枪乌贼 UCL、UWL、ULWL 和 LCL，鸢乌贼 UCL、ULWL、LCL 和 LLWL，短蛸 UCL、LLWL 和 LWL，膜蛸 LCL、ULWL 和 LLWL，能分别作为各个种类角质颚的特征形态参数。

将各个种类角质颚的特征形态参数分别与胴长、体重建立生长关系。结果表明：枪乌贼科 (中国枪乌贼、杜氏枪乌贼、苏门答腊小枪乌贼) 的种类，其角质颚形态参数与胴长呈极显著的线性关系 ($P<0.01$)，与体重呈极显著的指数函数关系 ($P<0.01$)；柔鱼科 (鸢乌贼) 的种类与枪乌贼科相同，其角质颚形态参数与胴长、体重分别呈极显著的线性关系、指数关系 ($P<0.01$)；蛸科 (短蛸、膜蛸) 的种类，其角质颚形态参数与胴长、体重均呈显著的幂函数关系 ($P<0.05$)。

3.角质颚形态参数的稳定性指标及分类指标的筛选

对 6 种头足类角质颚的形态参数比值分析发现，各个种类的角质颚都具有稳定的参数比值，不随个体胴长、体重的生长变化而发生显著变化，以中国枪乌贼为例，角质颚

URL/UHL 、 URL/UCL 、 URL/ULWL 、 UWL/UCL 、 UWL/ULWL 、 UHL/UCL 及 ULWL/UCL，LRL/LCL、LRL/LLWL、LRL/LWL、LWL/LCL 及 LWL/LLWL 这些形态参数比例指标随着个体的生长发育呈现较稳定的状态。不同种类的角质颚，其参数比值存在一定的差异，可作为科间、属间、种间的分类依据。

　　4.基于角质颚的头足类分类系统

　　初步构建了基于角质颚的头足类分类系统。首先根据角质颚的外部形态特征，找出枪形目与八腕目，枪形目枪乌贼科与柔鱼科种类的差异；其次，根据角质颚形态参数稳定性指标的差异，区分出不同种类。据此，建立基于角质颚的南海常见头足类分类检索表：

　　1(8)上颚：喙端尖长锋锐，喙部较长；颚角小于60°；翼部较短；侧壁色素沉着等级低。

　　2(7)除喙部外有着较深的色素沉着，上、下颚其余部位呈透明状。

　　3(6)ULWL/UCL(0.201~0.379)、LRL/LCL(0.152~0.28)、LRL/LLWL(0.222~0.378)及 LRL/LWL(0.306~0.534)

　　4(5)URL/UHL(0.201~0.319)、URL/UCL(0.152~0.244)、URL/ULWL(0.2~0.3)、LRL/LLWL(0.281~0.378)及LRL/LWL(0.35~0.534)..中国枪乌贼

　　5(4)URL/UHL(0.25~0.379)、URL/UCL(0.171~0.28)、URL/ULWL(0.203~0.4)、LRL/LLWL(0.222~0.35)及LRL/LWL(0.306~0.498)..杜氏枪乌贼

　　6(3)ULWL/UCL(0.25~0.299)、LRL/LCL(0.171~0.242)、LRL/LLWL(0.211~0.319)及 LRL/LWL(0.223~0.415)..苏门答腊小枪乌贼

　　7(2)除侧壁部分位置呈透明状外，其余部位色素沉着等级高。...鸢乌贼

　　8(1)上颚：喙端短滑，喙部甚短；颚角大于90°；翼部甚短；侧壁色素沉着等级高

　　9(10)LRL/LCL(0.2~0.35)、LRL/LLWL(0.15~0.3)...短蛸

　　10(9)LRL/LCL(0.2~0.4)、LRL/LLWL(0.15~0.35)...膜蛸

12.1.3　近海枪乌贼渔业生态学研究

　　1.中国枪乌贼和剑尖枪乌贼的种类鉴定与形态比较

　　结果表明，中国枪乌贼的体重和长度参数范围较剑尖枪乌贼大，南海海域剑尖枪乌贼参数范围较东海海域剑尖枪乌贼大。对 MW/ML 来说，三个组群的比率在胴长达到125mm时均急剧下降；比率在125~275mm时相对稳定；中国枪乌贼在胴长达到275mm后，比率迅速下降。对FL/ML来说，三个组群的比率在胴长达到95mm前相对稳定，随后南海海域中国枪乌贼和剑尖枪乌贼的比率逐渐升高，而东海海域剑尖枪乌贼的比率急剧升高。判别分析结果表明，各组群的判别正确率均大于 75%。南海海域中国枪乌贼与东海海域剑尖枪乌贼间的判别正确率为100%。而对于南海海域剑尖枪乌贼，存在一定的误判情况。根据形态特征和分子方法的种类鉴定比较，在90尾枪乌贼个体中有13尾个体出现分类错误。本研究利用邻接法和贝叶斯方法对13个种类的 *CO I* 数据进行分析并构建系统发生树。

2.中国枪乌贼和剑尖枪乌贼角质颚形态参数的比较

结果表明，中国枪乌贼与剑尖枪乌贼胴长与体重关系存在显著差异。两个种类上颚中的 UCL/ML、UHL/ML 和 ULWL/ML 均具有较高的载荷因子值；下颚中，中国枪乌贼的 LHL/ML、LCL/ML 和 LLWL/ML 具有较高的载荷因子值，而剑尖枪乌贼的 LCL/ML、LLWL/ML 和 LWL/ML 具有较高的载荷因子值。在中国枪乌贼中，UHL、UCL、ULWL 和 LLWL 的最适方程为幂函数，LHL 的最适方程为指数函数，LCL 的最适方程为线性函数；在剑尖枪乌贼中，UHL、UCL、LCL 和 LLWL 的最适方程为线性函数，ULWL 和 LWL 的最适方程为对数函数。中国枪乌贼比率在胴长 140mm 后快速下降，而剑尖枪乌贼则是在胴长 170mm 后快速下降。对中国枪乌贼，角质颚形态参数值在性成熟度 II 期到 IV 期生长缓慢；对剑尖枪乌贼，角质颚形态参数值在性成熟度 II 期到 III 期停滞，随后在性成熟度 III 期到 IV 期快速增长。

3.基于外形轮廓法的枪乌贼的种类鉴定

上颚和下颚 20 个主成分的累计贡献率分别为 86.22% 和 79.57%，上颚选择 19 项系数，下颚选择 18 项系数作判别分析；逐步判别分析结果表明，角质颚各有 6 项系数可用于区分三个种类上颚和下颚的外形特征。主成分分析结果表明，耳石与角质颚组合系数中 10 个主成分的累计贡献率为 77.80%，选择 10 项耳石系数、6 项上颚系数和 6 项下颚系数进行组合作判别分析；逐步判别分析结果表明，各种类组合中的 10 项系数可用来进行种类判别，交叉判别正确率分别为 75.0%、87.5% 和 88.7%。

4.中国枪乌贼各硬组织微结构及轮纹的比较

在核心区内发现多个生长纹根据耳石背区轮纹的间距，可将背区分为四区，即核心区、后核心区、暗区和外围区，耳石暗区的轮纹间距最大，其次为后核心区，外围区的轮纹间距最大。亚日轮在背区较为常见，同时在背区发现多种标记轮。耳石侧区轮纹比背区规则，且两区轮纹间距相近。耳石侧区轮纹较其他区域清晰，且轮纹没有亚日轮出现。上角质颚喙部矢状切面的轮纹由喙部截面纵轴分开，呈“V”形，即喙部矢状切面由头盖侧轮纹、脊突侧轮纹和喙部截面纵轴组成。由于喙部顶端常在摄食过程中被腐蚀，此处生长纹通常会缺失，此时需观察头盖背侧边缘的生长纹。眼球轮纹为同心轮纹，轮纹宽度由核心向眼球边缘减小且轮纹形状逐渐规则。眼球微结构无区域划分，这与眼球的同心圆形状且不存在亚日轮有关。在眼球微结构中观察到类似于耳石和角质颚标记轮的暗带。

中国枪乌贼耳石的日周期性得到了验证，而角质颚和眼球则没有。本研究使用耳石的侧区轮纹作为最终的年龄鉴定标准。中国枪乌贼的最大日龄为 169d。与耳石侧区相比，耳石背区的轮纹数量差异较大，角质颚轮纹数较少，眼球轮纹数是其数倍。中国枪乌贼样本可拟合出两个不同的方程，说明本研究样本可能存在两个群体。耳石侧区轮纹与角质颚轮纹的关系中，其方程为线性且斜率为 0.97，因此中国枪乌贼角质颚可能是潜在的年龄鉴定材料。

5.中国枪乌贼和剑尖枪乌贼年龄与生长的研究

不同季节斜率和截距不存在显著差异；剑尖枪乌贼的斜率不存在显著差异，而截距存在显著差异。两个种类间的截距和斜率均存在显著差异。中国枪乌贼年龄为 86～179d。根据推算的孵化日期，发现春季采集的中国枪乌贼孵化发生在 2015 年 10 月至 2016 年 1 月，11 月和 12 月为孵化高峰期；秋季采集的中国枪乌贼孵化发生在 2016 年 3 月至 6 月，4 月为孵化高峰期。剑尖枪乌贼年龄为 100～165d。根据推算的孵化日期，发现春季采集的剑尖枪乌贼孵化发生在 2015 年 11 月至 2016 年 1 月，12 月为孵化高峰期；夏季采集的中国枪乌贼孵化发生在 2016 年 3 月至 5 月，4 月为孵化高峰期。根据逻辑斯谛曲线，中国枪乌贼胴长在 200d 后仍有生长趋势，而剑尖枪乌贼胴长在 160d 后趋于稳定。根据胴长五项移动平均值，中国枪乌贼的年龄为 98～168d，胴长为 113～303mm；而剑尖枪乌贼的年龄为 108～158d，胴长为 96～220mm。

6.中国枪乌贼和剑尖枪乌贼硬组织微量元素分析

结果表明，耳石中检测率大于 80%且含量平均值超过 10.00ppm 的元素有 9 种，角质颚为 13 种，眼球为 8 种，耳石：B、Na、Mg、P、K、Ca、Fe、Sr 和 Ba，角质颚：B、Na、Mg、P、K、Ca、Cu、Zn、Rb、Sr、Mo、Pb 和 U，眼球：Na、Mg、P、K、Ti、Cu、Zn 和 Sr。比较不同生长阶段判别正确率发现，在耳石中，利用成鱼期的耳石元素判别分析的正确率最高，其次为仔鱼期、稚鱼期、亚成鱼期和孵化期；在角质颚中，利用亚成鱼期的角质颚元素判别分析的正确率最高，其次为孵化期、成鱼期和仔-稚鱼期；在眼球中，利用成鱼期的角质颚元素判别分析的正确率最高，其次为亚成鱼期、孵化期和仔-稚鱼期。

7.中国枪乌贼和剑尖枪乌贼在南海北部的洄游路线的推断

首先，利用 Ba/Ca 推测两个种类各生长阶段的生活水层；随后通过查阅历史资料，推断两种枪乌贼大致的洄游路径，并建立洄游过程中生活水层水温与 Sr/Ca 的关系，以验证洄游路径的正确性。本研究根据历史资料与 Ba/Ca 推测的生活水层，认为 10 月至翌年 2 月，枪乌贼在 30～100m 水深的海底孵化；孵化后至 3 月，向南洄游，在底层水深为 200m 的海域附近过冬；3 月底至 6 月，向北洄游，在中国大陆近岸索饵；7 月至 9 月，向南洄游，在底层水深为 100～200m 的海域聚集交配；交配后雌性向北移动，下潜至 30～100m 的海底进行产卵。而根据水温与 Sr/Ca 的关系，最终认为 1 月孵化的中国枪乌贼和 11 月至翌年 2 月孵化的剑尖枪乌贼的洄游路径与本章中的假设一致。

12.2 存在的问题及展望

本研究采样所涉及的海域相对较少，今后的研究可以增加烟台、日照、连云港、南通、台州、温州、福州、厦门等地附近海域进行分析研究。本研究采样的时间序列也较短，今后可以在不同季节均进行采样，覆盖头足类整个生命周期。

中国近海头足类种类繁多，区系复杂，本研究只采集了几种常见的头足类，后续研究应加强样本采集，进行更多的头足类种类的分类研究工作，为建立基于角质颚的我国近海头足类分类系统的构建提供更多的数据与资料。

相近种类划分中出现的错误。由于中国枪乌贼和剑尖枪乌贼栖息地严重重叠，因此两个种类通常被同时捕捞。另外，两个种类形态特征极为相似，需要仔细进行形态鉴定才能正确分类，即需要对每一尾样本进行种类鉴定，这是极为繁琐的工作。因此，在今后的研究中若无较为快速准确的鉴定方法，则需要对每尾样本进行鉴定。同时，在利用外部形态法和分子方法进行种类鉴定时，两种方法存在 14%的结果不相符的情况，今后需要通过进一步研究，找出原因。

耳石不同区域轮纹日周期性的验证。本研究对耳石不同区域轮纹微结构进行了比较。由于中国枪乌贼耳石轮纹的日周期性已被证实，因此本研究选择耳石轮纹作为年龄鉴定的依据。然而，在研究中发现，中国枪乌贼耳石不同区域轮纹数量有所不同，尤其吻区与背区和侧区相比存在较大不同。已被验证的耳石轮纹日周期性的区域为背区和侧区，而吻区的轮纹日周期性没有被证实，但部分学者使用吻区的轮纹数量作为年龄鉴定的依据。因此，在今后的研究中需对养殖中国枪乌贼的耳石不同区域的轮纹进行计数，并与真实年龄进行比较。

角质颚轮纹日周期性的验证。本研究发现，耳石侧区轮纹（即日龄）与角质颚喙部矢状切面轮纹线性关系明显，且其斜率接近 1，因此角质颚为枪乌贼潜在的年龄鉴定材料。由于本研究实验样本为渔获物中所得，并非养殖所得，因此无法对其角质颚的轮纹日周期性进行验证。因此，在今后的研究中需要对枪乌贼的角质颚轮纹计数，探明角质颚轮纹沉积是否具有日周期性。

不同硬组织微量元素的形成机理。本研究对耳石、角质颚和眼球的微量元素进行了分析，发现不同硬组织微量元素含量及组成存在较大差异，这是不同组织在微量元素累积过程中的机理不同导致的。目前，学者均使用耳石微量元素结合环境影子来推测洄游路线，而非角质颚和眼球，这与耳石成分为无机物且已研究较为透彻有关。因此，今后要加强对角质颚和眼球等其他硬组织各元素沉积机理的研究，以应用于头足类生态学研究中。

本研究样本集中采集于 2015～2016 年，且采集海域范围较小，所以样本时间序列上范围较小，且样本自身胴长和体重范围均较小，所采样本中极大和较小个体较少，导致研究具有一定局限性，如无法准确推断个体大小与年龄的关系，无法准确计算逻辑斯谛方程等。因此，今后的研究需要增大采样范围和增加采样年限，以便更加全面和准确地对中国枪乌贼和剑尖枪乌贼进行研究。

参 考 文 献

常抗美, 吴常文, 吕振明, 等. 2008. 曼氏无针乌贼(*Sepiella maindroni*)野生及养殖群体的生化特征及其形成机制的研究[J]. 海洋与湖沼, 39(2): 145-151.

常抗美, 李焕, 吕振明, 等. 2010. 中国沿海 7 个长蛸(*Octopus variabilis*)群体 COI 基因的遗传变异研究[J]. 海洋与湖沼, 41(3): 307-314.

陈道海, 郑亚龙. 2013. 虎斑乌贼(*Sepia pharaonis*)繁殖行为谱分析[J]. 海洋与湖沼, 44(4): 931-936.

陈道海, 邱海梅. 2014. 头足类腕上吸盘和内壳扫描电镜观察[J]. 动物学杂志, 49(5): 736-743.

陈道海, 王雁, 梁汉青, 等. 2012. 虎斑乌贼(*Sepia pharaonis*)胚胎发育及孵化期观察[J]. 海洋与湖沼, 43(2): 394-400.

陈道海, 文菁, 赵玉燕, 等. 2014. 野生与人工养殖的虎斑乌贼肌肉营养成分比较[J]. 食品科学, 35(7): 217-222.

陈奋捷. 2016. 闽南-台湾浅滩渔场中国枪乌贼的可持续利用[J]. 渔业信息与战略, 31(4): 270-277.

陈丕茂, 郭金富. 2001. 南海北部埃布短柔鱼 *Todaropsis eblanae* (Ball)初步研究[J]. 热带海洋学报, 20(2): 71-74.

陈芃, 方舟, 陈新军. 2015. 基于角质颚外部形态学的柔鱼种群判别[J]. 海洋渔业, 37(1): 1-9.

陈仁伟. 2008. 虎斑乌贼幼生人工培育之研究[D]. 台北: 台湾大学.

陈小娥. 2000. 曼氏无针乌贼墨的主要营养成分研究[J]. 浙江海洋学院学报(自然科学版), 19(4): 324-326.

陈新军, 叶旭昌. 2005. 印度洋西北部海域鸢乌贼渔场与海洋环境因子关系的初步分析[J]. 上海海洋大学学报, 14(1): 55-60.

陈新军, 刘金立, 许强华. 2006. 头足类种群鉴定方法研究进展[J]. 上海水产大学学报, 15(2): 228-233.

陈新军, 刘必林, 王尧耕. 2009. 世界头足类[M]. 北京: 海洋出版社.

陈新军, 王尧耕, 钱卫国. 2013. 中国近海重要经济头足类资源与渔业[M]. 北京: 科学出版社.

陈姿莹. 2012. 台湾东北部不同海域及不同渔法采样下剑尖枪锁管渔业生物学之差异[D]. 基隆: 台湾海洋大学.

崔龙波, 赵华. 2000. 长蛸消化道的组织学与组织化学研究[J]. 烟台大学学报(自然科学与工程版), 13(4): 277-281.

崔龙波, 赵华. 2001. 长蛸唾液腺和消化腺的组织学与组织化学研究[J]. 海洋科学, 25(7): 38-41.

崔文涛, 刘立芹, 李红梅, 等. 2013. 基于 COⅡ基因序列的中国近海 12 种蛸亚科动物的分子系统进化研究[J]. 渔业科学进展, 34(3): 21-28.

代丽娜. 2012. 中国沿海头足类 DNA 条形码与分子系统发育研究[D]. 青岛: 中国海洋大学.

代琼, 杨文鸽, 陈小芳, 等. 2012. 鱿鱼眼透明质酸及其降解产物的抗氧化和保湿作用[J]. 食品科学, 33(1): 35-38.

丁天明, 宋海棠. 2000. 东海剑尖枪乌贼生物学特征[J]. 浙江海洋学院学报(自然科学版), 19(4): 371-374.

丁天明, 宋海棠. 2001. 东海中北部海区头足类资源量的评估[J]. 水产学报, 25(3): 215-221.

董根. 2014. 短蛸人工繁育过程中的基础生物学研究[D]. 青岛: 中国海洋大学.

董根, 杨建敏, 王卫军, 等. 2013. 短蛸(*Octopus ocellatus*)胚胎发育生物学零度和有效积温的研究[J]. 海洋与湖沼, 44(2): 476-481.

董正之. 1962. 中国近海头足类区系的分析[J]. 海洋与湖沼, 4(1-2): 104.

董正之. 1978. 中国近海头足类的地理分布[J]. 海洋与湖沼, 9(1): 108-116.

董正之. 1988. 中国动物志(头足纲)[M]. 北京: 科学出版社.

董正之. 1992. 头足类若干结构的形态比较[J]. 动物学报, 39(4): 348-353.

杜荣骞. 2003. 生物统计学[M]. 2 版. 北京: 高等教育出版社.

杜腾飞, 李昂, 戴芳群, 等. 2016. 2006–2013 年黄海秋季头足类资源状况调查与分析[J]. 中国水产科学, 23(4): 955-964.

樊晓旭, 王春琳, 邵银文, 等. 2008. 投喂四种饵料对曼氏无针乌贼(Sepiella maindroni)繁殖性能的影响[J]. 海洋与湖沼, 39(6): 634-642.

范江涛, 邱永松, 陈作志, 等. 2015a. 南海鸢乌贼两个群体间角质颚形态差异分析[J]. 中国海洋大学学报, 45(10): 42-49.

范江涛, 张俊, 冯雪, 等. 2015b. 基于栖息地模型的南沙海域鸢乌贼渔情预报研究[J]. 南方水产科学, 11(5): 20-26.

方舟. 2016. 基于角质颚的北太平洋柔鱼渔业生态学研究[D]. 上海: 上海海洋大学.

方舟, 陈新军, 陆化杰, 等. 2012. 阿根廷滑柔鱼两个群体间耳石和角质颚的形态差异[J]. 生态学报, 32(19): 5986-5997.

方舟, 陈新军, 陆化杰, 等. 2014a. 北太平洋两个柔鱼群体角质颚形态及生长特征[J]. 生态学报, 34(19): 5405-5415.

方舟, 陈新军, 陆化杰, 等. 2014b. 头足类角质颚研究进展 I—形态、结构与生长[J]. 海洋渔业, 36(1): 78-89.

房元勇, 唐衍力. 2008. 人工鱼礁增殖金乌贼资源研究进展[J]. 海洋科学, 32(8): 87-90.

冯波, 颜云榕, 张宇美. 2014. 南海鸢乌贼(Stenoteuthis oualaniensis)资源评估的新方法[J]. 渔业科学进展, 35(4): 1-6.

高强, 王昭萍, 王如才. 2002. 五个短蛸群体等位基因酶的遗传变异[J]. 海洋湖沼通报, 4: 46-51.

高强, 郑小东, 孔令锋, 等. 2009. 长蛸 Octopus variabilis 自然群体生化遗传学研究[J]. 中国海洋大学学报, 39(6): 1193-1197.

高晓兰, 蒋霞敏, 乐可鑫, 等. 2014. 野生虎斑乌贼不同组织营养成分分析及评价[J]. 动物营养学报, 26(12): 3858-3867.

高晓蕾. 2014. 中国沿海长蛸群体遗传学研究[D]. 青岛: 中国海洋大学.

谷毅鹏, 尚江华, 陶叶杏, 等. 2015. 乌贼墨及其活性多糖的研究进展[J]. 食品安全质量检测学报, 6(9): 3556-3562.

管于华. 2005. 统计学[M]. 北京: 高等教育出版社.

关玲敏, 王庆辉, 张佩, 等. 2010. 乌贼墨对免疫低功小鼠的免疫促进作用[J]. 中国海洋药物, 29(2): 36-39.

郭宝英, 周超, 吕振明, 等. 2011. 长蛸(Octopus variabilis)不同地理群体遗传多样性的 ISSR 分析[J]. 海洋与湖沼, 42(6): 868-873.

郭金富. 1995. 北部湾头足类的数量变动和分别研究[J]. 南海水产研究, 10: 15-28

郭金富, 陈丕茂. 1997. 南海北部大陆架区的头足类种类和数量[J]. 南海水产研究, 14: 1-7.

郭金富, 陈丕茂. 2000. 南海头足类资源开发利用研究[J]. 热带海洋学报, 19(4): 51-58.

郭广, 范仄钻, 郑国生. 1985. 浙江近海曼氏无针乌贼 Sepiella maindroni de Rochebrune 食性的初步研究[J]. 浙江水产学院学报, 4(2): 145-146.

韩青鹏, 陆化杰, 陈新军, 等. 2017. 南海北部海域中国枪乌贼角质颚的形态学分析[J]. 南方水产科学, 13(4): 122-130.

郝振林, 张秀梅, 张沛东. 2007. 金乌贼的生物学特性及增殖技术[J]. 生态学杂志, 26(4): 601-606.

郝振林, 张秀梅, 张沛东, 等. 2008. 金乌贼荧光标志方法的研究[J]. 水产学报, 32(4): 577-583.

郝振林, 宋坚, 常亚青. 2011. 长蛸肌肉主要营养成分分析及评价[J]. 营养学报, 33(4): 416-418.

郝振林, 于洋洋, 宋坚, 等. 2013. 长蛸摄食行为的初步研究[J]. 河北渔业, 9: 11-12.

侯雪云, 孙克任. 2001. 乌贼墨对 H22 癌细胞 TPK、PKC 及 PKA 活性的影响[J]. 中国海洋药物, 84(6): 17-19.

胡贯宇. 2016. 秘鲁外海茎柔鱼角质颚微结构与微化学研究[D]. 上海: 上海海洋大学.

胡贯宇, 陈新军, 方舟. 2016. 个体生长对秘鲁外海茎柔鱼角质颚形态变化的影响[J]. 水产学报, 40(1): 36-44.

黄建勋, 郁尧山. 1962. 浙江近海渔场曼氏无针乌贼生物学基础初步调查[J]. 浙江农业科学, 4: 186-190.

黄美珍. 2004. 台湾海峡及邻近海域种头足类的食性和营养级研究[J]. 台湾海峡, 23(3): 331-340.

黄培宁. 2006. 台湾澎湖海域台湾锁管生物学特性及其渔海况变动之研究[D]. 基隆: 台湾海洋大学.

黄炫璋. 2009. 台湾东北部海域锁管渔场之适合度分析[D]. 基隆: 台湾海洋大学.

黄梓荣. 2008. 南海北部陆架区头足类的种类组成和资源密度分布[J]. 南方水产科学, 4(5): 1-7.

江艳娥, 林昭进, 黄梓荣. 2009. 南海北部大陆架区渔业生物多样性研究[J]. 南方水产科学, 5(5): 32-37.

江艳娥, 陈作志, 林昭进, 等. 2014. 南海中部海域鸢乌贼耳石形态特征分析[J]. 南方水产科学, 10(4): 85-90.

江艳娥, 张鹏, 林昭进, 等. 2015. 南海外海鸢乌贼耳石形态特征分析[J]. 南方水产科学, 11(5): 27-37.

蒋霞敏, 符方尧, 李正, 等. 2007. 曼氏无针乌贼的卵子发生及卵巢发育[J]. 水产学报, 31(5): 607-617.

蒋霞敏, 陆珠润, 何海军, 等. 2010. 几种生态因子对曼氏无针乌贼野生和养殖卵孵化的影响[J]. 应用生态学报, 21(5): 1321-1326.

蒋霞敏, 葛晨泓, 童奇烈, 等. 2011. 曼氏无针乌贼胚胎发育形态及发育时序的研究[J]. 宁波大学学报(理工版), 24(2): 1-7.

蒋霞敏, 彭瑞冰, 罗江, 等. 2012. 野生拟目乌贼不同组织营养成分分析及评价[J]. 动物营养学报, 24(12): 2393-2401.

蒋霞敏, 彭瑞冰, 罗江, 等. 2013. 温度对拟目乌贼胚胎发育及幼体的影响[J]. 应用生态学报, 24(5): 1453-1460.

蒋霞敏, 罗江, 彭瑞冰, 等. 2014. 水泥池养殖条件下虎斑乌贼的生长特性[J]. 宁波大学学报(理工版), 2: 1-6.

焦海峰, 尤仲杰, 包永波. 2005. 人工养殖条件下嘉庚蛸的生物学特性及繁育技术初探[J]. 动物学杂志, 40(3): 67-71.

焦海峰, 尤仲杰, 王一农. 2008. 嘉庚蛸(*Octopus tankahkeei*)基础生物学特征的研究[J]. 海洋学报, 30(5): 88-93.

金岳. 2015. 北太平洋柔鱼东西部群体的角质颚比较研究[D]. 上海: 上海海洋大学.

金岳, 方舟, 李云凯, 等. 2015. 北太平洋东部柔鱼群体角质颚生长特性分析[J]. 海洋渔业, 37(2): 101-106.

景奕文, 曾丽, 王加斌, 等. 2013. 海洋头足类活性物质的功能特性研究进展[J]. 浙江海洋学院学报(自然科学版), 32(5): 457-461.

雷敏, 赵梦醒, 刘淇. 2012. 鱿鱼墨黑色素的免疫调节作用[J]. 食品工业科技, 33(6): 397-400.

雷舒涵. 2013. 金乌贼胚胎与幼体发育生物学研究[D]. 青岛: 中国海洋大学.

李春喜, 邵云, 姜丽娜. 2008. 生物统计学[M]. 北京: 科学出版社.

李复雪. 1955. 中国的乌贼[J]. 生物学通报, 7: 7-10.

李复雪. 1983. 台湾海峡头足类区系的研究[J]. 台湾海峡, 2(1): 103-111.

李焕. 2010. 中国沿海长蛸遗传多样性及系统进化地位研究[D]. 舟山: 浙江海洋学院.

李焕, 吕振明, 常抗美, 等. 2010. 中国沿海长蛸群体16S rRNA基因的遗传变异研究[J]. 浙江海洋学院学报(自然科学版), 29(4): 325-330.

李建生, 严利平. 2004. 东海太平洋褶柔鱼的数量分布及其与环境的关系[J]. 海洋渔业, 26(3): 193-198.

李建柱, 陈丕茂, 贾晓平, 等. 2010. 中国南海北部剑尖枪乌贼资源现状及其合理利用对策[J]. 中国水产科学, 17(6): 1309-1318.

李来国. 2010. 长蛸生殖系统组织学和精卵发生的细胞学研究[D]. 宁波: 宁波大学.

李来国, 王春琳, 王津伟. 2010. 曼氏无针乌贼副性腺中6种酶的初步研究[J]. 水产科学, 29(3): 172-174.

李朋. 2014. 南海鸢乌贼的种群遗传结构[D]. 上海: 上海海洋大学.

李圣法, 严利平, 李惠玉, 等. 2006. 东海区头足类群聚空间分布特征的初步研究[J]. 中国水产科学, 13(6): 936-944.

李思亮. 2010. 西北太平洋柔鱼渔业生物学研究[D]. 上海: 上海海洋大学.

李渊, 孙典荣. 2011. 北部湾中国枪乌贼生物学特征及资源状况变化的初步研究[J]. 湖北农业科学, 50(13): 2716-2719.

李星颉, 戴健寿, 唐志跃. 1985. 曼氏无针乌贼*Sepiella maindroni* de Rochebrune 怀卵量及生殖力[J]. 浙江水产学院学报, 4(1): 1-7.

李玉嫒, 吴桂荣, 陶雅晋, 等. 2011. 北部湾中国枪乌贼生长、繁殖与摄食研究[C]// 2011年中国水产学会学术年会.

李正, 蒋霞敏, 王春琳. 2007. 饵料对曼氏无针乌贼幼体生长、成活率及营养成分的影响[J]. 大连水产学院学报, 22(6): 436-441.

梁君, 王伟定, 徐汉祥, 等. 2013. 曼氏无针乌贼荧光染色标志方法研究[J]. 水产学报, 37(6): 864-870.

粮农组织渔业及水产养殖部. 2010. 2010年世界渔业和水产养殖状况[M]. 罗马: 联合国粮食及农业组织.

刘必林. 2012. 东太平洋茎柔鱼生活史过程的研究[D]. 上海: 上海海洋大学.

刘必林, 陈新军. 2009. 头足类角质颚的研究进展[J]. 水产学报, 33(1): 157-164.

刘必林, 陈新军. 2010. 印度洋西北海域鸢乌贼角质颚长度分析[J]. 渔业科学进展, 31(1): 8-14.

刘必林, 陈新军, 马金, 等. 2011. 头足类耳石[M]. 北京: 科学出版社.

刘必林, 陈新军, 方舟, 等. 2015. 基于角质颚长度的头足类种类判别[J]. 海洋与湖沼, 46(6): 1365-1372.

刘畅. 2013. 长蛸生活史养殖技术研究[D]. 青岛: 中国海洋大学.

刘瑞玉. 1992. 胶州湾生态学和生物资源[M]. 北京: 科学出版社.

刘维达. 2011. 南海北部陆架区游泳动物群落结构变动研究[D]. 上海: 上海海洋大学.

刘玉锋, 毛阳, 王远红, 等. 2011. 日本枪乌贼的营养成分分析[J]. 中国海洋大学学报(自然科学版), 41(Sup): 341-343.

刘兆胜, 刘永胜, 郑小东, 等. 2011. 不同饵料对真蛸亲体产卵量、受精卵孵化率及初孵幼体大小的影响[J]. 海洋科学, 35(10): 81-85.

刘宗祐. 2005. 利用形态测量法探讨剑尖枪与台湾锁管族群分布结构之研究[D]. 基隆: 台湾海洋大学.

林祥志, 郑小东, 苏永全, 等. 2006. 蛸类养殖生物学研究现状及展望[J]. 厦门大学学报(自然科学版), 46(sup2): 213-218.

陆化杰, 陈新军, 刘必林. 2013. 个体差异对西南大西洋阿根廷滑柔鱼角质颚外部形态变化的影响[J]. 水产学报, 37(7): 1040-1049.

陆化杰, 王从军, 陈新军. 2014. 4-6月东太平洋赤道公海鸢乌贼生物学特性初步研究[J]. 上海海洋大学学报, 23(3): 441-447.

吕国敏, 吴进锋, 陈利雄. 2007. 我国头足类增养殖研究现状及开发前景[J]. 南方水产, 3(3): 61-66.

吕振明, 李焕, 吴常文, 等. 2010. 中国沿海六个地理群体短蛸的遗传变异研究[J]. 海洋学报, 32(1): 130-138.

吕振明, 李焕, 吴常文, 等. 2011. 基于16S rDNA序列的中国沿海短蛸种群遗传结构[J]. 中国水产科学, 18(1): 29-37.

马金. 2010. 西北太平洋柔鱼耳石微结构及微化学研究[D]. 上海: 上海海洋大学.

马金, 陈新军, 刘必林, 等. 2009. 西北太平洋柔鱼耳石形态特征分析[J]. 中国海洋大学学报(自然科学版), 39(02): 215-220.

马静蓉, 杨贤庆, 马海霞, 等. 2015. 南海鸢乌贼肌原纤维蛋白的热稳定性研究[J]. 食品与发酵工业, 41(5): 80-84.

马之明, 徐实怀, 贾晓平. 2008. 蛸类渔业概况及增养殖研究现状与展望[J]. 南方水产, 4(5): 69-73.

倪正雅, 徐汉祥. 1986. 浙江近海乌贼资源评估及乌贼渔业管理[J]. 海洋渔业, 8(2): 51-54.

欧瑞木. 1981. 中国枪乌贼胚胎发育和稚仔的初步观察[J]. 海洋湖沼通报, 3: 51-59.

欧瑞木. 1983. 中国枪乌贼性腺成熟度分期的初步研究[J]. 海洋科学, 1: 44-46.

平洪领, 王天明, 吕振明, 等. 2015. 曼氏无针乌贼(Sepiella japonica)体型性状对体质量的影响[J]. 江苏农业科学, 43(3): 218-220.

钱耀森, 郑小东, 刘畅. 2013. 人工条件下长蛸(Octopus minor)繁殖习性及胚胎发育研究[J]. 海洋与湖沼, 44(1): 165-170.

沈新强, 晁敏, 全为民, 等. 2006. 长江河口生态系现状及修复研究[J]. 中国水产科学, 13(4): 624-630.

施慧雄, 焦海峰, 尤仲杰. 2008. 头足类动物繁殖生物学研究进展[J]. 水利渔业, 28(1): 5-8.

宋海棠, 丁天明, 余匡军, 等. 1999. 东海北部头足类的种类组成和数量分布[J]. 浙江海洋学院学报(自然科学版), 18(2): 12-18.

宋海棠, 丁天明, 徐开达. 2008. 东海头足类的数量分布与可持续利用[J]. 中国海洋大学学报(自然科学版), 6: 911-915.

宋坚, 肖登兵, 张伟杰, 等. 2012. 长蛸体尺与重量性状间相关关系的研究[J]. 中国农学通报, 28(23): 118-122.

宋坚, 肖登兵, 宫海宁. 2013. 长蛸生物学及增养殖研究进展[J]. 河北渔业, 11: 55-57.

宋微微, 王春琳. 2009. 养殖对曼氏无针乌贼(Sepiella maindroni)群体遗传多样性的影响[J]. 海洋与湖沼, 40(5): 590-595.

宋微微, 王春琳, 励迪平, 等. 2013. 4种常见头足类动物的血细胞分类及比较[J]. 海洋与湖沼, 44(3): 775-781.

粟丽, 陈作志, 张鹏. 2016. 南海中南部海域春秋季鸢乌贼繁殖生物学特征研究[J]. 南方水产科学, 12(4): 96-102.

孙宝超, 杨建敏, 孙国华, 等. 2010. 中国沿海长蛸(Octopus variabilis)自然群体线粒体COI基因遗传多样性研究[J]. 海洋与湖沼, 41(2): 259-265.

孙典荣, 李渊, 王雪辉, 等. 2011. 北部湾剑尖枪乌贼生物学特征及资源状况变化的初步研究[J]. 南方水产科学, 7(2): 8-13.

唐启义. 2007. DPS数据处理系统[M]. 北京: 科学出版社.

唐启升. 2014. 中国海洋工程与科技发展战略研究: 海洋生物资源卷[M]. 北京: 海洋出版社.

唐衍力, 房元勇, 梁振林, 等. 2009. 不同形状和材料的鱼礁模型对短蛸诱集效果的初步研究[J]. 中国海洋大学学报, 39(1): 43-46.

唐逸民, 吴常文. 1986. 曼氏无针乌贼生物学特性及渔场分布变化[J]. 浙江水产学院学报, 5(2): 165-170.

王春琳, 樊晓旭, 余红卫, 等. 2008a. 曼氏无针乌贼墨囊组织学及墨汁形成的超微结构[J]. 动物学报, 54(2): 366-372.

王春琳, 吴丹华, 董天野, 等. 2008b. 曼氏无针乌贼耗氧率及溶氧胁迫对其体内酶活力的影响[J]. 应用生态学报, 19(11): 2420-2427.

王春琳, 王津伟, 余红卫, 等. 2010. 曼氏无针乌贼(Sepiella maindroni)副缠卵腺的组织学及超微结构[J]. 海洋与湖沼, 41(3): 391-395.

王鹤, 林琳, 柳淑芳, 等. 2011. 中国近海习见头足类 DNA 条形码及其分子系统进化[J]. 中国水产科学, 18(2): 245-255.

王晶, 樊廷俊, 姜国建, 等. 2007. 短蛸血细胞的形态结构、类型、细胞化学特性及其吞噬活性研究[J]. 山东大学学报(理学版), 42(5): 79-85.

王凯毅. 2009. 台湾东北部陆棚海域剑尖枪锁管生活史之研究[D]. 基隆: 台湾海洋大学.

王琳. 2013. 东海北部海域渔业生物学研究[D]. 舟山: 浙江海洋学院.

王万超. 2014. 基于 mtDNA 全基因组探究中国近海乌贼科的系统发生关系[D]. 舟山: 浙江海洋学院.

王万超, 郭宝英, 吴常文. 2013. 头足类分类鉴定方法研究进展[J]. 浙江海洋学院学报(自然科学版), 32(2): 155-162.

王卫军, 杨建敏, 周全利, 等. 2009. 短蛸幼体同类相残行为的观察[J]. 水产养殖, 30(10): 14-18.

王卫军, 杨建敏, 周全利, 等. 2010. 短蛸繁殖行为及胚胎发育过程[J]. 中国水产科学, 17(6): 1157-1162.

王晓华. 2012. 金乌贼角质颚、内壳与生长的关系及染色体研究[D]. 青岛: 中国海洋大学.

王晓华, 刘长琳, 陈四清, 等. 2013. 金乌贼角质颚形态参数与胴长、体重的关系[J]. 渔业现代化, 40(3): 37-40.

王勇, 陈克平, 姚勤. 2009. 系统发生分析程序 MrBayes 3.1 使用方法介绍[J]. 安徽农业科学, 37(33): 16665-16669.

韦柳枝, 高天翔, 王伟, 等. 2003. 4 种头足类腕式的初步研究[J]. 湛江海洋大学学报, 23(4): 67-72.

韦柳枝, 高天翔, 韩志强, 等. 2004. 金乌贼腕式研究[J]. 海洋水产研究, 25(3): 15-20.

韦柳枝, 高天翔, 韩志强, 等. 2005. 日照近海金乌贼生物学的初步研究[J]. 中国海洋大学学报(自然科学版), 35(6): 923-928.

文菁, 曹观蓉, 李施颖, 等. 2011. 环境因子对虎斑乌贼幼体存活率及行为的影响[J]. 水产科学, 30(6): 321-324.

文菁, 江星, 王雁, 等. 2012. 拟目乌贼繁殖行为学的初步研究[J]. 水产科学, 31(1): 22-27.

吴常文, 赵淑江, 徐蝶娜. 2006. 舟山渔场针乌贼(Sepia andreana)的生物学特性及其渔场分布变迁[J]. 海洋与湖沼, 37(3): 231-237.

吴常文, 周超, 郭宝英, 等. 2012. 浙江近海曼氏无针乌贼(Sepiella maindroni)繁殖生物学特性变化研究[J]. 海洋与湖沼, 43(4): 689-694.

吴强, 王俊, 李忠义, 等. 2015. 黄海中南部头足类的群落结构与生物多样性[J]. 海洋科学, 39(8): 16-23.

吴璋, 张晓菊, 蒋霞敏, 等. 2011. 曼氏无针乌贼 GT 微卫星位点的筛选[J]. 生物技术通报, 3: 120-124.

夏灵敏, 樊甄姣, 吴常文, 等. 2009. 曼氏无针乌贼幼体耗氧率和排氨率及其影响因素[J]. 渔业现代化, 36(4): 42-45.

徐杰, 刘尊雷, 李圣法, 等. 2016. 东海剑尖枪乌贼角质颚的外部形态及生长特性[J]. 海洋渔业, 38(3): 245-253.

徐梅英, 叶莹莹, 郭宝英, 等. 2011a. 曼氏无针乌贼(Sepiella maindroni)ISSR 体系优化及养殖群体遗传多样性分析[J]. 海洋与湖沼, 42(4): 538-542.

徐梅英, 李继姬, 郭宝英, 等. 2011b. 基于线粒体 DNA 12S rRNA 和 COIII 基因序列研究中国沿海 7 个长蛸(Octopus variabilis)野生群体的遗传多样性[J]. 海洋与湖沼, 42(3): 387-396.

徐玮, 江洁, 林洪. 2003. 枪乌贼羽状壳制备壳聚糖的研究[J]. 青岛海洋大学学报, 33(6): 871-874.

许星鸿, 阎斌伦, 郑家声, 等. 2008. 长蛸生殖系统的形态学与组织学观察[J]. 动物学杂志, 43(4): 77-84.

许著廷, 李来国, 王春琳, 等. 2011. 嘉庚蛸生殖系统结构观察[J]. 水产学报, 35(7): 1058-1064.

严利平, 李建生. 2004. 东海区经济乌贼类资源量评估[J]. 海洋渔业, 26(3): 189-192.

颜云榕, 冯波, 卢伙胜, 等. 2012. 南沙群岛北部海域鸢乌贼(Sthenoteuthis oualaniensis)夏季渔业生物学研究[J]. 海洋与湖沼, 43(6): 1177-1186.

颜云榕, 易木荣, 冯波, 等. 2015. 南海鸢乌贼 3 个地理群体形态差异与判别分析[J]. 广东海洋大学学报, 35(3): 43-50.

杨纪明, 潭雪静. 2004. 渤海 3 种头足类食性分析[J]. 海洋科学, 24(4): 53-55.

杨林林, 姜亚洲, 程家骅. 2010a. 黄海南部太平洋褶柔鱼种群结构与繁殖生物学[J]. 生态学杂志, 29(6): 1167-1174.

杨林林, 姜亚洲, 程家骅. 2010b. 东海太平洋褶柔鱼生殖群体的空间分布及其与环境因子的关系[J]. 生态学报, 30(7): 1825-1833.

杨林林, 姜亚洲, 刘尊雷, 等. 2012a. 东海太平洋褶柔鱼角质颚的形态学分析[J]. 中国海洋大学学报(自然科学版), 42(10): 51-57.

杨林林, 姜亚洲, 刘尊雷, 等. 2012b. 东海火枪乌贼角质颚的形态特征[J]. 中国水产科学, 19(4): 586-593.

杨秋玲, 林祥志, 郑小东, 等. 2009. 东南沿海小孔蛸(Cistopus sp.)线粒体序列的比较研究[J]. 海洋与湖沼, 40(5): 640-646.

杨权, 李永振, 张鹏, 等. 2013. 基于灯光罩网法的南海鸢乌贼声学评估技术研究[J]. 水产学报, 37(7): 1032-1039.

杨贤庆, 杨丽, 黄卉, 等. 2015. 南海鸢乌贼墨汁营养成分分析与评价[J]. 南方水产科学, 11(5): 138-142.

叶德锋, 吴常文, 吕振明, 等. 2011. 曼氏无针乌贼(Sepiella maindroni)精荚器的结构及精荚形成研究[J]. 海洋与湖沼, 42(2): 207-212.

叶素兰, 王健鑫, 吴常文. 2007. 曼氏无针乌贼雄性生殖系统的组织学研究[J]. 浙江海洋学院学报(自然科学版), 26(4): 371-376.

叶素兰, 吴常文, 余治平. 2008. 曼氏无针乌贼(Sepiella maindroni)精子形成的超微结构[J]. 海洋与湖沼, 39(3): 269-274.

叶素兰, 吴常文, 傅正伟, 等. 2009. 曼氏无针乌贼精子的超微结构[J]. 中国水产科学, 16(1): 8-12.

叶旭昌, 陈新军. 2004. 印度洋西北海域鸢乌贼生物学特性初步研究[J]. 上海海洋大学学报, 13(4): 316-322.

俞存根, 虞聪达, 宁平, 等. 2009. 浙江南部外海头足类种类组成和数量分布[J]. 海洋渔业, 31(1): 27-33.

于刚, 张洪杰, 杨少玲, 等. 2014. 南海鸢乌贼营养成分分析与评价[J]. 食品工业科技, 18: 358-361.

于新秀, 吴常文, 迟长凤. 2011. 曼氏无针乌贼(Sepiella maindroni)脑显微结构及视腺超微结构观察[J]. 海洋与湖沼, 42(2): 300-304.

袁晓初, 赵文武. 2016. 中国渔业统计年鉴[M]. 北京: 中国农业出版社.

曾建豪. 2011. 台湾东北部海域剑尖枪锁管族群丰度时空变动模式分析[D]. 基隆: 台湾海洋大学.

张川, 郭宝英, 吴常文. 2014. 曼氏无针乌贼微卫星 DNA 富集文库构建与鉴定[J]. 浙江海洋学院学报(自然科学版), 33(6): 483-487.

张寒野, 胡芬. 2005. 冬季东海太平洋褶柔鱼的空间异质性特征[J]. 生态学杂志, 24(11): 1299-1302.

张建设, 吴常文, 常抗美, 等. 2007. 曼氏无针乌贼血细胞形态观察及吞噬性能的研究[J]. 海洋科学, 31(11): 61-66.

张建设, 夏灵敏, 迟长凤, 等. 2011a. 人工养殖曼氏无针乌贼(Sepiella maindroni)繁殖生物学特性研究[J]. 海洋与湖沼, 42(1): 55-59.

张建设, 迟长凤, 吴常文. 2011b. 曼氏无针乌贼胚胎发育生物学零度和有效积温的研究[J]. 南方水产科学, 7(3): 45-49

张建设, 吴常文, 常抗美, 等. 2011c. 曼氏无针乌贼血细胞形态及分类[J]. 厦门大学学报(自然科学版), 47(1): 94-98.

张炯, 卢伟成. 1965. 曼氏无针乌贼 Sepiella maindroni de Rochebrune 繁殖习性的初步观察[J]. 水产学报, 2(2): 35-41.

张俊, 陈国宝, 张鹏, 等. 2014. 基于渔业声学和灯光罩网的南海中南部鸢乌贼资源评估[J]. 中国水产科学, 21(4): 822-831.

张龙岗, 杨建敏, 刘相全, 等. 2009. 短蛸(Octopus ocellatus)四个地理群体遗传特性的 AFLP 分析[J]. 海洋与湖沼, 40(6): 803-807.

张龙岗, 杨建敏, 刘相全. 2010. 短蛸 AFLP 分子标记分析体系的优化与建立[J]. 生物技术通报, 5: 183-188.

张伟, 孙健, 聂红涛, 等. 2015. 珠江口及毗邻海域营养盐变化特征及浮游植物变化研究[J]. 生态学报, 35(12): 4034-4044.

张伟伟, 雷晓凌. 2006. 短蛸不同组织的营养成分分析与评价[J]. 湛江海洋大学学报, 26(4): 91-93.

张玺, 齐钟彦, 董正之, 等. 1960. 中国沿岸十腕目(头足纲)[J]. 海洋与湖沼, 3(3): 18-204.

张玺, 齐钟彦, 董正之, 等. 1963. 中国海软体动物区系区划的初步研究[J]. 海洋与湖沼, 5(2): 124-138.

张宇美. 2014. 基于碳氮稳定同位素的南海鸢乌贼摄食生态与营养级研究[D]. 湛江: 广东海洋大学.

张宇美, 颜云榕, 卢伙胜, 等. 2013. 西沙群岛海域鸢乌贼摄食与繁殖生物学初步研究[J]. 广东海洋大学学报, 33(3): 56-64.

张壮丽, 叶孙忠, 洪明进, 等. 2008. 闽南-台湾浅滩渔场中国枪乌贼生物学特性研究[J]. 福建水产, 1: 1-5.

翟玉梅, 丁秀云, 李光友. 1998. 软体动物血细胞及体液免疫研究进展[J]. 海洋与湖沼, 29(5): 558-562.

赵娜娜, 孟学平, 申欣, 等. 2013. 头足纲线粒体基因组结构分析[J]. 水产科学, 32(3): 146-152.

甄天元, 赵梦醒, 雷敏. 2012. 鱿鱼墨黑色素对亚急性衰老模型小鼠抗氧化功能的影响[J]. 中国食品学报, 12(5): 61-65.

郑小东. 2001. 中国沿海乌贼类遗传变异和系统发生学研究[D]. 青岛: 青岛海洋大学.

郑小东, 王如才, 刘维青. 2002. 华南沿海曼氏无针乌贼 Sepiella maindroni 表型变异研究[J]. 青岛海洋大学学报, 32(5): 713-719.

郑小东, 杨建敏, 王海艳, 等. 2003. 金乌贼墨汁营养成分分析及评价[J]. 动物学杂志, 38(4): 32-35.

郑小东, 韩松, 林祥志, 等. 2009. 头足类繁殖行为学研究现状与展望[J]. 中国水产科学, 16(3): 459-465.

郑小东, 林祥志, 王昭凯, 等. 2010. 日本无针乌贼全人工养殖条件下生活史研究[J]. 海洋湖沼通报, 3: 24-28.

郑小东, 刘兆胜, 赵娜, 等. 2011. 真蛸(Octopus vulgaris)胚胎发育及浮游期幼体生长研究[J]. 海洋与湖沼, 42(2): 317-323.

郑晓琼, 李纲, 陈新军. 2010. 基于环境因子的东、黄海鲐鱼剩余产量模型及应用[J]. 海洋湖沼通报, (3): 41-48.

郑玉水. 1987. 东海头足类的研究[J]. 福建水产, 3: 13-21.

郑玉水. 1994. 中国海头足类总目录[J]. 福建水产, 4: 1-8.

郑玉寅. 2012. 乌贼墨肽聚糖抗前列腺癌活性研究及产品研发[D]. 舟山: 浙江海洋学院.

郑元甲, 凌建忠, 严利平, 等. 1999. 东海区头足类资源现状与合理利用的探讨[J]. 中国水产科学, 6(2): 52-56.

周金官, 陈新军, 刘必林. 2008. 世界头足类资源开发利用现状及其潜力[J]. 海洋渔业, 30(3): 268-275.

朱文斌, 薛利建, 卢占晖, 等. 2014. 东海南部海域头足类群落结构特征及其与环境关系[J]. 海洋与湖沼, 45(2): 436-442.

左仔荣. 2012. 3 种重要经济头足类微卫星标记的分离及特性研究[D]. 青岛: 中国海洋大学.

Adams D C, Rohlf F J, Slice D E. 2004. Geometric morphometrics: ten years of progress following the "revolution" [J]. Italian Journal of Zoology, 71(1): 5-16.

Adams D C, Otárola- Castillo E. 2013. Geomorph: an R package for the collection and analysis of geometric morphometric shape data[J]. Meth. Eco. Evol., 4: 393-399.

Adams D C, Rohlf F J, Slice D E. 2013. A field comes of age: geometric morphometrics in the 21st century[J]. Ital J Mammal, 24: 7-14.

Akaike H. 1974. A new look at the statistical model identification[J]. IEEE Trans Automat Control, 19: 716-723.

Allcock A, Piertney S. 2002. Evolutionary relationships of Southern Ocean Octopodidae (Cephalopoda: Octopoda) and a new diagnosis of Pareledone [J]. Marine Biology, 140(1): 129-135.

Anderson F E. 2000. Phylogeny and historical biogeography of the loliginid squids (Mollusca: Cephalopoda) based on mitochondrial DNA sequence data[J]. Molecular Phylogenetics and Evolution, 15(2): 191-214.

Anderson F E, Bergman A, Cheng S H, et al. 2014. Lights out: the evolution of bacterial bioluminescence in Loliginidae[J]. Hydrobiologia, 725(1): 189-203.

Arlot S, Celisse A. 2010. A survey of cross-validation procedures for model selection[J]. statistics surveys, 4: 40-79.

Arkhipkin A I. 2004. Diversity in growth and longevity in short-lived animals: squid of the suborder Oegopsina[J]. Mar. Freshwater Res. , 55: 341-355.

Arkhipkin A I. 2005. Statoliths as ' black boxes' (life recorders) in squid[J]. Marine & Freshwater Research, 56(5): 573-583.

Arkhipkin A I, Bizikov V A. 2000. Role of the statolith in functioning of the acceleration receptor system in squids and sepioids[J]. Journal of Zoology, 250(1): 31-55.

Arkhipkin A I, Shcherbich Z N. 2012. Thirty years' progress in age determination of squid using statoliths[J]. J. Mar. Biol. Assoc. U. K., 92(6): 1389-1398.

Arkhipkin A I, Bizikov V A, Krylov V V, et al. 1996. Distribution, stock structure, and growth of the squid Berryteuthis magister (Berry, 1913) (Cephalopoda, Gonatidae) during summer and fall in the western Bering Sea[J]. Fishery Bulletin, 94(1): 1-30.

Arkhipkin A I, Jereb P, Ragonese S. 1999. Checks in the statolith microstructure of the short-finned squid, *Illex coindetii* from the Strait of Sicily (Central Mediterranean) [J]. J. Mar. Biol. Assoc. U. K., 79 (6) : 1091-1096.

Arkhipkin A I, Campana S E, FitzGerald J. 2004. Spatial and temporal variation in elemental signatures of statoliths from the Patagonian longfin squid (*Loligo gahi*) [J]. Can. J. Fish. Aqua. Sci., 61: 1212-1224.

Ashford J R, Arkhipkin A I, Jones C M. 2006. Can the chemistry of otolith nuclei determine population structure of Patagonian toothfish *Dissostichus eleginoides*？ [J]. J. Fish. Biol., 69: 708-721.

Balch N, Sirois A, Hurley G V. 1988. Growth increments in statoliths from paralarvae of the ommastrephid squid *Illex* (Cephalopoda: Teuthoidea) [J]. Malacologia, 29 (1) : 103-112.

Bárcenas G V, Perales-Raya C A, Bartolomé E A, et al. 2014. Age validation in *Octopus maya* (Voss and Solís, 1966) by counting increments in the beak rostrum sagittal sections of known age individuals[J]. Fisheries Research, 152: 93-97.

Bat N K, Vlnh C T, Folkvord A, et al. 2009. Age and growth of mitre squid *Photololigo chinensis* in the Tonkin Gulf of Vietnam based on statolith microstructure[J]. La. Mer, 47: 57-65.

Bizikov V A, Arkhipkin A I. 1997. Morphology and microstructure of the gladius and statolith from the boreal Pacific giant squid *Moroteuthis robusta* (Oegopsida; Onychoteuthidae) [J]. Journal of Zoology, 241 (3) : 475-492.

Boletzky S V. 2007. Origin of the lower jaw in cephalopods: a biting issue [J]. PalZ, 81 (3) : 328-333.

Bolstada K S. 2006. Sexual dimorphism in the beaks of *Moroteuthis ingens* Smith, 1881 (Cephalopoda: Oegopsida: Onychoteuthidae) [J]. New Zealand Journal of Zoology, 33 (4) : 317-327.

Borges T C. 1990. Discriminant analysis of geographic variation in hard structures of *Todarodes sagittatus* (Lamarck 1798) from the North Atlantic Ocean [C]. ICES Shell Symposium Paper, 44.

Breiman L, Friedman J, Stone C, et al. 1984. Classification and Regression Trees[M]. New York: Chapman & Hall.

Burnham K P, Anderson D R. 2002. Model selection and multimodel inference: a practical information-theoretic approach. 2nd edn. [M] . New York: Springe.

Bustamante P, Teyssié J L, Fowler S W, et al. 2002. Biokinetics of zinc and cadmium accumulation and depuration at different stages in the life cycle of the cuttlefish *Sepia officinalis*[J]. Mar. Ecol. Prog. Ser., 231: 167-177.

Cabanellas-Reboredo M, Alós J, Palmer M, et al. 2011. Simulating the indirect handline jigging effects on the European squid *Loligo vulgaris* in captivity[J]. Fisheries Research, 110 (3) : 435-440.

Cadrin S X, Silva V M. 2005. Morphometric variation of yellowtail flounder[J]. ICES Journal of Marine Science, 62: 683-694.

Cadrin S X, Kerr L A, Mariani S. 2013. Stock identification methods: applications in fishery science[M]. New York: Academic Press.

Canali E, Ponte G P, Belcari F R, et al. 2011. Evaluating age in *Octopus vulgaris*: estimation, validation and seasonal differences[J]. Mar. Ecol. Prog. Ser. , 441: 141-149.

Carvalho G R, Nigmatullin C. 1998. Stock structure analysis and species identification[R]//Rodhouse P G. Squid Recruitment Dynamics, Rome: FAO Fisheries Technical Paper, 376.

Chan L, Drummond D, Edmond J, et al. 1977. On the barium data from the Atlantic GEOSECS expedition[J]. Deep Sea Research, 24 (7) : 613-649.

Chen X J, Liu B L, Tian S Q, et al. 2007. Fishery biology of purpleback squid, *Sthenoteuthis oualaniensis*, in the northwest Indian Ocean [J]. Fisheries Research, 83 (1) : 98-104.

Chen X J, Lu H J, Liu B L, et al. 2012. Species identification of *Ommastrephes bartramii, Dosidicus gigas, Sthenoteuthis oualaniensis* and *Illex argentinus* (Ommastrephidae) using beak morphological variables[J]. Sci. Mar., 76 (3) : 473-481.

Cherel Y, Hobson K A. 2005. Stable isotopes, beaks and predators: a new tool to study the trophic ecology of cephalopods, including giant and colossal squids[J]. Proc. R. Soc. Lond. B, 272(1572): 1601-1607.

Choi K S. 2007. Reproductive biology and ecology of the loliginid squid, *Uroteuthis* (*Photololigo*) *duvauceli* (Orbigny, 1835), in Hong Kong waters[D]. Hong Kong: University of Hong Kong.

Chotiyaputta C. 1990. Maturity and spawning season of squids (*Loligo duvauceli* and *Loligo chinensis*) from Prachuabkirikhan, Chumporn and Suratthani Provinces. Invertebrate Fisheries Subdivision. Marine Fisheries Division, Bangkok, Thailand, Report, (11): 13.

Clarke M R. 1962. The identification of cephalopod "beaks" and the relationship between beak size and total body weight[J]. Bulletin of the British Museum (Natural History), Zoological series, 8(10): 421-480.

Clarke M R. 1980. Cephalopoda in the diet of sperm whales of the southern hemisphere and their bearing on sperm whale ecology[R]. Discovery Rep, 37: 1-324.

Clarke M R. 1986. A Handbook for the Identification of Cephalopod Beaks[M]. Oxford: Clarendon Press.

Crespi-Abril A C, Ortiz N, Galván D E. 2015. Decision tree analysis for the determination of relevant variables and quantifiable reference points to establish maturity stages in *Enteroctopus megalocyathus* and *Illex argentinus*[J]. ICES Journal of Marine Science, 72(5): 1449-1461.

Cutler D R, Edwards T C, Beard K H, et al. 2007. Random forests for classification in ecology[J]. Ecology, 88(11): 2783-2792.

Dai L, Zheng X, Kong L, et al. 2012. DNA barcoding analysis of Coleoidea (Mollusca: Cephalopoda) from Chinese waters[J]. Molecular Ecology Resources, 12(3): 437-447.

Dawe E G, O' Dor R K, O' Dense P H, et al. 1985. Validation and application of an ageing technique for short-finned squid (*Illex illecebrosus*) [J]. J. Northwest Atl. Fish. Sci., 6: 107-116.

de Luna Sales J B, Shaw P W, Haimovici M, et al. 2013. New molecular phylogeny of the squids of the family Loliginidae with emphasis on the genus *Doryteuthis* Naef, 1912: mitochondrial and nuclear sequences indicate the presence of cryptic species in the southern Atlantic Ocean[J]. Molecular Phylogenetics and Evolution, 68(2): 293-299.

Doubleday Z A, Pecl G T, Semmens J M, et al. 2008. Stylet elemental signatures indicate populaiton structure in a holobenthic octopus species, *Octopus pallidus*[J]. Mar. Ecol. Prog. Ser., 371: 1-10.

Dove S G. 1997. The incorporation of trace metals into the eye lenses and otoliths of fish[D]. Sydney: University of Sydney.

Dove S G, Kingsford M J. 1998. Use of otoliths and eye lenses for measuring trace-metal incorporation in fishes: A biogeographic study[J]. Mar. Biol., 130: 377-387.

Dryden I L, Mardia K V. 1998. Statistical Shape Analysis[M]. West Sussex: Wiley.

Fang Z, Liu B L, Li J H, et al. 2014. Stock identification of neon flying squid (*Ommastrephes bartramii*) in the North Pacific Ocean on the basis of beak and statolith morphology[J]. Scientia Marina, 78(2): 239-248.

Fang Z, Xu L L, Chen X J, et al. 2015. Beak growth pattern of purpleback flying squid *Sthenoteuthis oualaniensis* in the eastern tropical Pacific equatorial waters[J]. Fisheries Science, 81: 443-452.

Fang Z, Li J H, Thompson K, et al. 2016. Age, growth, and population structure of the red flying squid (*Ommastrephes bartramii*) in the North Pacific Ocean, determined from beak microstructure[J]. Fishery Bulletin, 114(1): 34-44.

Fang Z, Chen X J, Su H, et al. 2017. Evaluation of stock variation and sexual dimorphism of beak shape of neon flying squid, *Ommastrephes bartramii*, based on geometric morphometrics[J]. Hydrobiologia, 784(1): 1-14.

Fernandes J A, Irigoien X, Lozano J A, et al. 2014. Evaluating machine-learning techniques for recruitment forecasting of seven north east Atlantic fish species[J]. Ecological Informatics, 25: 35-42.

Forsythe J W, Van Heukelem W F. 1987. Growth[M]//Boyle P R. Cephalopod Life Cycles, Vol. II. Comparative Reviews. London: Academic Press.

Franco-Santos R M, Iglesias J, Domingues P M, et al. 2014. Early beak development in Argonauta Nodosa and *Octopus Vulgaris* (Cephalopoda: Incirrata) paralarvae suggests adaptation to different feeding mechanisms[J]. Hydrobiologia, 725 (1): 69-83.

Franco-Santos R M, Perales-Raya C, Almansa E, et al. 2015. Beak microstructure analysis as a tool to identify potential rearing stress for *Octopus vulgaris* paralarvae[J]. Aquac. Res., 1: 3001-3015.

Gillanders B. 2001. Trace metals in four structures of fish and their use for estimates of stock structure[J]. Fishery Bulletin, 99: 410-419.

Gröger J, Piatkowski U, Heinemann H. 2000. Beak length analysis of the Southern Ocean squid *Psychroteuthis glacialis* (Cephalopoda: Psychroteuthidae) and its use for size and biomass estimation[J]. Pol. Biol., 23: 70-74.

González M, Barcala E, Pérez-Gil J L, et al. 2011. Fisheries and reproductive biology or *Octopus vulgaris* (Mollusca: Cephalopoda) in the Gulf of Alicante (Northwestern Mediterranean) [J]. Mediterranean Marine Science, 12 (2): 369-389.

Guerra A, Rodríguez-navarro A B, González A F, et al. 2010. Life-history traits of the giant squid *Architeuthis dux* revealed from stable isotope signatures recorded in beaks[J]. ICES Journal of Marine Science, 67 (7): 1425-1431.

Haddon M. 2001. Modeling and Quantitative Methods in Fisheries[M]. Ist ed. New York: Chapman and Hall.

Hall B G. 2013. Building phylogenetic trees from molecular data with MEGA[J]. Molecular Biology and Evolution, 30 (5): 1229-1235.

Hanlon R T, Messenger J B. 1996. Cephalopod Behaviour[M]. Cambridge: Cambridge University Press.

Hansen M, Dubayah R, DeFries R. 1996. Classification trees: An alternative to traditional land cover classifiers[J]. International Journal of Remote Sensing, 17 (5): 1075-1081.

Hernández-García V. 2002. Reproductive biology of *Illex coindetii* and *Todaropsis eblanae* (Cephalopoda: Ommastrephidae) off northwest Africa (4°N, 35°N) [J]. Bulletin of Marine Science, 71 (1): 347-366.

Hu J, Li D L, Duan Q L, et al. 2012. Fish species classification by color, texture and multi-class support vector machine using computer vision[J]. Comp. Electro. Agri., 88 (4): 133-140.

Hu G Y, Fang Z, Liu B L, et al. 2016. Age, growth and population structure of jumbo flying squid *Dosidicus gigas*[J]. Fisheries Science, 82 (4): 597-604.

Hu G Y, Fang Z, Liu B L, et al. 2018. Using different standardized methods for species identification: A case study using beaks from three Ommastrephidae species[J]. J. Ocean Univ. China, 17 (2): 355-362.

Hu Z C, Gao S, Liu Y S, et al. 2008. Signal enhancement in laser ablation ICP-MS by addition of nitrogen in the central channel gas[J]. J Anal Atom Spectr, 23: 1093-1101.

Ibañez A L, Cowx I G, O'higgins P. 2007. Geometric morphometric analysis of fish scales for identifying genera, species, and local populations within the Mugilidae[J]. Can. J. Fish. Aquat. Sci., 64 (8): 1091-1100.

Ichihashi H, Kohno H, Kannan K, et al. 2001. Multielemental analysis of purpleback flying squid using high resolution inductively coupled plasma-mass spectrometry (HR ICP-MS) [J]. Environmental Science & Technology, 35 (15): 3103-3108.

Ikeda Y, Arai N, Sakamoto W, et al. 1996. PIXE analysis of trace elements in squid statoliths: compositon between Ommastrephidae and Loliginidae[J]. Int. J. PIXE, 6: 537-542.

Ikeda, Y, Arai N, Sakamoto W, et al. 1999. Preliminary report on PIXE analysis for trace elements of *Octopus dofleini* statoliths[J]. Fisheries Science, 65 (1): 161-162.

Ikeda Y, Arai N, Kidokoro H, et al. 2003. Strontium: calcium ratios in statoliths of Japanese common squid *Todarodes pacificus* (Cephalopoda: Ommastrephidae) as indicators of migratory behavior[J]. Marine Ecology Progress, 251 (1): 169-179.

Ikica Z, Vuković V, Đurović M, et al. 2014. Analysis of beak morphometry of the horned octopus *Eledone cirrhosa*, Lamarck 1798 (Cephalopoda: Octopoda), in the south–eastern Adriatic Sea[J]. Acta Adriatica, 55 (1): 43-56.

Ivanovic M L, Brunetti N E. 1997. Description of *Illex argentinus* beaks and rostral length relationships with size and weight of squids[J]. Rev. Invest. Des. Pesq., 11: 135-144.

Iverson I L K, Pinkas L. 1971. A pictorial guide to beaks of certain eastern Pacific cephalopods[J]. Fish Bulletin, 152: 83-105.

Iwata H, Ukai Y. 2002. SHAPE: a computer program package for quantitative evaluation of biological shapes based on elliptic Fourier descriptors[J]. Journal of Heredity, 93: 384-385.

Jackson G D. 1990. The use of tetracycline staining techniques to determine statolith growth ring periodicity in the tropical loliginid squids *Loliolus noctiluca* and *Loligo chinensis*[J]. Veliger, 33: 389-393.

Jackson G D. 1994. Application and future potential of statolith increment analysis in squids and sepioids[J]. Can. J. Fish. Aquat. Sci., 51 (11): 2612-2625.

Jackson G D. 1995a. The use of beaks as tools for biomass estimation in the deepwater squid *Moroteuthis ingens*, (Cephalopoda: Onychoteuthidae) in New Zealand waters [J]. Polar Biology, 15 (1): 9-14.

Jackson G D. 1995b. Seasonal influences on statolith growth in the tropical nearshore loliginid squid *Loligo chinensis* (Cephalopoda: Loliginidae) off Townsville, North Queensland, Australia[J]. Fishery Bulletin, 93 (4): 749-752.

Jackson G D. 2004. Advances in defining the life histories of myopsid squid[J]. Marine and Freshwater Research, 55 (4): 357-365.

Jackson G D, McKinnon J F. 1996. Beak length analysis of arrow squid *Nototodarus sloanii* (Cephalopoda: Ommastrephidae) in southern New Zealand waters[J]. Polar Biology, 16 (3): 227-230.

Jackson G D, Buxton N G, George M J A. 1997a. Beak length analysis of *Moroteuthis ingens* (Cephalopoda: Onychoteuthidae) from the Falkland Islands region of the Patagonian shelf[J]. Journal of the Marine Biological Association of the United Kingdom, 77 (4): 1235-1238.

Jackson G D, Forsythe J W, Hixon R F, et al. 1997b. Age, growth and maturation of *Lolliguncula brevis* (Cephalopoda: Loliginidae) in the Northwestern Gulf of Mexico with a comparison of length-frequency vs. statolith age analysis[J]. Can. J. Fish. Aquat. Sci. , 54: 2907-2919.

Jereb P, Vecchione M, Roper C F E. 2010. Family Loliginidae[M]//Jereb P, Roper C F E. Cephalopods of the world: An annotated and illustrated catalogue of species known to date. Rome: FAO.

Jin Y, Liu B L, Chen X J, et al. 2018. Morphological beak differences of loliginid squid, *Uroteuthis chinensis* and *Uroteuthis edulis*, in the northern South China Sea[J]. China Oceanology and Limnology, 36 (2): 559-571.

Karnik N S, Chakraborty S K. 2001. Length weight relationship and morphometric study on the squid *Loligo duvauceli* (d' Orbigny) (Mollusca / Cephalopoda) off Mumbai (Bombay) waters, west coast of India[J]. Indian J. Mar. Sci., 30 (4): 261-263.

Kashiwada J, Recksiek C W, Karpov K A. 1979. Beaks of the market squid, *Loligo opalescens*, as tools for predators studies [J]. CalCOFI Rep, (20): 65-69.

Kear A J. 1994. Morphology and function of the mandibular muscles in some coleoid cephalopods [J]. Journal of the Marine Biological Association of the United Kingdom, 74 (4): 801-822.

Keyl F, Argüelles J, Mariátegui L, et al. 2008. A hypothesis on range expansion and spatio-temporal shifts in size-at-maturity of jumbo squid (*Dosidicus gigas*) in the Eastern Pacific Ocean[J]. CalCOFI Report, 49: 119-128.

Keyl F, Argüelles J, Tafur R. 2011. Interannual variability in size structure, age, and growth of jumbo squid (*Dosidicus gigas*) assessed by modal progression analysis[J]. ICES Journal of Marine Science, 68 (3): 507-518.

Kimura M. 1980. A simple method for estimating evolutionary rate of base substitutions through comparative studies of nucleotide sequences[J]. Journal of Molecular Evolution, 16: 111-120.

Kohavi R. 1995. A study of cross-validation and bootstrap for accuracy estimation and model selection. In: 14th International Joint Conference on Artificial Intelligence (IJCAI), San Kristensen T K. Periodical growth rings in cephalopod statoliths[J]. Dana, 1: 39-51.

Kubodera T, Lu C C. 2002. A review of Cephalopod Fauna in Chinese-Japanese subtropical region[J]. National Science Museum Monographs, (22): 159-171.

Kuck J F R. 1975. Composition of the lens. In: Bellows JG (ed) Cataract and abnormalities of the lens[M]. New York: Grune & Stratton Inc.

Kuhn M. 2008. Building predictive models in r using the caret package[J]. J. Stat. Soft., 28: 1-26.

Kurosaka K, Yamashita H, Ogawa M, et al. 2012. Tentacle-breakage mechanism for the neon flying squid *Ommastrephes bartramii* during the jigging capture process[J]. Fisheries Research, 121-122: 9-16.

Lalas C. 2009. Estimates of size for the large octopus *Macroctopus maorum* from measures of beaks in prey remains[J]. New Zealand Journal of Marine and Freshwater Research, 43 (2): 635-642.

Lantz B. 2013. Machine Learning With R: Learn How to Use R to Apply Powerful Machine Learning Methods and Gain an Insight Into Real-World Applications[M]. Birmingham: Packt Publishing.

Laptikhovsky V V, Arkhipkin A I, Golub A A. 1993. Larval age, growth and mortality in the oceanic squid *Sthenoteuthis pteropus* (Cephalopoda, Ommastrephidae) from the eastern tropical Atlantic[J]. J. Plankton Res. , 15 (4): 375-384.

Lea D W, Shen G T, Boyle E A. 1989. Coralline barium records temporal variability in equatorial Pacific upwelling[J]. Nature, 340 (6232): 373-376.

Lefkaditou E, Bekas P. 2004. Analysis of beak morphometry of the horned octopus *Eledone cirrhosa* (Cephalopoda: Octopoda) in the Thracian Sea (NE Mediterranean) [J]. Mediterranean Marine Science, 5 (1): 143-149.

Li Z G, Ye Z J, Wan R, et al. 2015. Model selection between traditional and popular methods for standardizing catch rates of target species: A case study of Japanese Spanish mackerel in the gillnet fishery[J]. Fisheries Research, 61: 312-319.

Lindgren A R, Giribet G, Nishiguchi M K. 2004. A combined approach to the phylogeny of Cephalopoda (Mollusca) [J]. Cladistics, 20 (5): 454-486.

Lipinski M R. 1986. Methods for the validation of squid age from statoliths[J]. J. Mar. Biol. Assoc. U. K. , 66: 505-526.

Lipinski M R. 2001. Statoliths as archives of cephalopod life cycle: a search for universal rules[J]. Folia Malacol, 9 (3): 115-123.

Lipinski M R, Underhill L G. 1995. Sexual maturation in squid: quantum or continuum? [J]. South African Journal of Marine Science, 15 (1): 207-223.

Liu B L, Fang Z, Chen X J, et al. 2015a. Spatial variations in beak structure to identify potentially geographic populations of *Dosidicus gigas*, in the eastern Pacific Ocean[J]. Fisheries Research, 164: 185-192.

Liu B L, Chen X J, Chen Y, et al. 2015b. Determination of squid age using upper beak rostrum sections: technique improvement and comparison with the statolith[J]. Marine Biology, 162 (8): 1685-1693.

Liu B L, Cao J, Truesdell S B, et al. 2016. Reconstructing cephalopod migration with statolith elemental signatures: a case study using *Dosidicus gigas*[J]. Fisheries Science, 82 (3): 425-433.

Liu B L, Chen X J, Chen Y, et al. 2017. Periodic increments in the jumbo squid(*Dosidicus gigas*)beak: a potential tool for determining age and investigating regional difference in growth rates[J]. Hydrobiologia, 790(1): 83-92.

Liu Y S, Hu Z C, Gao S, et al. 2008. In situ analysis of major and trace elements of anhydrous minerals by LA-ICP-MS without applying an internal standard[J]. Chemical Geology, 257(1-2): 34-43.

Lleonart J, Salat J, Torres G J. 2000. Removing allometric effects of body size in morphological analysis[J]. Journal of Theoretical Biology, 205(1): 85-93.

Lourenço S, Moreno A, Narciso L, et al. 2012. Seasonal trends of the reproductive cycle of *Octopus vulgaris*, in two environmentally distinct coastal areas [J]. Fisheries Research, 127-128(2): 116-124.

Lü Z M, Cui W T, Liu L Q, et al. 2013. Phylogenetic relationships among Octopodidae species in coastal waters of China inferred from two mitochondrial DNA gene sequences [J]. Genet Mol. Res., 12: 3755-3765.

Markaida U, Hochberg F G. 2005. Cephalopods in the Diet of Swordfish(*Xiphias gladius*)Caught off the West Coast of Baja California, Mexico 1[J]. Pacific Science, 59(1): 25-41.

Martínez P, Sanjuan A, Guerra A. 2002. Identification of *Illex coindetii, I. illecebrosus* and *I. argentinus*(Cephalopoda: ommastrephidae)throughout the Atlantic Ocean by body and beak characters[J]. Mar. Biol., 141: 131-143.

Mercer M C, Misra R K, Hurley G V. 1980. Sex determination of the ommastrephid squid *Illex illecebrosus* using beak morphometries[J]. Can. J. Fish. Aquat. Sci., 37(2): 283-286.

Mercier L, Darnaude A M, Bruguier O, et al. 2011. Selecting statistical models and variable combinations for optimal classification using otolith microchemistry[J]. Ecolo. Appl., 21: 1352-1364.

Miserez A, Schneberk T, Sun C J, et al. 2008. The transition from stiff to compliant materials in squid beaks[J]. Science, 319: 1816-1819.

Mishra A S, Nautiyal P, Somvanshi V S. 2012. Length-weight relationship, condition factor and sex ratio of *Uroteuthis (Photololigo)duvaucelii*(d'Orbigny, 1848)from Goa, west coast of India[J]. J. Mar. Biol. Ass. India., 54(2): 65-68.

Morris C C. 1989. Methods for in situ experiments on statolith increment formation, with results for embryos of *Alloteuthis subulata*[C]. Squid age determination using statoliths, Mazara del Vallo. Italy.

Morris C C, Aldrich F A. 1984. Statolith Length and Increment Number for Age Determination of *Illex illecebrosus*(Lesueur, 1821)(Cephalopoda, Ommastrephidae)[J]. Northwest Atlantic Fisheries Organization(NAFO), 9(104): 101-106.

Natsukari Y, Tashiro M. 1991. Neritic squid resources and cuttlefish resources in Japan[J]. Marine Behavior and Physiology, 18(3): 149-226.

Natsukari Y, Nakanose T, Oda K. 1988. Age and growth of loliginid squid *Photololigo edulis*(Hoyle, 1885)[J]. J. Exp. Mar. Biol. Ecol., 116(2): 177-190.

Nesis K N, Shirshov P P. 2003. Distribution of Recent Cephalopoda and implications for Plio-Pleistocene events[J]. Berliner Paläobiologische Abhandlungen, 3: 199-224.

Nishiguchi M K, Lopez J E, von Boletzky S. 2004. Enlightenment of old ideas from new investigations: more questions regarding the evolution of bacteriogenic light organs in squids[J]. Evolution & Development, 6(1): 41-49.

Norman M D, Lu C C. 2000. Preliminary checklist of the cephalopods of the South China Sea[J]. The Raffles Bulletin of Zoology, 8: 539-567.

Ogden R S, Allcock A L, Wats P C, et al. 1998. The role of beak shape in octopodid taxonomy[J]. S. Afr. J. Mar. Sci., 20(1): 29-36.

Parry M. 2006. Feeding behavior of two ommastrephid squids *Ommastrephes bartramii* and *Sthenoteuthis oualaniensis* off Hawaii [J]. Marine Ecology Progress, 318(1): 229-235.

Perales-Raya C, Bartolomé A, García-Santamaría M T, et al. 2010. Age estimation obtained from analysis of octopus (*Octopus vulgaris*, Cuvier, 1797) beaks: Improvements and comparisons[J]. Fisheries Research, 106(2): 171-176.

Perales-Raya C, Jurado-Ruzafa A, Bartolomé A, et al. 2014. Age of spent *Octopus vulgaris* and stress mark analysis using beaks of wild individuals[J]. Hydrobiologia, 725: 105-114.

Pierce G J, Thorpe R S, Hastie L C, et al. 1994. Geographic variation in *Loligo forbesi*, in the Northeast Atlantic Ocean: analysis of morphometric data and tests of causal hypotheses [J]. Marine Biology, 119(4): 541-547.

Pineda S E, Hernández D R, Brunetti N E, et al. 2002. Morphological identification of two Southwest Atlantic Loliginid squids: *Loligo gahi* and *Loligo sanpaulensis*[J]. Rev. Invest. Desarr. Pesq., 15: 67-84.

Ponder W F, Lindberg D R, Ponder W F, et al. 2008. Phylogeny and evolution of the Mollusca[M]. Oakland: University of California Press.

Ponton D. 2006. Is geometric morphometrics efficient for comparing otolith shape of different fish species? [J]. J. Morpho, 267(6): 750-757.

Quetglas A, González M, Carbonell A, et al. 2001. Biology of the deep-sea octopus *Bathypolypus sponsalis* (Cephalopoda: Octopodidae) from the western Mediterranean Sea[J]. Marine Biology, 138(4): 785-792.

Rao G S. 1988. Biology of inshore squid *Loligo duvaucelli* Orbigny, with a note on its fishery off Mangalore[J]. Indian Journal of Fisheries, 35(3): 121-130.

Reid J R W. 2002. Experimental Design and Data Analysis for Biologists[M] Cambridge: Cambridge University Press.

Rocha F, Guerra Á, González Á F. 2001. A review of reproductive strategies in cephalopods[J]. Biol. Rev., 76(3): 291-304.

Rodhouse P G, Nigmatullin C M. 1996. Role as consumers[J]. Philos. Trans. R. Soc. Lond B, 351(1343): 1003-1022.

Rodríguez-Domínguez A, Rosas C, Méndez-Loeza I, et al. 2013. Validation of growth increments in stylet, beaks and lenses as aging tools in *Octopus maya*[J]. J. Exp. Mar. Biol. Ecol., 449: 194-199.

Ronquist F, Huelsenbeck J P. 2003. MrBayes 3: Bayesian phylogenetic inference under mixed models[J]. Bioinformatics, 19: 1572-1574.

Ronquist F, Teslenko M, Van Der Mark P, et al. 2012. MrBayes 3. 2: efficient Bayesian phylogenetic inference and model choice across a large model space[J]. Systematic Biology, 61(3): 539-542.

Roper C F E, Sweeney M J, Nauen C E. 1984. Cephalopods of the world: an annotated and illustrated catalogue of species of interest to fisheries[M]. Rome: Food and Agriculture Organization of the United Nations.

Ruiz-Cooley R I, Ballance L T, McCarthy M D. 2013. Range Expansion of the Jumbo Squid in the NE Pacific: δ^{15}N Decrypts Multiple Origins, Migration and Habitat Use[J]. PloS One, 8(3): e59651.

Sabrah M M, El-Sayed A Y, El-Ganiny A A. 2015. Fishery and population characteristics of the Indian squids *Loligo duvauceli*, Orbigny, 1848 from trawl survey along the north-west Red Sea[J]. Egyp. J. Aqua. Res., 41(3): 279-285.

Sakai M, Brunetti N, Bower J, et al. 2007. Daily growth increments in upper beak of five ommastrephid paralarvae, *Illex argentinus*, *Ommastrephes bartramii*, *Dosidicus gigas*, *Sthenoteuthis oualaniensis*, *Todarodes pacificus*[J]. Squids Resources Research Conference, 9: 1-7.

Sauer W H H, Smale M J. 1993. Spawning behaviour of *Loligo vulgaris* reynaudii in shallow coastal waters of the south-eastern Cape, South Africa[M]// Okutani et al. Recent Advances in Cephalopod Fisheries Biology. Tokyo: Tokai University Press.

Sin Y W, Yau C, Chu K H. 2009. Morphological and genetic differentiation of two loliginid squids, *Uroteuthis (Photololigo) chinensis* and *Uroteuthis (Photololigo) edulis* (Cephalopoda: Loliginidae), in Asia[J]. Journal of Experimental Marine Biology and Ecology, 369: 22-30.

Siriraksophon S, Nakamura Y, Pradit S, et al. 1999. Ecological aspects of oceanic squid, *Sthenoteuthis oualaniensis* (Lesson) in the South China Sea, Area III, Western Philippines [C]// Proceedings of the SEAFDEC seminar on fishery resources in the South China Sea, Area III: Western Philippines, Bangkok. 101-117.

Smale M J, Clarke M R, Klages N T W, et al. 1993. Octopod beak identification — resolution at a regional level (Cephalopoda, Octopoda: southern Africa) [J]. S. Afr. J. Mar. Sci., 13 (1): 269-293.

Sukramongkol N, Tsuchiya K, Segawa S. 2007. Age and maturation of *Loligo duvauceli* and *L. chinensis* from Andaman Sea of Thailand[J]. Rev. Fish Biol. Fish. , 17 (2-3): 237-246.

Thompson J D, Higgins D G, Gibson T J. 1994. CLUSTAL W: improving the sensitivity of progressive multiple sequence alignment through sequence weighting, position specific gap penalties and weight matrix choice[J]. Nucl. Acids Res. , 22: 4637-4680.

Thorrold S R, Jones G P, Hellberg M E, et al. 2002. Quantifying larval retention and connectivity in marine populations with artificial and natural marks[J]. Bull. Mar. Sci., 70: 291-308.

Tracey S R, Lyle J M, Duhamel G. 2006. Application of elliptical Fourier analysis of otolith form as a tool for stock identification[J]. Fisheries Research, 77 (2): 138-147.

Uyeno T A, Kier W M. 2007. Electromyography of the buccal musculature of octopus (*Octopus bimaculoides*): a test of the function of the muscle articulation in support and movement[J]. Journal of Experimental Biology, 210: 118-128.

Viscosi V, Cardini A. 2011. Leaf morphology, taxonomy and geometric morphometrics: a simplified protocol for beginners[J]. PloS one, 6: e25630.

Voss N A, Vecchione M, Sweeney M J. 1998. Systematics and biogeography of cephalopods[J]. Geophysics, 70 (5): 37-41.

Vyver J S F V D, Sauer W H H, Mckeown N J, et al. 2016. Phenotypic divergence despite high gene flow in chokka squid *Loligo reynaudii* (Cephalopoda: Loliginidae): implications for fishery management[J]. J. Mar. Biol. Assoc. U. K., 96 (7): 1507-1525.

Wang H, Lin L, Liu S F, et al. 2013. DNA Barcoding for Cephalopoda in classification and phylogeny[J]. Journal of Fishery Sciences of China, 18 (2): 245-255.

Wang K Y, Liao C H, Lee K T. 2008. Population and maturation dynamics of the swordtip squid (*Photololigo edulis*) in the southern East China Sea[J]. Fisheries Research, 90: 178-186.

Wang K Y, Lee K T, Liao C H. 2010. Age, growth and maturation of swordtip squid (*Photololigo edulis*) in the southern East China Sea[J]. Journal of Marine Science and Technology, 18 (1): 99-105.

Wang K Y, Chang K Y, Liao C H, et al. 2013. Growth strategies of the swordtip squid, *Uroteuthis edulis*, in response to environmental changes in the southern East China Sea-a cohort analysis[J]. Bulletin of Marine Science, 89 (3): 677-698.

Wang W J, Dong G, Yang J M, et al. 2015. The development process and seasonal changes of the gonad in *Octopus ocellatus* Gray off the coast of Qingdao, Northeast China[J]. Fisheries Science, 81 (2): 309-319.

Warner R R, Hamilton S L, Sheehy M S, et al. 2009. Geographic variation in natal and early larval trace-elemental signatures in the statoliths of the market squid *Doryteuthis* (formerly *Loligo*) *opalescens*[J]. Mar. Ecol. Prog. Ser., 379: 109-121.

Wei L Z, Gao T X, Zhang X M. 2005. Isozyme analysis of *Sepia esculenta* (Cephalopoda: Sepiidae) [J]. Journal of Fishery Sciences of China, 12 (5): 549-555.

Wolff G A. 1984. Identification and estimation of size from the beaks of 18 species of cephalopods from the Pacific Ocean[R]. NOAA Technical Report NMFS, 17: 50.

Xavier J C, Cherel Y. 2009. Cephalopod Beak Guide for the Southern Ocean[M]. Cambridge: British Antarctic Survey Press.

Xavier J C, Phillips R A, Cherel Y. 2011. Cephalopods in marine predator diet assessments: why identifying upper and lower beaks is important [J]. ICES Journal of Marine Science, 68 (9) : 1857-1864.

Yamaguchi T, Kawakami Y, Matsuyama M. 2015. Migratory routes of the swordtip squid *Uroteuthis edulis* inferred from statolith analysis[J]. Aquatic Biology, 24 (1) : 53-60.

Yamaguchi T, Kawakami Y, Matsuyama M. 2017. Analysis of the hatching site and migratory behaviour of the swordtip squid (*Uroteuthis edulis*) caught in the Japan Sea and Tsushima Strait in autumn estimated by statolith analysis[J]. Marine Biology Research, 14 (1) : 1-8.

Yan Y R, Li Y Y, Yang S Y, et al. 2013. Biological characteristics and spatial-temporal distribution of mitre squid, *Uroteuthis chinensis*, in the Beibu Gulf, South China Sea[J]. Journal of Shellfish Research, 32 (3) : 835-844.

Yatsu A, Mochioka N, Morishita K, et al. 1998. Strontium/calcium ratios in statoliths of the neon flying squid, *Ommastrephes bartrami* (Cephalopoda), in the North Pacific Ocean[J]. Mar. Biol., 131: 275-282.

Zacherl D C, Manríquez P H, Paradis G L, et al. 2003. Trace elemental fingerprinting of gastropod statoliths to study larval dispersal trajectories[J]. Mar. Ecol. Prog. Ser., 248: 297-303.

Zumholz K. 2005. The influence of environmental factors on the micro-chemical composition of cephalopod statoliths[D]. Kiel: Kiel University.

Zumholz K, Hansteen T H, Klügel A, et al. 2006. Food effects on statolith compositon of the common cuttlefish (*Sepia officinalis*) [J]. Mar. Biol., 150: 237-244.

Zumholz K, Klügel A, Hansteen T H, et al. 2007. Statolith microchemistry traces environmental history of the boreoatlantic armhook squid *Gonatus fabricii*[J]. Mar. Ecol. Prog. Ser., 333: 195-204.

Zuur A F, Ieno E N, Elphick C S. 2010. A protocol for data exploration to avoid common statistical problems[J]. Meth. Eco. Evol., 1: 3-14.